"十三五"国家重点出版物出版规划项目/机械类

高等学校经典畅销教材

金属切削原理与刀具

U0222412

（第4版）

韩荣第　袭建军　王　辉　编著

FUNDAMENTALS OF METAL CUTTING AND CUTTING TOOLS

哈尔滨工业大学出版社
HARBIN INSTITUTE OF TECHNOLOGY PRESS

内 容 提 要

本书分两大部分,共计19章。第1章～第11章为切削原理部分,包括:基本定义、刀具材料、金属切削过程、切削力、切削热与切削温度、刀具磨损与使用寿命、切削用量的选择、工件材料切削加工性与切削冷却润滑剂、已加工表面质量、刀具合理几何参数的选择及磨削。第12章～第19章为切削刀具部分,包括:车刀、成形车刀、孔加工刀具、铣削与铣刀、拉削与拉刀、螺纹刀具、齿轮刀具及自动化加工用刀具。

本书既可作为高等学校机械类专业本科学生的教材,也可作为成人教育学院和高职高专机械类专业及相近专业学生的教材,还可供相关专业的工程技术人员参考。

图书在版编目(CIP)数据

金属切削原理与刀具/韩荣第,袭建军,王辉编著. —第4版. —哈尔滨:哈尔滨工业大学出版社,2013.6(2024.7重印)
ISBN 978-7-5603-1232-3

Ⅰ.①金… Ⅱ.①韩…②袭…③王… Ⅲ.①金属切削 ②刀具(金属切削) Ⅳ.①TG

中国版本图书馆 CIP 数据核字(2013)第121281号

责任编辑　王桂芝　黄菊英
封面设计　卞秉利
出版发行　哈尔滨工业大学出版社
社　　址　哈尔滨市南岗区复华四道街10号　邮编150006
传　　真　0451-86414749
网　　址　http://hitpress.hit.edu.cn
印　　刷　哈尔滨市石桥印务有限公司
开　　本　787mm×1092mm　1/16　印张18　字数436千字
版　　次　2013年6月第4版　2024年7月第5次印刷
书　　号　ISBN 978-7-5603-1232-3
定　　价　38.00元

第 4 版前言

根据《国家中长期教育改革和发展规划纲要(2010--2020 年)》精神,作者结合多年的教学和科研实践,为满足高等工科院校教学的需要,本书在第 3 版基础上又进行了以下几方面工作:

(1)结合国家最新标准,对第 3 版中的部分名词、术语、符号等进行统一修正,重点是硬质合金、材料力学性能符号及磨料粒度号。

(2)对第 3 版中的错字、表达模糊的插图及语言表达不准确之处进行修改。

(3)在对全书内容进行核审的基础上,考虑到现代切削加工中气体和润滑脂作冷却润滑剂已多有应用,故将原书中的切削液改为切削冷却润滑剂。

全书内容少而精,深广度适中,语言表达准确精练,图文并茂。

全书共分 19 章,由哈尔滨工业大学韩荣第教授与袭建军及河海大学王辉编著。其中绪论、第 1、2、3、4、9、13、14、18 章由韩荣第和韩滨、袭建军修订编著,第 5、6、7、8、10、11、15、19 章由韩荣第、袭建军和王辉修订,第 12、16、17 章由曲存景、王辉修订。全书由韩荣第教授统稿、定稿。

因水平和时间所限,书中难免有不当与疏漏之处,由衷地希望读者指正。

编著者
2013 年 6 月于哈尔滨

第3版前言

本书是在第1、2版基础上修订而成的。首先,增加了绪论,目的在于使学生明确本课程的性质与任务、特点与学习方法及本学科的地位及发展概况;第二,编著者根据自己40多年的教学经验,充分考虑学生的实际情况,对某些章节的内容和文字进行了删改,使得内容更加精炼、语言表达更加准确简捷;第三,更正了某些插图中存在的不准确之处。

在修订过程中,保留了原书的特色:内容少而精,深广度适中,既加强了基本内容的讲述,又联系了生产实际,还适当介绍了当今金属切削与刀具方面的先进技术。编写中力求贯彻新国标,并兼顾我国多年的沿用习惯。全书分为切削原理和刀具两大部分。前部分重点在阐明金属切削方面的基本定义、金属切削过程中的基本规律及提高加工质量和生产效率的基本途径;后部分中通用(标准)刀具部分重点介绍其基本概念、结构特点及使用中应注意的问题,专用(非标准)刀具部分为满足课程设计的需要,较详细地讲述了设计原理与方法。

全书仍为19章。由哈尔滨工业大学韩荣第教授编著。其中绪论、第1、2、3、4、9、13、14、18章由韩荣第和韩滨修订编著,第5、6、7、8、10、11、15、19章由唐艳丽、孙玉洁和周明修订,第12、16、17章由曲存景修订。全书由韩荣第教授统稿、定稿。

因水平和时间所限,书中不当之处与疏漏在所难免,恳请批评指正。

编著者
2007 年 7 月于哈尔滨

目　　录

绪　　论

1.课程的性质与任务

金属切削原理与刀具是研究金属切削加工规律与所用刀具的一门技术学科,是机械设计制造及其自动化专业的专业基础课程。

凡是从毛坯上切除一定厚度金属层,从而得到形状精度、尺寸精度和表面质量都合乎要求的加工,均称金属切削加工。如车、刨、钻、铣、镗、磨、研磨与抛光等等。

除切削加工外,金属加工方法中还有铸造、压力加工、焊接与粉末冶金等。但这些方法一般是用来制造毛坯或比较粗糙金属制品的。精度和表面质量要求较高的工件,大都非经切削加工不可。虽然近几十年来出现了精密铸造与精密锻造,但它们只能提供尺寸和质量较小、形状较简单的工件,还有电加工、三束加工(电子束、离子束与激光束),就是近年出现的快速原型制造也只能在某些特殊情况下才能发挥其作用,可见金属切削加工在机械制造中的地位是多么重要。

不言而喻,研究金属切削加工基本规律与所用刀具以提高产品质量和生产效率的这样一门学科是否重要就可想而知了。

学生通过本课程的课堂教学与相关实验,应达到以下"三基"的要求:

(1)掌握基本知识。包括基本定义、常用刀具材料的种类性能与选用、切削液的种类性能与选用、表示砂轮特性的五要素及选择。

(2)掌握基本理论。即掌握金属切削过程中产生的各种物理现象的基本规律(切削变形、切削力、切削温度与刀具磨损等)及影响因素。

(3)掌握基本技能。即掌握提高表面质量和生产效率途径的能力(改善材料加工性、提高已加工表面质量、合理切削用量和刀具合理几何参数选择等)以及实验技能(实验方法与数据处理方法),还要具备正确选用通用刀具、设计专用刀具的能力(可转位车刀、成形车刀或成形铣刀、拉刀)。

2.切削加工的地位与发展

在各种加工方法中,切削磨削加工在机械制造业中所占比重最大。目前机械制造中所用工作母机的 80% ~ 90% 仍为金属切削机床。日本近年来每年消耗与切削加工有关的费用超过 10 000 亿日元,美国每年消耗在切削加工方面的费用也达 1 000 亿美元。在工业发达国家的国民经济中创造物质财富部分,制造业占 2/3,其中机械制造业占主导地位。据估计,机械制造中约有 30% ~ 40% 的工作量是切削磨削加工,对于形状和尺寸配合精度要求越高的零件,越必须经过切削磨削加工,至今还没有一种加工方法能完全代替切削磨削加工。

人类文明是随着生产工具的发展而发展的。我们的祖先曾经历过石器时代、铜器时代和铁器时代。据记载,我国在商代已采用各种青铜工具(如刀、钻等),公元前 8 世纪的春秋时代已采用锯、凿等铁制工具,1668 年使用过马拉铣床和脚踏砂轮机。18 世纪 60 年代,英国的 James Watt 发明了蒸汽机,1775 年 J. Wilkinson 研制成了加工蒸汽机汽缸的镗床,1818 年美国的 Eli Whitney 发明了铣床。1865 年巴黎国际博览会前后,各式车床、镗床、插床、齿轮机床及螺纹机床相继出现。1851 年法国的 Cocquilhat 研究了钻削石头、铜与铁时所需要的功。1864 年法国人 Joessel 研究了刀具几何形状对切削力的影响。1870~1877 年俄国的 И. А. Тиме 研究了切屑的形成及切屑的类型。1906~1908 年美国的 F. W. Taylor 发表了"关于金属切削的技艺"(On the Art of Cutting Metals)及刀具使用寿命与切削速度间的关系式。后来 M. E. Merchant、Lee and shaffer、M. C. Shaw、H. H. Зорев 及 P. L. B. Oxley 等都对剪切角进行了理论研究和试验研究,取得了可喜的进展。

　　社会生产力的发展要求机械制造业要不断提高生产效率和加工质量、降低加工成本。新的刀具材料正是适应这一要求出现的。1780~1898 年间,主要把碳素工具钢和合金工具钢作为刀具材料,切削速度约为 6~12 m/min。1898 年美国的 F. W. Taylor 和 White 发明了高速合金工具钢,切削速度比工具钢提高 2~3 倍,高速钢即由此而得名。1923 年德国研制了 WC-Co 硬质合金,切削速度比高速钢又提高了 2~4 倍。1932 年美国出版了《切削用量手册》,1950 年前后前苏联出版了高速钢切削用量手册和高速切削手册。1960 年以后,由于高强度、高硬度难加工材料的相继出现,又促使很多新刀具材料相继研制成功,如:新牌号硬质合金、陶瓷、人造金刚石及立方氮化硼等。20 世纪 70 年代以后,由于 CVD、PVD 气相沉积涂层技术的日臻成熟,使得刀具材料发生了重大变革。在硬质合金、高速钢刀具表面涂上 TiC、TiN、Al_2O_3、HfC 等耐磨层,大大提高了刀具的切削性能。近些年来,涂层技术已发展到了多涂层、复合涂层、纳米涂层及金刚石涂层阶段。相信在 21 世纪还可将 CBN 涂在刀具表面上,氮化碳(CN)的硬度可达到或超过金刚石,刀具的切削性能会有更大的提高。

　　我国自 1949 年解放以来,不仅国家建立了专门研究机构(工具研究所、磨料磨具磨削研究所和机床研究所),各高等院校也开展了相关的科研工作,取得了可喜成果。我国的切削速度已从碳素工具钢刀具的 10 m/min 提高到了硬质合金刀具的 100 m/min 以上,高速切削磨削、强力切削磨削及先进刀具磨具也得到了推广。"工欲善其事,必先利其器",这充分说明了刀具的重要性。工人师傅在刀具方面的创造发明大大推动了生产力的发展。如:倪志福的群钻、苏广铭的玉米铣刀、金福长的深孔钻、朱大仙的车刀、孙茂松的强力挑蜗杆车刀等。在金属切削磨削理论、积屑瘤与鳞刺、精密超精密加工、难加工材料加工的研究及新的刀具磨具材料研制等方面都取得了深入的研究成果,有些已跃入世界先进行列。可以相信随着改革开放的深入,我国的金属切削加工与刀具学科会取得更加蓬勃的发展。

　　我们坚信,随着机床的数控化、柔性化与智能化,切削磨削加工的高速化、高精度化与自动化,切削机理及切削技术的研究必将伴随材料科学、人工智能科学的发展以及信息化、自动化技术对传统机械制造业的改造日益取得丰硕的成果。

3. 课程的特点与学习方法

　　(1)综合性强。本课程用到了多门课程的理论与方法,如:数学、物理、化学、工程制图、力学、机械原理、机械设计与工程材料等。因此在学习本课程时,特别要注意紧密联系并综合运用以往学过的知识。

　　(2)实践性强。本课程就是要用理论来解决实际生产中金属切削加工与刀具的问题,实践性非常强。因此,在学习本课程的前后,一定要安排实习(认识实习和生产实习);不仅要有课堂讲授,而且还要有实验教学;有条件还要安排作刀具课程设计。

第1章 基 本 定 义

本章是学习后续各章的基础,主要介绍切削运动、工件表面、切削用量、刀具标注角度的坐标平面与参考系、刀具六个标注基本角度,还有切削层参数及切削方式的基本定义。

任何科学理论的正确论述,都必须有明确的定义。

所谓定义,是人们对于一种事物本质特征或一个概念的确切而简要的说明,也是人们对某种事物或规律进行认识和研究的共同语言。金属切削原理及刀具作为一门学科,有很多基本概念和基础知识要掌握、基本规律要研究,这样人们就必须有个事先的约定,即基本定义,否则研究就无法进行。

1.1 切削运动与工件表面及切削用量

切削加工的方法很多,如车、刨、钻、铣、拉、镗、磨等。其中,外圆车削最具有典型性,故以外圆车削为例加以研究。

1.1.1 外圆车削的切削运动与工件表面及切削用量

1. 切削运动

如图 1.1 所示的外圆车削,要切除工件表面多余的金属层,刀具相对于工件必须有切削运动,即工件必须作回转运动,刀具作直线运动。

依切削运动作用的不同,可把它分为主运动与进给运动。

(1) 主运动。工件的回转运动即是主运动,它是切除多余金属层以形成工件要求的形状、尺寸精度及表面质量所必须的基本运动,是速度最高、消耗功率最大的运动。这种运动在切削过程中只能有一个。

主运动的大小用工件外圆处的线速度即切削速度来表示,记作 v_c

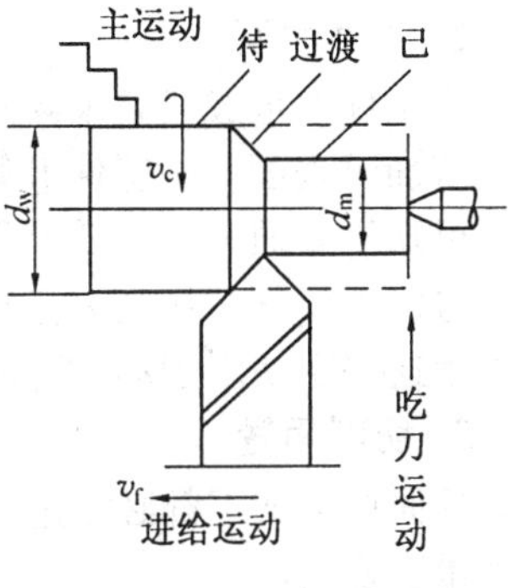

$$v_c = \frac{n\pi d}{1\,000} \text{ m/s 或(m/min)} \tag{1.1}$$

图 1.1 外圆车削的切削运动与工件表面

式中　　n——主轴转数(r/s 或 r/min);

d——工件最大外圆直径(mm),如为钻削、铣削,d 为刀具的最大直径(mm)。

外圆处线速度的方向即是主运动的方向。

(2) 进给运动。进给运动是指使新的金属层不断投入切削,并使其在所需方向上继续下去的运动。在此,刀具在轴向的直线运动即为进给运动。一般情况下,此运动的速度较低、消耗功率较小,是形成已加工表面的辅助运动。

与主运动速度相对应,进给运动的大小用进给速度表示,记作 v_f,单位为 mm/min,即在单位时间内,刀具相对于工件在进给方向上的位移量;

生产中常用每转进给量来表示,记作 f,单位为 mm/r,即是工件转一转,刀具相对于工件在进给方向上的位移量；

当刀具的主切削刃数即刀齿数 $Z > 1$ 时(如钻削)，每个刀齿相对于工件在进给方向上的位移量，即每齿进给量，以 f_Z 表示，单位为 mm/Z。

这样便有上述三种进给量间的关系式，即

$$v_f = fn = f_Z Z n \qquad (1.2)$$

因为进给运动是由刀具完成的，故习惯上也称走刀运动，其大小称走刀量。

（3）合成运动。上述主运动和进给运动的合成称合成运动，记作 v_e，其大小及方向见图 1.2。

当 $v_f \ll v_c$ 时，可用 v_c 近似代替 v_e。

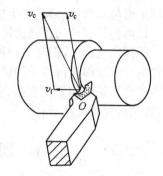

（4）背吃刀量(旧称切削深度)。当刀具不能一次吃刀就能切掉工件上的金属层时，还需由操作者在一次进给后再沿半径方向完成吃刀运动，习惯上称每次吃刀的量为背吃刀量，以 a_p 表示，单位为 mm；此时它是间歇进行的，故可不看成是运动。但当吃刀运动由机床进刀机构自动完成时，就应看成是一种辅助运动了(如外圆磨削、平面磨削)，其大小为

$$a_p = \frac{d_w - d_m}{2} \text{ mm} \qquad (1.3)$$

图 1.2　合成运动

式中　　d_w——待加工表面直径(mm)；

d_m——已加工表面直径(mm)。

综上所述，外圆车削是由一个主运动且只有一个主运动和一个辅助运动完成的。而对于其他切削加工，虽主运动也只有一个，但辅助运动就可能有几个了(图 1.3)，它们可分别由工件或刀具完成，也可能由工件或刀具单独完成。

2. 工件表面

在工件上形成所要求新表面的过程中，工件上有三个变化着的表面(图 1.1)：

待加工表面——工件上等待切削的表面；

已加工表面——工件上经刀具切削后形成的表面；

过渡表面——切削刃正在切除的待加工与已加工表面间的表面，也称加工表面。

上述关于切削运动、工件表面的基本定义均适用于其他切削加工。

3. 切削用量

任何切削加工都必须选择合适的主运动速度 v_c、进给量 f 及背吃刀量 a_p，它们合称切削用量三要素。

1.1.2　各种切削加工的切削运动与工件表面

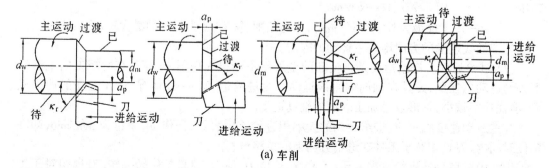

(a) 车削

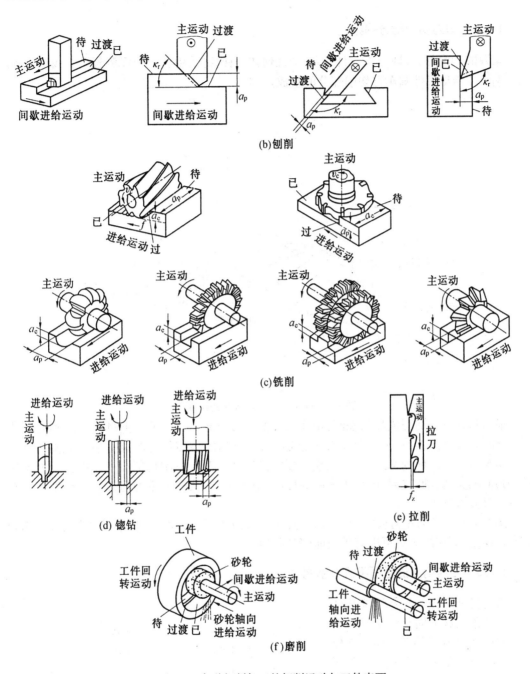

图1.3 各种切削加工的切削运动与工件表面

1.2 刀具几何角度

虽然用于切削加工的刀具种类繁多,但刀具切削部分的组成却有共同之处,车刀的切削部分可看做是各种刀具切削部分最基本的形态。

1.2.1　车刀切削部分的组成

车刀的切削部分,即刀头,与任何一个几何体一样,都是由若干个面和若干条线组成的。图 1.4 给出了外圆车刀切削部分的组成。

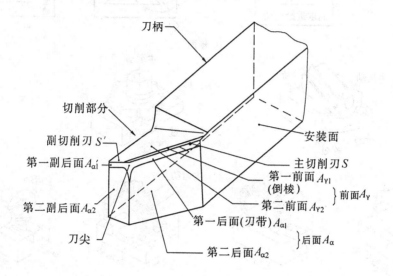

图 1.4　外圆车刀切削部分的组成

前(刀)面——切屑流经的表面,记作 A_γ;主后(刀)面——与工件上过渡表面相对的表面,记作 A_α;副后(刀)面——与工件上已加工表面相对的表面,记作 A_α';主切削刃——前(刀)面与主后(刀)面的交线,用以完成主要切除工作,记作 S;副切削刃——前(刀)面与副后(刀)面的交线,辅助参与已加工表面的形成,记作 S';刀尖——主切削刃 S 与副切削刃 S' 之间的过渡切削刃。

图 1.4 所给车刀是有公共前(刀)面的,这大大简化了刀具的设计、制造和刃磨,但原则上刀具的主、副切削刃是可以有单独前(刀)面的。

1.2.2　刀具角度的坐标平面与参考系

刀具切削部分的各个面与刃的空间位置常用这些面与刃在某些坐标平面内的几何角度来表示,这样就必须将刀具置于一空间坐标平面参考系内。该参考系包括参考坐标平面和测量坐标平面。参考坐标平面的确定必须与刀具的安装基准、切削运动联系起来,测量坐标平面的选取必须考虑测量与制造的方便。

图 1.5 给出了宽刃刨刀的刨削情况。此时,在 $O—O$ 平面内,前

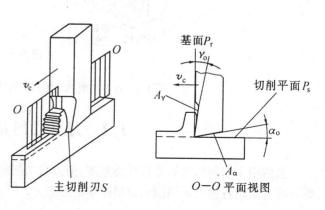

图 1.5　宽刃刨刀的刨削情况

(刀)面与安装基准面间的夹角用 γ_o 表示;后(刀)面与切削运动方向间的夹角用 α_o 表示。即 γ_o、α_o 分别确定了刨刀前(刀)面、后(刀)面的位置。在此,由切削刃和切削速度方向确定的平面称切削平面,记为 P_s;由刀具安装基准面确定的与切削速度方向垂直的平面称基面,记为 P_r。

图 1.5 所示刨刀主切削刃是直线,只有主运动而无进给运动,且前后(刀)面均为平面。生产中还有较为复杂的刀具:切削刃可能是曲线,前后(刀)面可能是曲面,除主运动外还有进给运动。上述关于切削平面和基面的定义就显得没有普遍意义了,故应广义地定义如下:

(1) 切削刃上选定点的切削平面,是过该点且与过渡表面相切的平面。

(2) 切削刃上选定点的基面,是过该点且与该点切削速度方向垂直的平面。一般是平行或垂直于制造、刃磨和测量时适合于安装或定位的表面或轴线。

切削刃上选定点的基面和切削平面合称参考坐标平面,简称参考平面。

根据上述定义可知,切削刃上不同点的基面和切削平面不一定相同。

图 1.5 中的几何角度 γ_o、α_o 是在 $O—O$ 坐标平面内测量的,该坐标平面称测量平面。

根据 ISO 规定,测量平面有正交平面、法平面、假定工作平面与背平面。它们的定义如下:

(1) 正交平面(主剖面)。切削刃上选定点的正交平面是过该点并同时垂直于切削平面和基面的平面或过该点并垂直于切削刃在基面上投影的平面,记为 P_o。

(2) 法平(剖)面。切削刃上选定点的法平面是过该点并与切削刃垂直的平面,记为 P_n。

(3) 假定工作平面(进给剖面)。切削刃上选定点的假定工作平面是过该点、垂直于基面并与进给方向平行的平面,记为 P_f。

(4) 背平面(切深剖面)。切削刃上选定点的背平面是过该点且垂直于基面与假定工作平面的平面或垂直于进给方向的平面,记为 P_p。

上述参考平面(基面和切削平面)与测量平面分别组成了三个坐标平面参考系,即:

(1) 正交平面参考系。由 P_r、P_s、P_o 组成的平面参考系(图 1.6),这三个平面互相垂直。

(2) 法平面参考系。由 P_r、P_s、P_n 组成的平面参考系(图 1.7),P_n 与 P_r、P_s 无垂直关系。

(3) 假定工作平面与背平面参考系。由 P_r、P_f、P_p 组成的平面参考系(图 1.8),这三个平面互相垂直。

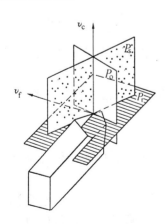

图 1.6 正交平面参考系

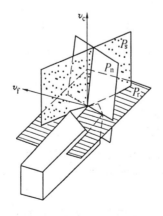

图 1.7 法平面参考系

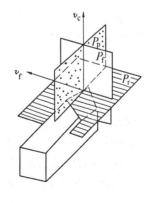

图 1.8 假定工作平面与
背平面参考系

1.2.3 刀具的标注角度

刀具的标注角度是指在刀具工作图中要标出的几何角度,即在静止坐标参考系中的几何角度。它是刀具设计、制造、刃磨和测量的依据。由于坐标参考系有前述三种,当然在三种坐标参考系中均可有其标注角度。参考系的选用,与生产中采用的刀具刃磨方式、检测方便与否有关。我国过去多采用正交平面参考系,现已兼用法平面参考系、假定工作平面与背平面参考系。

1. 正交平面参考系中的刀具标注角度(图1.9)

(1) 基面 P_r 内的角度。

主偏角——切削刃上选定点的主偏角是在基面 P_r 内测量的、主切削平面 P_s 与假定工作平面 P_f 间的夹角,或主切削刃在基面上的投影与进给方向间的夹角,记为 κ_r;

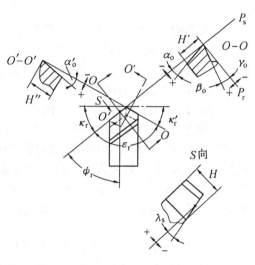

图 1.9 外圆车刀正交平面参考系的标注角度

副偏角——切削刃上选定点的副偏角是在基面 P_r 内测量的、副切削平面 P_s' 与假定工作平面 P_f 间的夹角,或副切削刃在基面上的投影与进给方向间的夹角,记为 κ_r'。

(2) 切削平面 P_s 内的角度。

切削刃上选定点的刃倾角是在切削平面 P_s 内测量的主切削刃 S 与基面 P_r 间的夹角,记为 λ_s,有正负之分:刀尖位于切削刃最高点时定义为正("+"),反之为负("−");它影响切屑的流向,也影响刀尖的强度与散热,精加工时取 $\lambda_s > 0^\circ$,粗加工时取 $\lambda_s < 0^\circ$(图1.10)。

(3) 正交平面 P_o 内的角度。

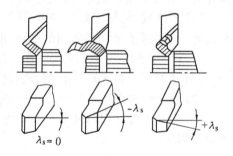

图 1.10 车刀的刃倾角

前角——切削刃上选定点的前角是在正交平面 P_o 内测量的、前(刀)面 A_γ 与基面 P_r 间的夹角,记为 γ_o,有正负之分:前(刀)面 A_γ 位于基面 P_r 之前者,$\gamma_o < 0^\circ$,反之 $\gamma_o > 0^\circ$。

后角——切削刃上选定点的后角是在正交平面 P_o 内测量的、后(刀)面 A_α 与切削平面 P_s 间的夹角,记为 α_o,有正负之分。

(4)副刃正交平面 P_o' 内的角度。

副(刃)后角——副切削刃上选定点的后角是在副刃正交平面 P_o' 内测量的、副后面 A_α' 与副切削平面 P_s' 间的夹角,记为 α_o',正负同 α_o。

以上六个角度 κ_r、λ_s、γ_o、α_o、κ_r'、α_o' 为车刀的基本标注角度。在此,κ_r、λ_s 确定了主切削刃 S 的空间位置,κ_r'、λ_s' 确定了副切削刃 S' 的空间位置,γ_o、α_o 确定了前(刀)面 A_γ 与后(刀)面 A_α 的空间位置,γ_o'、α_o' 则确定了 A_γ'、A_α' 的空间位置。但是,γ_o'、λ_s' 并非独立角度,

可通过计算得到(详见 12.5 节的刀具角度换算)。

此外,还有以下派生角度:

刀尖角——在基面 P_r 内测量的切削平面 P_s 与副切削平面 P_s' 间的夹角,或主切削刃 S 与副切削刃 S' 在基面上投影间的夹角,记为 ε_r,$\varepsilon_r = 180° - (\kappa_r + \kappa_r')$;

余偏角——在基面 P_r 内测量的切削平面 P_s 与背平面 P_p 间的夹角,或主切削刃 S 在基面 P_r 上的投影与吃刀方向间的夹角,记为 ψ_r,$\psi_r = 90° - \kappa_r$;

楔角——在正交平面 P_o 内测量的前(刀)面 A_γ 与后(刀)面 A_α 间的夹角,记为 β_o,$\beta_o = 90° - (\gamma_o + \alpha_o)$。

2. 法平(剖)面参考系中的刀具标注角度

按照刀具角度定义,同理可标注出法平(剖)面参考系中的五个基本角度,即 κ_r、λ_s、γ_n、α_n、κ_r'(图 1.11)。也有派生角度 ε_r、ψ_r、β_n 和计算角度 γ_n'、λ_s'、α_n'。

3. 假定工作平面与背平面参考系中的刀具标注角度

这个参考系中的刀具标注角度 κ_r、γ_p、γ_f、α_p、α_f、κ_r' 同理可标出,派生角度 ε_r、ψ_r、β_p、β_f 也可求出(图 1.12)。

上述刀具角度的基本定义同样适用于任何刀具。

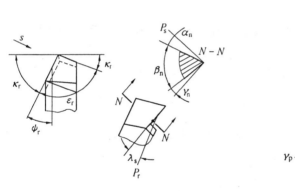

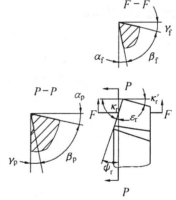

图 1.11　外圆车刀法平面参考系的标注角度　　图 1.12　外圆车刀假定工作平面与
　　　　　　　　　　　　　　　　　　　　　　　　背平面参考系的标注角度

1.2.4　刀具的工作角度

上述刀具角度是在静止参考系中的标注角度,是忽略进给运动条件时给出的。实际上在刀具使用中,应考虑刀具切削刃上选定点的合成运动速度 v_e、刀尖安装不一定对准机床中心高度、背平面不一定平行于侧安装面等因素。这时的坐标平面参考系与静止坐标平面参考系不再相同,而称工作坐标参考系,在其内的刀具角度称刀具工作角度。比如:工作正交平面参考系的三个坐标平面分别为工作正交平面 P_{oe}、工作基面 P_{re} 和工作切削平面 P_{se},在其内的工作角度为 γ_{oe}、α_{oe}、κ_{re}、κ_{re}'、λ_{se}。

在此仅举两例说明如下:

1. 考虑进给运动的影响(横车)

切断刀切断工件时的情况如图 1.13 所示。

当不考虑进给运动时,切削刃上选定 A 的运动轨迹是一圆,因此该点的基面是过点 A 的径向平面 P_r,切削平面为过点 A 与 P_r 垂直的切平面 P_s,其前后角 γ_o、α_o 如图 1.13 所示。当考虑进给运动后,切削刃上点 A 的运动轨迹已是一阿基米德螺旋线,这时的切削平面 P_{se} 已是过点 A 的阿氏螺线的切线,基面 P_{re} 已是过点 A 的与 P_{se} 垂直的平面,在这个测量坐标平面内的前角 γ_{oe}、后角 α_{oe} 已不再是原来的标注角度 γ_o、α_o 了(图 1.13)。此时

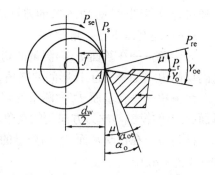

图 1.13　横向进给运动对工作角度的影响

$$\gamma_{oe} = \gamma_o + \mu \qquad \alpha_{oe} = \alpha_o - \mu \qquad \mu = \arctan\frac{f}{\pi d_w}$$

式中　μ——横向进给运动对工作角度的影响;

　　　f——刀具相对于工件的横向进给量(mm/r);

　　　d_w——切削刃上选定点 A 处的工件直径(mm)。

不难看出,切削刃越接近工件中心,d_w 值越小,μ 值越大,γ_{oe} 越大,而 α_{oe} 越小,甚至变为零或负值,对刀具的工作越不利。

2. 刀尖位置高低的影响

安装刀具时,刀尖不一定在机床中心高度上。若刀尖高于机床中心高度,如图 1.14 所

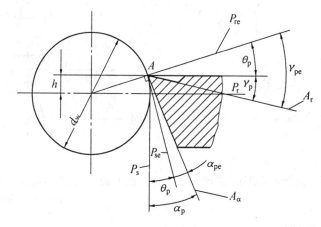

图 1.14　刀尖位置高时的刀具工作角度

示。此时选定点 A 的基面和切削平面已变为过点 A 的径向平面 P_{re} 和与之垂直的切平面 P_{se},其工作前角和后角分别为 γ_{pe}、α_{pe}。可见,刀具工作前角 γ_{pe} 比标注前角 γ_p 增大了,工作后角 α_{pe} 比标注后角 α_p 减小了,可写成

$$\gamma_{pe} = \gamma_p + \theta_p \qquad \alpha_{pe} = \alpha_p - \theta_p \qquad \theta_p = \arctan\frac{h}{\sqrt{\left(\dfrac{d_w}{2}\right)^2 - h^2}}$$

式中　　θ_p——刀尖位置变化引起前后角的变化值(弧度);

　　　　h——刀尖高于机床中心的数值(mm);

　　　　d_w——工件直径(mm)。

1.3　切削层参数与切削方式

1.3.1　切削层参数

刀具切削刃在一次进给(走刀)中,从工件待加工表面上切下来的金属层称切削层。外圆车削时,工件转一转,车刀从位置Ⅰ移动到位置Ⅱ,前进了一个进给量 f,图 1.15 中阴影部分即为切削层。其截面尺寸的大小即为切削层参数,它决定了刀具所承受负荷的大小及切屑的厚薄,还将影响切削力、刀具磨损、表面质量和生产效率。切削层参数通常在基面内测量。

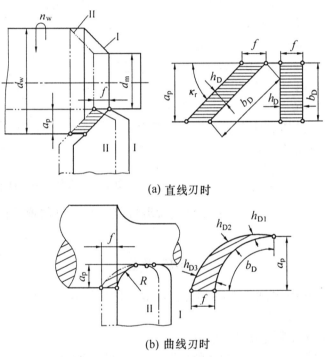

(a) 直线刃时

(b) 曲线刃时

图 1.15　外圆纵车时切削层参数

1. 切削层公称厚度 h_D(简称切削厚度,曾记为 a_c)

切削厚度是在基面内测量的切削刃两瞬时位置过渡表面间的距离,与进给量 f 可写成关系式(1.4)

$$h_D = f\sin\kappa_r \text{ mm} \tag{1.4}$$

可见, h_D 随 f、κ_r 的增大而增大。当切削刃为直线时,切削刃上各点处的 h_D 相等;切削刃为曲线时,切削刃上各点的 h_D 是变化的(图 1.15)。

2. 切削层公称宽度 b_D(简称切削宽度,曾记为 a_w)

切削宽度是在基面内沿过渡表面测量的切削层尺寸(图 1.15)。与背吃刀量 a_p 可写成关系式(1.5)

$$b_D = a_p/\sin\kappa_r \text{ mm} \tag{1.5}$$

可见 a_p 越大，b_D 越宽。

3. 切削层公称横截面积 A_D（简称切削面积，曾记为 A_c）

切削面积当然在基面内测量，可写成关系式(1.6)

$$A_D = h_D b_D = f a_p \ \text{mm}^2 \tag{1.6}$$

1.3.2 切削方式

1. 自由切削与非自由切削

只有一条切削刃参加切削工作的切削称自由切削，宽刃刨刀的刨削就是一例(图 1.5)。此时切削刃上各点切屑的流出方向大致相同，切削层金属的变形基本在二维平面内发生，即为平面变形。反之，像外圆车削、切槽(切断)、车螺纹等，副切削刃也参加已加工表面形成过程的切削称非自由切削。曲线切削刃或数条切削刃参加工作的切削多属非自由切削。此时，切削层金属的变形很复杂，变形发生在三维空间内。

2. 直角切削与斜角切削

切削刃上选定点的切线垂直于该点切削速度的切削称直角切削或正交切削(图 1.16(a))，否则称斜角切削或斜切削。生产中大多属斜角切削（图

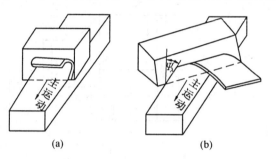

(a)　　　　　　　(b)

图 1.16　直角切削与斜角切削

1.16(b))。直角切削时切屑是沿切削刃的法向流出的，但只将工件斜置、而 v_c 方向不变的切削仍属直角切削。

复习思考题

1.1 试说明外圆车削、端面车削、刨削、钻削、铣削的切削运动及工件上的各表面？

1.2 什么是切削用量三要素？

1.3 车刀切削部分由哪些面和刃组成？

1.4 如何理解切削刃上选定点的切削平面、基面和正交平面？

1.5 目前世界各国采用的刀具标注角度坐标平面参考系有哪几种？各由哪些坐标平面组成？画图示之。

1.6 试画图表示：$\gamma_o = 15°$、$\alpha_o = \alpha_o' = 6°$、$\kappa_r = 90°$、$\kappa_r' = 10°$、$\lambda_s = -5°$ 的外圆车刀。

1.7 试画图表示：$\gamma_o = 10°$、$\alpha_o = \alpha_o' = 8°$、$\kappa_r = 90°$、$\kappa_r' = 2°$、$\lambda_s = 0°$ 的切断车刀。

1.8 试以横车(切断)为例说明车刀工作角度与标注角度的关系？

1.9 端面车削时，刀尖高(或低)于工件中心时工作角度(前、后角)有何变化？

1.10 切削层参数指的是什么？分别与背吃刀量 a_p 和进给量 f 有何关系？

1.11 何谓直角切削与斜角切削？自由切削与非自由切削？工件斜置的切削属斜角切削吗？为什么？

第2章 刀具材料

刀具材料是指刀具切削部分的材料。刀具材料性能的优劣对切削加工的过程、加工精度、表面质量及生产效率有着直接的影响。可见,刀具材料是多么重要。本章作为基本常识,将介绍作为刀具材料应具备的性能、生产中常用刀具材料的种类、性能特点与选用原则以及刀具材料的发展趋势。

2.1 概 述

2.1.1 刀具材料应具备的性能

1. 高硬度

高硬度是刀具材料应具备的最基本的性能。一般认为,刀具材料的硬度应比工件材料硬度高 1.3 ~ 1.5 倍,常温硬度高于 60HRC。

2. 足够的强度和韧性

切削过程中,刀具承受很大的压力、冲击和振动,刀具材料必须具备足够的抗弯强度 R_{tr}(原符号为 σ_{bb})和冲击韧度 a_k(表示韧性)。一般说来,刀具材料的硬度越高,其 R_{tr} 和 a_k 值越低。这是个矛盾的现象,在选用刀具材料时,必须给予充分注意,以便在刀具结构、几何参数选择时采取弥补措施。

3. 高耐磨性

在切削过程中,刀具要经受剧烈地摩擦,所以作为刀具材料必须具备良好的耐磨性。

耐磨性不仅与硬度有关,往往还与强度、韧度和金相组织结构等因素有关,因而耐磨性是个综合性的指标。一般认为,刀具材料的硬度越高,马氏体中合金元素越多,金属碳化物的数量越多,晶粒越细,分布越均匀,耐磨性就越好。

4. 高耐热性

耐热性是衡量刀具材料切削性能优劣的主要指标,它是指刀具材料在高温下保持或基本保持其硬度、强度、韧度和耐磨性的能力。一般用保持其常温下切削性能的温度来表示热耐性。工具钢刀具材料的磨损与金相组织相变有很大关系,故工具钢刀具常用红硬性(加热4 h 仍能保持 58HRC 时的温度值即为红硬性)表示耐热性。如,高速钢的红硬性为550 ~ 650℃,即在此温度下,高速钢仍能保持或基本保持常温时的切削性能指标。

硬质合金刀具的磨损主要由粘结和扩散引起,故而用与钢发生粘结时的温度值来表示其耐热性。

一般在室温下,各种刀具材料的硬度相差不很大,但由于耐热性不同,高温下的切削性能会有很大差异。

5. 工艺性

作为刀具材料除具备上述性能外,还应具备一定的可加工性能,如切削加工性、磨削加工性、焊接性能、热处理性能及高温塑性等等。

2.1.2　刀具材料的种类

根据刀具材料的发展历程,可将现有的刀具材料分为下列几种:

(1)工具钢包括碳素工具钢和合金工具钢。

(2)高速钢。

(3)硬质合金。

(4)陶瓷。

(5)超硬材料:包括金刚石和立方氮化硼。

其中高速钢与硬质合金是用得最为广泛的刀具材料,这里将着重介绍。

2.2　工　具　钢

2.2.1　碳素工具钢

碳素工具钢指含碳的质量分数在 0.65% ~ 1.35%(或 $w(C) = 0.65\% \sim 1.35\%$)的优质高碳钢。常用牌号有 T8A、T10A 和 T12A,其中以 T12A 用得最多,其含碳的质量分数为 1.15% ~ 1.2%,淬火后硬度可达(58 ~ 64)HRC,红硬性达 250 ~ 300℃,允许的切削速度 $v_c = 5 \sim 10$ m/min,故只适于制造手用和切削速度很低的工具,如锉刀、手用锯条、丝锥和板牙等。其原因是:当切削温度高于 250 ~ 300℃时,马氏体组织要分解,使得硬度降低;碳化物分布不均匀,淬火后变形较大,易产生裂纹;淬透性差,淬硬层薄。

2.2.2　合金工具钢

针对碳素工具钢的红硬性低、淬透性差、淬火后变形大的缺点,在高碳钢中再加入一些合金元素 Si、Cr、W、Mn 等(合金元素总量不宜超过 3% ~ 5%),可提高淬透性和回火稳定性,细化晶粒,减小变形。常用合金工具钢的牌号有 9SiCr、CrWMn 等(表 2.1)。加入合金元素后红硬性可达 325 ~ 400℃,允许的切削速度可达 $v_c = 10 \sim 15$ m/min。合金工具钢目前主要用于低速工具,如:丝锥、板牙、铰刀、滚丝轮、搓丝板等。

表 2.1　常用合金工具钢的牌号与成分及用途

牌号	$w/\%$						硬度 HRC	应用举例
	C	Mn	Si	Cr	W	V		
9Mn2V	0.85 ~ 0.95	1.7 ~ 2.0	≤0.035	—	—	0.1 ~ 0.25	≥62	丝锥、板牙、铰刀等
9SiCr	0.85 ~ 0.95	0.3 ~ 0.6	1.2 ~ 1.6	0.95 ~ 1.25	—	—	≥62	板牙、丝锥、钻头、铰刀等
CrW5	1.26 ~ 1.5	≤0.3	≤0.3	0.4 ~ 0.7	4.5 ~ 5.5	—	≥65	铣刀、车刀、刨刀等
CrMn	1.3 ~ 1.5	0.45 ~ 0.75	≤0.35	1.3 ~ 1.6	—	—	≥62	量规、块规
CrWMn	0.9 ~ 1.05	0.8 ~ 1.1	0.15 ~ 0.35	0.9 ~ 1.2	1.2 ~ 1.6	—	≥62	板牙、拉刀、量规等

2.3　高速钢

高速钢全称高速合金工具钢,也称白钢、锋钢,是 19 世纪末美国的 F. W. Taylor 与 White 研制成功的。

高速钢是在高碳钢中加入较多合金元素 W、Cr、V、Mo 等与 C 生成碳化物制得的。加入合金元素后,细化了晶粒,提高了合金的硬度。一般高速钢的淬火硬度可达(63~67)HRC,红硬性可达 550~650℃。允许的切削速度 v_c 可比合金工具钢提高 1~2 倍,高速钢因此而得名。高速钢具有较高的强度,在所有刀具材料中它的抗弯强度 σ_{bb} 和冲击韧度 a_k 最高,是制造各种刃形复杂刀具的主要材料。

就其性能用途,可将高速钢分为普通高速钢和高性能高速钢两大类。

2.3.1　普通高速钢

按其化学成分,普通高速钢可分为钨系高速钢和钨钼系(或钼系)高速钢。

1. 钨系高速钢

钨系高速钢的典型牌号是 W18Cr4V($w(C) = 0.7\% \sim 0.8\%$、$w(W) = 17.5\% \sim 19\%$、$w(Cr) = 3.8\% \sim 4.4\%$、$w(V) = 1.0\% \sim 1.4\%$)。钨系高速钢是我国应用最多的高速钢,它具有较好的综合性能,即有较高硬度(62~66)HRC、强度、韧度和耐热性,红硬性可达 620℃,切削刃可刃磨得比较锋利(0.005~0.018 μm),通用性较强,常用于钻头、铣刀、拉刀、齿轮刀具、丝锥等复杂刀具的制造。但强度随横截面尺寸变大而下降较多,因晶粒较粗大,分布又不太均匀。

由于钨是重要的战略物资,而且有些性能尚不能很好地满足切削加工的要求,国外已在减少其用量。

2. 钨钼系(或钼系)高速钢

钨钼系高速钢的典型牌号是 W6Mo5Cr4V2,在这种牌号钢中是用 Mo 代替了一部分 W(Mo:W = 1:1.45),Mo 在合金中的作用与 W 相似,但其相对原子质量比 W 小 50%,故钼系高速钢的密度小于钨系高速钢。具体含量为:$w(C) = 0.8\% \sim 0.9\%$、$w(W) = 5.6\% \sim 6.95\%$、$w(Mo) = 4.5\% \sim 5.5\%$、$w(Cr) = 3.8\% \sim 4.4\%$、$w(V) = 1.75\% \sim 2.21\%$。

钨钼系高速钢的综合性能与钨系相近,但碳化物晶粒较细小、分布较均匀,故强度和韧度好于钨系高速钢,可用于制造大截面尺寸的刀具,特别是热状态下塑性好,适于制造热轧刀具(如热轧钻头)。主要缺点是热处理时脱碳倾向大,易氧化,淬火温度范围较窄。

2.3.2　高性能高速钢

高性能高速钢包括:高碳高速钢($w(C) \geq 0.9\%$)、高钒高速钢($w(V) \geq 3\%$)、钴高速钢($w(Co) = 5\% \sim 10\%$)、W2Mo9Cr4VCo8(M42)、铝高速钢(W6Mo5Cr4V2Al)及粉末冶金高速钢。

这些特殊性能高速钢必须在适用的特殊切削条件下,才能发挥其优异的切削性能,选用时不要超出使用范围。

上述各种高速钢的牌号与性能见表 2.2。

表 2.2　高速钢的牌号与性能

钢　号	常温硬度 (HRC)	抗弯强度 R_{tr}/GPa	冲击韧度 a_k/(MJ·m^{-2})	高温硬度(HRC)	
				500℃	600℃
W18Cr4V	63 ~ 66	3 ~ 3.4	0.18 ~ 0.32	56	48.5
W6Mo5Cr4V2(M2)	63 ~ 66	3.5 ~ 4	0.3 ~ 0.4	55 ~ 56	47 ~ 48
9W18Cr4V	66 ~ 68	3 ~ 3.4	0.17 ~ 0.22	57	51
W6Mo5Cr4V3	65 ~ 67	3.2	0.25	—	51.7
W6Mo5Cr4V2Co8	66 ~ 68	3.0	0.3	—	54
W2Mo9Cr4VCo8(M42)	67 ~ 69	2.7 ~ 3.8	0.23 ~ 0.3	~ 60	~ 55
W6Mo5Cr4V2Al(501)	67 ~ 69	2.9 ~ 3.9	0.23 ~ 0.3	60	55
W10Mo4Cr4V3Al(SF6)	67 ~ 69	3.1 ~ 3.5	0.2 ~ 0.28	59.5	54

2.3.3　高速钢的表面处理

为了提高高速钢刀具的切削性能,可对其表面进行处理(如氮化处理、离子注入、真空溅射涂镀、物理气相沉积(PVD – Physical Vapor Deposition)TiC、TiN 等薄耐磨层),以提高表面的耐磨性能。TiN 涂层(金黄色)钻头、齿轮刀具也有较广泛的应用。近些年还开发了多涂层 TiC – Al_2O_3 – TiN、多元复合涂层 TiCN、TiAlN、AlTiN,软硬组合涂层 TiC/MoS_2(WS_2)(钻头刃部涂 TiC,螺旋沟部涂 MoS_2(W_2S))、纳米涂层以及金刚石涂层技术。

2.4　硬 质 合 金

硬质合金是以高硬度难熔金属的碳化物(WC、TiC)微米级粉末为主要成分,以钴(Co)或镍(Ni)、钼(Mo)为粘结剂,在真空炉或氢气还原炉中烧结而成的粉末冶金制品。它的耐热性比高速钢高得多,约在 800 ~ 1 000℃,允许的切削速度 v_c 约是高速钢的 4 ~ 10 倍。硬度很高,可达(89 ~ 91)HRA,有的高达 93HRA;但它的抗弯强度 R_{tr} 为 1.1 ~ 1.5 GPa,只是高速钢的一半;冲击韧度 $a_k = 0.04$ MJ/m^2 左右,不足高速钢的 1/25 ~ 1/10。由于它的耐热性与耐磨性好,因而在刃形不太复杂刀具上的应用日益增多,如车刀、端铣刀、立铣刀、铰刀、镗刀、小尺寸钻头、丝锥及中小模数齿轮滚刀。

2.4.1　影响硬质合金性能的因素分析

硬质合金的性能主要取决于金属碳化物的种类、性能、数量、粒度和粘结剂的数量。

1. 碳化物种类的影响

金属碳化物的种类不同,其物理力学性能不同(表 2.3),所制成硬质合金的性能也不同。

显然,含 TiC 硬质合金的硬度要高于只含 WC 硬质合金的硬度,但其脆性更大、导热性能更差、密度更小。

2. 碳化物数量、粒径及粘结剂数量的影响

碳化物在硬质合金中所占比例越大,硬质合金的硬度越高。反之硬度降低,抗弯强度

R_{tr}提高。

表 2.3 金属碳化物的某些物理力学性能

碳化物	熔点/ ℃	硬度 (HV)	弹性模量 E/GPa	导热系数 k/(W·m^{-1}·℃$^{-1}$)	密度 ρ/(g·cm^{-3})	对钢的粘结温度
WC	2 900	1 780	720	29.3	15.6	较低
TiC	3 200 ~ 3 250	3 000 ~ 3 200	321	24.3	4.93	较高
TaC	3 730 ~ 4 030	1 599	291	22.2	14.3	—
TiN	2 930 ~ 2 950	1 800 ~ 2 100	616	16.8 ~ 29.3	5.44	—

当粘结剂数量一定时,碳化物的粒径越小,硬质合金中碳化物所占的表面积越大,粘结层的厚度越小(相当于粘结剂相对减少),使得硬质合金的硬度有所提高,R_{tr}下降;反之,硬度降低,R_{tr}提高。所以,细晶粒和超细晶粒硬质合金的硬度高于粗晶粒硬质合金的硬度,但R_{tr}则低于粗晶粒的硬质合金。

3. 碳化物晶粒分布的影响

碳化物晶粒的分布越均匀,粘结层越均匀,越可以防止由于热应力和机械冲击而产生的裂纹。硬质合金中加入 TaC 有利于晶粒细化和分布均匀化。YG6A 的硬度高于无 TaC 的硬质合金 YG6。

2.4.2 硬质合金的种类和牌号

试验和生产实践证明,WC 含量多、用 Co 作粘结剂的硬质合金强度最高。故目前 WC 为基体的硬质合金占主导地位。

此类硬质合金可分为四类:

1. 钨钴类(WC - Co)硬质合金

钨钴类硬质合金中的硬质相是 WC,粘结相是 Co,国标代号为 YG。主要牌号有 YG3、YG6、YG8,其中的 Y 表示硬质合金,G 表示钴,其后数字表示钴的质量分数,数字后还可能有"X"(细晶粒)、"C"(粗晶粒)。相当于 ISO 中的"K"类(短切屑类)。

2. 钨钛钴类(WC - TiC - Co)硬质合金

钨钛钴类硬质合金中的硬质相为 WC、TiC,粘结相为 Co。国标代号为 YT,常用牌号有 YT5、YT14、YT15、YT30,其中的 Y 表示硬质合金,T 表示碳化钛,其后数字为 TiC 的质量分数,相当于 ISO 中的"P"类(长切屑类)。

3. 钨钴钽(铌)类(WC - TaC(NbC) - Co)硬质合金

钨钴钽(铌)类硬质合金是往(WC - Co)类中加入 TaC(NbC)制成的,加入 TaC(NbC)的目的是细化晶粒、提高硬度、改善切削性能。国标代号为 YGA,常用牌号为 YG6A。

4. 钨钛钴钽(铌)类(WC - TiC - TaC(NbC) - Co)硬质合金

钨钛钴钽(铌)类硬质合金是往(WC - TiC - Co)类中加入 TaC(NbC)制成的,加入 TaC(NbC)的目的是细化晶粒、提高硬度,改善切削性能。国标代号为 YW,常用牌号为 YW1、YW2,W 是万能(通用)之意。相当于 ISO 中的"M"类。

以上代号、牌号中的字母均按汉语拼音来读,并非英文字母读法。

上述硬质合金的成分和性能见表 2.4。

表 2.4　硬质合金的成分和性能

合金牌号		w/%				物理力学性能							相近 ISO 牌号
		WC	TiC	TaC (NbC)	Co	硬度		抗弯强度 R_{tr}/ GPa	冲击韧度 a_k/(kJ· m^{-2})	导热系数 k/(W· m^{-1}·℃$^{-1}$)	线膨胀系数 α/(×10^{-6}· ℃$^{-1}$)	密度 ρ /(g· cm^{-3})	
						HRA	HRC						
WC 基 合 金													
WC + Co	YG3	97	—	—	3	91	78	1.10	—	87.9	—	14.9 $\backsim$ 15.3	K01 K05
	YG6	94	—	—	6	89.5	75	1.40	26.0	79.6	4.5	14.6 $\backsim$ 15.0	K15 K20
	YG8	92	—	—	8	89	74	1.50	—	75.4	4.5	14.4 $\backsim$ 14.8	K30
	YG3X	97	—	—	3	92	80	1.00			4.1	15.0 $\backsim$ 15.3	K01
	YG6X	94	—	—	6	91	78	1.35	—	79.6	4.4	14.6 $\backsim$ 15.0	K10
WC + TaC (NbC) + Co	YG6A (YA6)	91 $\backsim$ 93	—	1～3	6	92	80	1.35	—	—	—	14.4 $\backsim$ 15.0	K10
WC + TiC + Co	YT30	66	30	—	4	92.5	80.5	0.90	3.00	20.9	7.00	9.35 $\backsim$ 9.7	P01
	YT15	79	15	—	6	91	78	1.15	—	33.5	6.51	11.0 $\backsim$ 11.7	P10
	YT14	78	14	—	8	90.5	77	1.20	7.00	33.5	6.21	11.2 $\backsim$ 12.7	P20
	YT5	85	5	—	10	89.5	75	1.30		62.8	6.06	12.5 $\backsim$ 13.2	P30
WC + TiC + TaC (NbC) + Co	YW1	84	6	4	6	92	80	1.25				13.0 $\backsim$ 13.5	M10
	YW2	82	6	4	8	91	78	1.50				12.7 $\backsim$ 13.3	M20
TiC 基 合 金													
TiC + WC + Ni – Mo	YN10	15	62	1	Ni – 12 Mo – 10	92.5	80.5	1.10				6.3	P05
	YN05	8	71		Ni – 7 Mo – 14	93	82	0.90				5.9	P01

表中字母均为汉语拼音读法,Y—硬质合金;G—钴,其后数字表示钴含量(质量);X—细晶粒;T—TiC,其后数字表示 TiC 含量(质量);A—含 TaC(NbC)的钨钴类合金;W—通用(万能)合金;N—以镍(或钼)作粘结剂的 TiC 基合金

　　表 2.5 给出了 2008 年切削工具用硬质合金新国标。生产中常用红、蓝、黄、绿、橙、灰色分别表示 K、P、M、N、S、H 类硬质合金,其中:K 类宜加工铸铁,P 类宜加工钢,M 类兼加工铸铁和钢,N 类宜加工有色金属与非金属,S 类宜加工高温合金,H 类宜加工高硬度材料。

表 2.5　切削工具用硬质合金牌号 GB/T 18376.1 - 2008

组别		基本成分	力学性能			性　能	
类别	分组号		洛氏硬度 HRA,不小于	维氏硬度 HV_3,不小于	抗弯强度 R_{tr}/MPa,不小于	耐磨性	韧性
P	01	以 WC、TiC 为基,以 Co(Ni + Mo,Ni + Co)作粘结剂的合金/涂层合金	92.3	1 750	700	好↑	
	10		91.7	1 680	1 200		
	20		91.0	1 600	1 400		好
	30		90.2	1 500	1 550	↓	
	40		89.5	1 400	1 750		
M	01	以 WC 为基,以 Co 作粘结剂,添加少量 TiC(TaC、NbC)的合金/涂层合金	92.3	1 730	1 200	好↑	
	10		91.0	1 600	1 350		
	20		90.2	1 500	1 500		好
	30		89.9	1 450	1 650	↓	
	40		88.9	1 300	1 800		
K	01	以 WC 为基,以 Co 作粘结剂,或添加少量 TaC、NbC 的合金/涂层合金	92.3	1 750	1 350	好↑	
	10		91.7	1 680	1 460		
	20		91.0	1 600	1 550		好
	30		89.5	1 400	1 650	↓	
	40		88.5	1 250	1 800		
N	01	以 WC 为基,以 Co 作粘结剂,或添加少量 TaC、NbC 或 CrC 的合金/涂层合金	92.3	1 750	1 450	好↑	
	10		91.7	1 680	1 560		
	20		91.0	1 600	1 650	↓	好
	30		90.0	1 450	1 700		
S	01	以 WC 为基,以 Co 作粘结剂,或添加少量 TaC、NbC 或 TiC 的合金/涂层合金	92.3	1 730	1 500	好↑	
	10		91.5	1 650	1 580		
	20		91.0	1 600	1 650	↓	好
	30		90.5	1 550	1 750		
H	01	以 WC 为基,以 Co 作粘结剂,或添加少量 TaC、NbC 或 TiC 的合金/涂层合金	92.3	1 730	1 000	好↑	
	10		91.7	1 680	1 300		
	20		91.0	1 600	1 650	↓	好
	30		90.5	1 520	1 500		

　　注:① 洛氏硬度和维氏硬度中任选一项。
　　　　② 以上数据为非涂层硬质合金要求,涂层产品可按对应的维氏硬度下降 30 ~ 50。

2.4.3　硬质合金的性能特点

1. 硬度

硬质合金的硬度一般在(89~93)HRA。前两类硬质合金中,Co 含量越多,硬度越低;当 Co 含量相同时,YT 类的硬度比 YG 类高,细晶粒硬质合金的硬度比粗晶粒的硬度高,含 TaC (NbC)者比不含者高(表2.4)。

2. 强度与韧性

从表2.4可以看出,硬质合金的抗弯强度 R_{tr} 和冲击韧度 a_k 均随 Co 含量的增加而提高;Co 含量相同时,YG 类的 R_{tr} 和 a_k 比 YT 类的 R_{tr} 和 a_k 高,细晶粒的 R_{tr} 比一般晶粒的 R_{tr} 稍有下降,加 TaC(NbC)的 R_{tr} 比不加者的 R_{tr} 有所提高(YGA 类除外)。

3. 导热系数

硬质合金的导热系数 k 因硬质合金的种类不同而不同,约在 20~88 W/(m·℃)间变化,且 YG 类的 k 大于 YT 类的 k;YG 类中含 Co 量增加,k 减小;YT 类中含 TiC 量增加,k 也减小;含 Co 量相同时,YG 类的 k 比 YT 类的 k 高近1倍。这是因为 WC 的导热系数 k 大于 TiC 的 k(表2.3)。

4. 线膨胀系数

硬质合金的线膨胀系数 α 比高速钢的低。YT 类的 α 明显高于 YG 类的 α,且随 TiC 含量的增加而增大。

不难看出,YT 类硬质合金焊接时产生裂纹的倾向要比 YG 类大,原因在于 YT 类硬质合金的 α 大而 k 小。

5. 抗粘结性

抗粘结性就是抵抗与工件材料发生"冷焊"的性能。硬质合金与钢发生粘结的温度比高速钢高,YT 类硬质合金与钢发生粘结的温度又高于 YG 类,即 YT 类的抗粘结性能比 YG 类好。

2.4.4　选用原则

不同种类硬质合金的性能差别很大,因此正确选用硬质合金牌号,对于充分发挥硬质合金的切削性能具有十分重要的意义。选用硬质合金的原则是:

(1) YG 类宜于加工铸铁、有色金属及其合金、非金属等脆性材料,而 YT 类宜于高速加工钢料。

由于切削脆性材料时,切屑呈崩碎状,切削力集中在切削刃口附近很小的面积上,局部压力很大,且有一定冲击性,故要求刀具材料要有较高的抗弯强度 R_{tr} 和冲击韧度 a_k,而 YG 类硬质合金的 R_{tr} 和 a_k 都较好,导热系数 k 又比 YT 类的大,切削热能很快传出,从而降低刃口处的温度。而高速切削钢料时,切屑呈连续状,切削温度很高,距刃口一定距离处易形成月牙洼磨损坑。试验证明这是硬质合金中的 W、C 向钢屑中扩散造成的,而 Ti 不易扩散,且含 TiC 的 YT 类硬质合金也比 YG 类的粘结温度要高,因此高速切削钢料宜选用 YT 类硬质合金。

(2) 含 Co 量少的硬质合金宜于精加工,含 Co 量多者宜于粗加工。

YG 类硬质合金中的 YG3 用于精加工脆性材料,YG8 用于粗加工脆性材料。原因在于

Co 含量少,硬度高,耐磨性好,反之 R_{tr} 和 a_k 好。

YT 类中的 YT5 宜于粗加工钢料,YT30 宜于精加工钢料,因为此时 TiC 含量高,刀具耐磨性好。

(3) YT 类不宜加工含 Ti 的不锈钢和钛合金等难加工材料,而应采用 YG 类硬质合金。因为此时的工件材料导热系数小,仅为 45 号钢的 $1/3 \sim 1/7$,生成的切削热不易传出,故切削温度高。为降低切削温度,应选用导热性能好的 YG 类硬质合金作刀具。加之工件材料中含有较多的 Ti,从抗粘结抗亲和的角度看,也应选用不含 Ti 的 YG 类硬质合金。但 YG 类硬质合金的粘结温度较低,因此在用其切削这类难加工材料时,只宜采取较低的切削速度。

(4) YGA 类宜加工冷硬铸铁、高锰钢、淬硬钢以及含 Ti 的不锈钢、钛合金与高温合金。因为 YGA 类的高温硬度与强度及耐磨性均比 YG 类高。

(5) YW 类硬质合金可用于高温合金、高锰钢、不含 Ti 的不锈钢等难加工材料的半精加工和精加工。因为 YW 类的硬度、强度、韧度、抗热冲击性能均比 YT 类高,通用性较好。

2.4.5 其他硬质合金

1. TiC 基硬质合金

TiC 基硬质合金是以 TiC 为基体、用 Ni 或 Mo 作粘结剂的硬质合金属金属陶瓷的一种。与 WC 基硬质合金相比,硬度略有提高,对钢的摩擦系数有所减小,抗粘结能力增强,高温下硬度下降较少,具有较好的耐磨性,但韧度较差,性能介于 WC 基硬质合金与陶瓷之间。国标代号为 YN,主要牌号有 YN05、YN10。主要用于钢件的精加工。

2. 细晶粒超细晶粒硬质合金

细晶粒硬质合金性能见表 2.4。超细晶粒(YM 类)硬质合金主要用于冷硬铸铁、淬硬钢、不锈钢及高温合金等的加工。

3. 钢结硬质合金

钢结硬质合金是以 TiC 或 WC 做硬质相(质量分数为 $30\% \sim 40\%$)、高速钢做粘结相(质量分数为 $70\% \sim 60\%$),通过粉末冶金工艺制成的、性能介于硬质合金与高速钢之间的高速钢基硬质合金。它具有良好的耐热性、耐磨性和一定韧度,可进行锻造、热处理和切削加工,故可制作刃形复杂的刀具。

4. 涂层硬质合金

涂层硬质合金是近年来硬质合金的重大发展与变革,是在硬质合金表面上用化学气相沉积法 CVD 法(Chemical Vapor Deposition)涂复一层($5 \sim 12~\mu m$)硬度和耐磨性很高的物质($TiC、TiN、Al_2O_3$ 等),使得硬质合金既有强韧的基体,又有高硬度、高耐磨性的表面。宜于半精加工和精加工。

涂层硬质合金允许采用较高的切削速度,与未涂层硬质合金相比,能减小切削力,降低切削温度,改善已加工表面质量,提高其通用性。

涂层硬质合金不能用于焊接结构,不宜重磨,主要用于可转位刀片。金黄色 TiN 涂层属于第一代涂层,现已有第四代涂层。涂层工艺发展很快,已由单涂层 TiN、TiC 经历了 $TiC - Al_2O_3$、$TiC - Al_2O_3 - TiN$ 多层涂层,TiCN、TiAlN、AlTiN 等多元复元涂层的发展阶段,发展到了 TiN/NbN、TiN/CN 等多元复合薄膜涂层,甚至纳米涂层等。

氮化碳(CN_x)是很有希望达到或超过金刚石硬度的新合成刀具材料,兼可加工金刚石与 CBN 能加工的工件材料。

2.5　其他刀具材料

2.5.1　陶瓷刀具材料

陶瓷刀具材料主要有三大类,即氧化铝(Al_2O_3)系陶瓷、氮化硅(Si_3N_4)系陶瓷和 Si_3N_4 – Al_2O_3 系复合陶瓷。它们是高纯度、高强度(抗压)陶瓷,其原料粉末均非天然,而是人工合成的。

1. Al_2O_3 系陶瓷

Al_2O_3 系陶瓷的特点为:

(1) 硬度高于硬质合金,可达(92~95)HRA。

(2) 耐热性好,在 1 200℃时硬度下降很少,仍保持 80HRA。

(3) 化学稳定性好,与钢不易亲和、抗粘结、抗扩散能力较强。

Al_2O_3 系陶瓷的缺点是:抗弯强度 R_{tr} 低、冲击韧度 a_k 差、抗冲击性能差。随着成型工艺的改进,如:从冷压到热压,加入金属碳化物、氧化物复合,增加金属(Ni、Mo)结合剂及 SiC 晶须增韧剂,使其 R_{tr} 和 a_k 均大有提高,R_{tr} 已提高到 1.1 GPa 以上。Al_2O_3 – TiC 复合陶瓷用得较多。主要用于高速精加工和半精加工冷硬铸铁、淬硬钢等。

2. Si_3N_4 系陶瓷

其特点:

(1) 有较高的抗弯强度 R_{tr} 和冲击韧度 a_k,R_{tr} 可高达 1.5 GPa,可承受较大的冲击负荷。

(2) 热稳定性高,可在 1 300~1 400℃下进行切削。

(3) 导热系数大于 Al_2O_3 系陶瓷,热膨胀系数则小于 Al_2O_3 系陶瓷,故可承受热冲击。

此种陶瓷加工铸铁很有效。Si_3N_4 – TiC – Co 复合陶瓷用得较广泛。

3. Si_3N_4 – Al_2O_3 系复合陶瓷

赛珑(Sialon)陶瓷是其代表,其组成为 Si_3N_4 + Al_2O_3 + Y_2O_3,其中 Si_3N_4 含量居多,抗弯强度高(σ_{bb}可达 1.2GPa),冲击韧度也好。主要用于铸铁与高温合金加工,但不宜切钢。

2.5.2　超硬刀具材料

1. 金刚石

金刚石是至今人们所知物质中最硬的,硬度可达 10 000HV。它有天然与人造之分。天然金刚石有方向性,价格昂贵,故用得较少。人造金刚石则是在超高压(5~10 GPa)、高温(1 000~2 000℃)条件下由石墨转化而成的。再将它的粉末用人工合成工艺聚晶成大颗粒,可直接作刀具使用,即为聚晶金刚石 PCD(Polycrystalline Diamond)刀具。近些年来,又研究出把人造金刚石粉末聚晶烧结在硬质合金表面上的新工艺(0.5 mm 左右),即为金刚石复合片(PDC)刀具。

由于聚晶金刚石无方向性、硬度很高、耐磨性好,刃口又可刃磨得很锋利,故可用于高速精加工有色金属及合金、非金属硬脆材料。由于性脆,故必须防止切削过程中的冲击和振动。

　　金刚石是碳的同素异构体,在空气中 600～700℃时极易氧化、碳化,与铁发生化学反应,使金刚石丧失切削性能,故不宜用来在空气中加工钢铁材料,只宜于高速精加工有色金属及合金、非金属材料等。近年还研制了金刚石薄膜(10～25 μm)、涂层和厚膜(0.5 mm)以及类金刚石 DLC(Diamond-LikeCarbon)作刀具,取得了很好效果。

　　金刚石的小颗粒还可用来作超硬磨料,制造磨具。

2. 立方氮化硼

　　立方氮化硼 CBN(Cubic Boron Nitrogen)是由六方 BN(hBN)在合成金刚石的相同条件下加入催化剂转变而成的,至今尚未发现其天然品。

　　同人造金刚石一样,也有整体聚晶 CBN 和复合 CBN,即 PCBN。

　　CBN 有仅次于金刚石的高硬度和耐磨性,但耐热性高于金刚石(达 1 400℃),化学隋性很大,不会与铁产生化学反应,故可加工淬硬钢和冷硬铸铁等,实现以车代磨,但加工有色金属不如金刚石刀具。但在 800℃以上易与水起化学反应,故不宜用水基切削液。

　　CBN 颗粒还用来制造磨料和磨具。

复 习 思 考 题

2.1 刀具切削部分材料应具备哪些基本性能?

2.2 刀具材料有哪几种? 常用牌号有哪些? 性能如何? 常用于何种刀具? 如何选用?

第3章　金属切削过程

金属在切削过程中,由于受到刀具的推挤,通常会产生变形,变形是金属切削过程中产生的一种物理现象。这种变形直接影响切削力、切削热与切削温度、刀具磨损、已加工表面质量和生产效率等,因此有必要对其变形过程加以研究,以找到基本规律,减小切削力,降低切削温度,减小刀具磨损,提高加工质量和生产效率。

3.1　切屑的形成过程

切屑是被切金属层变形产生的废物。切屑究竟是如何被切下来的呢? 过去曾错误地认为刀具是个"楔子",像斧子劈木材那样,金属是被劈开来的。直到 19 世纪末,根据实验结果才发现,切屑是被切材料受到刀具前刀面的推挤,沿着某一斜面剪切滑移形成的,如图3.1所示。

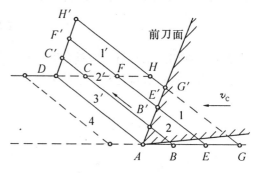

图 3.1　切削过程示意图

图中未变形的切削层 $AGHD$ 可看成是由许多个平行四边形扁块组成的,如 $ABCD$、$BEFC$、$EGHF$…当这些平行四边形扁块受到前刀面的推挤时,便沿着 BC 方向向斜上方滑移,形成另一些扁块,即 $ABCD \rightarrow AB'C'D$、$BEFC \rightarrow B'E'F'C'$、$EGHF \rightarrow E'G'H'F'$…由此不难看出,切削层不是由刀具切削下来的或劈开来的,而是靠前刀面的推挤与滑移而来的。

可以认为,金属切削过程是切削层金属受到刀具前刀面的推挤后产生的以剪切滑移为主的塑性变形过程。这非常类似于材料力学实验中材料的压缩破坏之情况。图 3.2 给出了压缩变形破坏与切削变形二者的比较。

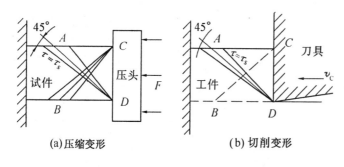

(a)压缩变形　　　　(b) 切削变形

图 3.2　压缩变形与切削变形的比较

图 3.2(a)给出了试件受压缩变形破坏之情况。此时,试件产生剪切变形,其方向约与作用力 F 方向成 45°。当作用力 F 增加时,在 DA、CB 线的两侧还会产生一系列滑移线,但都分别交于 D、C 处。

图 3.2(b)所示情况与图 3.2(a)的区别仅在于:切削时,工件上 DB 线以下还有基体材料的阻碍,故 DB 线以下的材料将不发生剪切滑移变形,即剪切滑移变形只在 DB 线以上沿 DA 方向进行,DA 就是切削过程的剪切滑移线。

当然,由于刀具有前角及与工件间有摩擦作用,剪切滑移变形会比较复杂罢了。

3.2　切削过程中的三个变形区

切削过程的实际情况要比前述情况复杂得多。这是因为切削层金属受到刀具前刀面的推挤产生剪切滑移变形后,还要继续沿着前刀面流出变成切屑。在这个过程中,切削层金属要产生一系列变形,通常将其划分成三个变形区(图3.3)。

图 3.3 中的 I 区(AOM)为第一变形区。在 AOM 内将产生剪切滑移变形。

在 II 区,切屑沿前刀面流出时将进一步受到前刀面的挤压和摩擦,靠近前刀面处的金属纤维化方向基本与前刀面平行,此区为第二变形区。

III 区是已加工表面受到切削刃钝圆部分和后刀面的挤压摩擦与回弹,造成纤维化与加工硬化区,此区称第三变形区。

3.2.1　第一变形区

正如图 3.4 所示,图中 OA、OB、OM 均为剪切等应力线,OA 线上的应力 $\tau = \tau_s$,OM 线的应力达最大 τ_{max}。

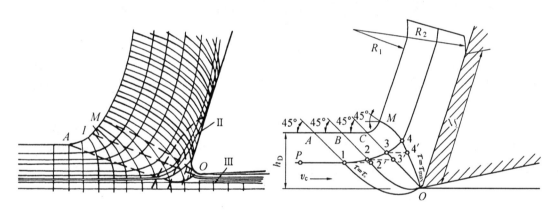

图 3.3　剪切滑移线与三个变形区示意图　　　　图 3.4　第一变形区金属的滑移

当切削层金属的某点 P 向切削刃逼近到达点 1 位置时,由于 OA 线上的剪应力 τ 已达到材料屈服强度 τ_s,故点 1 在向前移动到点 $2'$ 的同时还要沿 OA 线滑移到点 2,即合成运动的结果将使点 1 流动到点 2,$2'$2 则为滑移量。由于塑性变形过程中材料的强化,不同等应力线上的应力将依次逐渐增大,即 OB 线上的应力大于 OA 线上的应力,OC 线上的应力大于 OB 线上的应力,OM 线上的应力已达最大值 τ_{max},故点 2 流动至点 3 处,点 3 再流动至点 4 处,此后流动方向就与前刀面基本平行而不再沿 OM 线滑移了,即终止了滑移,故称 OM 线为终滑移线。开始滑移的 OA 线称始滑移线,OA 与 OM 线所组成的区域即为第一变形区,该区产生的是沿滑移线(面)的剪切滑移变形。

在一般切削速度范围内,第一变形区的宽度仅为 0.02～0.2 mm,切削速度越高,其宽度越小,故可近似看成一个平面,称剪切面。这种单一的剪切面切削模型虽不能完全反映塑性变形的本质,但简单实用,因而在切削理论研究和实践中应用较广。

剪切面与切削速度间的夹角,称剪切角,以 ϕ 表示。

当切削层金属沿剪切面滑移时,剪切滑移时间很短,滑移速度 v_s 很高,切削速度 v_c 与滑移速度 v_s 的合成速度即为切屑流动速度 v_{ch}。

图 3.5　切屑根部金相照片

在观察切屑根部金相照片(图 3.5)时,可看到切屑明显呈纤维状,但切削层在进入始滑移线前,晶粒是无方向性的圆形,而纤维状是它在剪切滑移区受剪切应力作用变形的结果(图 3.6)。

图 3.7 给出了晶粒变形纤维化示意图。不难看出,晶粒一旦沿 OM 线开始滑移,圆形晶粒受到剪切应力作用变成了椭圆,其长轴与剪切面间成 ψ 角。剪切变形越大,晶粒椭圆长轴方向(纤维方向)与剪切面间的夹角 ψ 就越小,即越接近于剪切面。

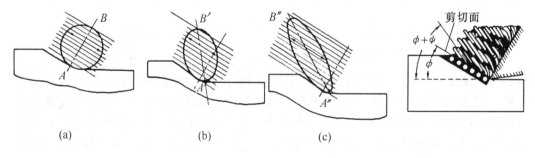

(a)　　　　　　　(b)　　　　　　　(c)

图 3.6　晶粒滑移示意图　　　　　　　　　图 3.7　晶粒纤维化示意图

3.2.2　第二变形区

切削层金属经过剪切滑移后,应该说变形基本结束了,但切屑底层(与前刀面接触层)在沿前刀面流动过程中却受到前刀面的进一步挤压与摩擦,即产生了第二次变形。当然这第二次变形是集中在切屑底层极薄一层金属中,且该层金属的纤维化方向与前刀面是平行的。

这是由于切屑底层金属一方面要沿前刀面流动,另一方面还要受到前刀面的挤压摩擦而膨胀,使得切屑底层比上层拉长造成的。图 3.8 给出了切屑的挤压与卷曲情况。

由图 3.8 可看出,原来的平行四边形扁块单元的底面就被前刀面的挤压给拉长了,使得平行四边形 ABCD 变成了梯形 AB'CD。许多这样的梯形叠加起来后,切屑就背向底层卷曲了。由于强烈地挤压摩擦,使得切屑底层非常光滑,而上层呈毛茸锯齿状。

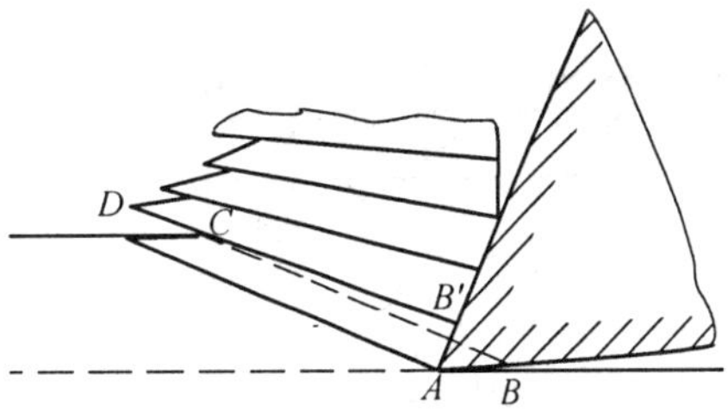

图 3.8　切屑的挤压与卷曲示意图

综前所述可知,第一变形区和第二变形区也是相互关联的,前刀面的挤压会使切削层金属产生剪切滑移变形,挤压越强烈,变形越大,在流经前刀面时挤压摩擦也越大。

3.2.3　第三变形区

因为此变形区位于后刀面与已加工表面之间,它直接影响着已加工表面的质量,故将在 9.1 已加工表面的形成过程一节中讲述。

3.3　切屑变形的表示方法

研究切削过程的目的在于找出切屑的变形规律,要说明这些规律,首先必须给出切屑变形程度的表示方法。

前已述及,切削层金属变形主要是剪切滑移变形,因此用相对滑移来表示切削层变形程度应当是顺理成章的。

3.3.1　相对滑移

由材料力学知,剪切变形可用相对滑移来表示,如图 3.9(a)所示。假定 $\square OHNM$ 受剪切变形后变成 $\square OGPM$,其相对滑移 ε 可写成

$$\varepsilon = \frac{\Delta s}{\Delta y}$$

刀具切削时的变形如表示成图 3.9(b)的情况,当工件以切削速度 v_c 向刀具移动时,若无刀具阻碍,点 M 将移至点 N,但由于有刀具的阻碍,切削层只能由 MN 流动到 MP(OH 向 OG)。此时的相对滑移 ε 应是

$$\varepsilon = \frac{\Delta s}{\Delta y} = \frac{NP}{MK} = \frac{NK + KP}{MK} = \cot \phi + \tan (\phi - \gamma_o) \tag{3.1}$$

用 ε 能较准确地表示出切削层的变形程度,但它是根据纯剪切计算的,而实际切削过程除剪切外还有挤压作用,故用 ε 表示切削层的变形有一定的近似性,且计算较复杂。

3.3.2　切屑(削)变形系数

因为切削过程也类似于金属的挤压变形过程。实际切削过程中,切削层金属受到挤压

变形后,切屑厚度比切削层变厚,长度比切削层缩短(图 3.10),故可用切屑压缩比(或变形系数)来表示。

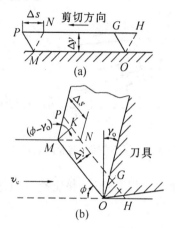

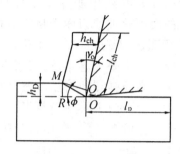

图 3.9　剪切变形　　　　　　　　　图 3.10　切削变形系数的计算

切屑厚度 h_{ch} 与切削层厚度 h_D 之比称厚度压缩比(或厚度变形系数)Λ_h

$$\Lambda_h = \frac{h_{ch}}{h_D} \tag{3.2}$$

切削层长度 l_D 与切屑长度 l_{ch} 之比称长度压缩比(或长度变形系数)Λ_l

$$\Lambda_l = \frac{l_D}{l_{ch}} \tag{3.3}$$

一般情况下,切削层宽度方向变化很小,根据体积不变原理,显然

$$\Lambda_h = \Lambda_l = \Lambda \tag{3.4}$$

可见此法直观简便,故定性分析问题时用得较多。外文文献中常用切削比 r_c 表示变形且有 $r_c = 1/\Lambda_h$。

3.3.3　相对滑移 ε 与变形系数 Λ_h 间的关系

以上两种表示方法各有其优缺点,既然均可用来表示变形大小,两者必然有内在联系。由图 3.10 知

$$\Lambda_h = \frac{h_{ch}}{h_D} = \frac{OM\sin(90° - \phi + \gamma_o)}{OM\sin\phi} = \frac{\cos(\phi - \gamma_o)}{\sin\phi} \tag{3.5}$$

也可改写为

$$\cot\phi = \frac{\Lambda_h - \sin\gamma_o}{\cos\gamma_o} \tag{3.6}$$

则

$$\varepsilon = \cot\phi + \tan(\phi - \gamma_o) = \frac{\Lambda_h^2 - 2\Lambda_h\sin\gamma_o + 1}{\Lambda_h\cos\gamma_o} \tag{3.7}$$

图 3.11 表示了相对滑移 ε 与变形系数 Λ_h 二者间的关系。

当 $\Lambda_h = 1$ 时,$\varepsilon \neq 0$。即虽从压缩变形看,切屑无变

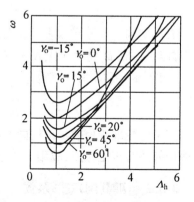

图 3.11　$\Lambda_h - \varepsilon$ 关系

形,但相对滑移仍存在。故只有当 $\Lambda_h > 1.2$ 时,Λ_h 才与 ε 成线性关系。

3.3.4　剪切角

由式(3.6)可知,当前角 γ_o 一定时,剪切角 ϕ 增大,变形系数 Λ_h 减小。所以也可用剪切角 ϕ 来表示变形大小。

3.4　剪 切 角

剪切角是剪切滑移面与切削速度间的夹角,它表示出了剪切滑移面的位置。当前角一定时,如前述,Λ_h 将随 ϕ 的增大而减小,说明此时剪切滑移面上变形消耗能量少,这正是实际生产所希望的。

几十年来,很多学者对剪切角 ϕ 的研究取得了很多成果,用来表达剪切角的关系式不下十几种,但至今还没有一个能完全符合实际情况的。纵观各关系式,较准确表达的是前苏联学者佐列夫(H. H. Зорев)的经验公式。实验证明如下:

当切削层厚度 $h_D = 0.1 \sim 0.8$ mm 时,前角 $\gamma_o = 0° \sim 20°$,切削速度 $v_c > 1 \sim 2$ m/min 时,剪切角 ϕ 与作用角 ω 间的关系大致如图 3.12 所示,则有

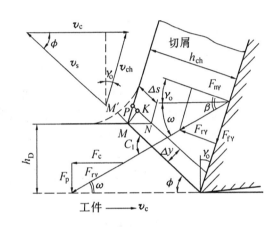

图 3.12　剪切角 ϕ 的求法

$$\phi + \omega \approx 40° \sim 50° = C_1 \tag{3.8}$$

式中　　ω——合力 $F_{r\gamma}$ 与 v_c 间的夹角,称作用角;
　　　　C_1——与材料有关的近似常数(表 3.1)。

表 3.1　C_1 的实验数值

钢种	$w(C) < 0.15\%$ 的钢 如 10 钢	$w(C) = 0.15\% \sim 0.25\%$ 的钢 如 20 钢	30、40、50、60、80、120、30Cr 18CrNiW、35Cr3NiMn、2CrW
C_1	40°	45°	50°

佐列夫虽未指出 C_1 的物理意义,但他的经验公式完全符合材料力学中剪切面与主应力方向约成 45° 的理论,因此在一定范围内,可用此式计算 ϕ 的近似值。

$$\phi \approx C_1 - \omega \tag{3.9}$$

而

$$\omega = \beta - \gamma_o \tag{3.10}$$

式中　β——前刀面上的摩擦角(合力 $F_{r\gamma}$ 与法向力 $F_{n\gamma}$ 夹角)。

又因摩擦系数 $\mu = \tan \beta$,所以

$$\phi \approx C_1 - \beta + \gamma_o \tag{3.11}$$

从表 3.1 和式(3.11)可看出:工件材料硬(强)度越高,C_1 值越大,ϕ 值就越大,当然变形

越小;摩擦角 β 越小,前角 γ_o 越大,都会使 ϕ 值变大,而变形减小。

此外,麦钱特(M.E.Merchant)根据切削合力最小的原则,对

$$F = \frac{\tau A_D}{\sin\phi \cos(\phi + \beta - \gamma_o)}$$

进行微分,求极值 $\dfrac{\mathrm{d}F}{\mathrm{d}\phi} = 0$,得

$$\phi = \frac{\pi}{4} - \frac{\beta}{2} + \frac{\gamma_o}{2} \tag{3.12}$$

李和谢夫(Lee and shaffer)根据主应力与最大剪应力成45°滑移线场的理论得出

$$\phi = \frac{\pi}{4} - \beta + \gamma_o \tag{3.13}$$

不难看出,尽管以上三式的结果有些出入,但从定性的角度看结果是一致的:

(1)当前角 γ_o 增大时,ϕ 值随之增大,变形系数 Λ_h 减小(因为 $\cot\phi = \dfrac{\Lambda_h - \sin\gamma_o}{\cos\gamma_o}$)。可见,在实际切削中,应在保证刀具刃口强度的前提下,尽量增大前角 γ_o,以改善切削过程。

(2)当摩擦角 β 增大时,ϕ 值随之减小,则 Λ_h 增大。因此在摩擦较大的低速切削时,使用润滑性能好的切削液来减小前刀面上的摩擦系数 μ 是很重要的。

3.5 前刀面上的摩擦与积屑瘤现象

3.5.1 前刀面上的摩擦

前刀面上主要是内摩擦。

切削过程中,切屑底层是刚刚生成的新鲜表面,前刀面在切屑的高温高压下也已是无保护膜的新表面,二者的接触区极有可能粘结在一起,以致接触面上切屑底层很薄的一层金属由于被粘结而流动缓慢,而上层金属仍在高速向前流动,这样就在切屑底层的各层金属之间产生了剪切应力,层间剪切应力之和称内摩擦力。这种现象称为内摩擦。

图 3.13 给出了切削钢料时前刀面上的刀-屑接触区摩擦情况。可知,整个接触区分成两部分:l_{f1} 为内摩擦区(粘结区),l_{f2} 为外摩擦区(滑动区)。法向应力 σ_γ 在整个接触区从刃口处最大呈曲线下降至零,剪切应

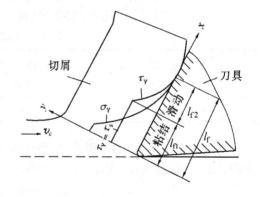

图3.13 刀-屑接触区摩擦情况示意图

力 τ_γ 在 l_{f1} 区为恒定值,在 l_{f2} 区呈曲线下降至零。根据摩擦系数概念可写成式(3.14)

$$\mu = \frac{F_{f\gamma}}{F_{n\gamma}} = \frac{\tau_\gamma A_f}{\sigma_\gamma A_f} = \frac{\tau_\gamma}{\sigma_\gamma} \tag{3.14}$$

式中 $F_{f\gamma}$——前刀面上的摩擦力;

$F_{n\gamma}$——前刀面上的法向力;

A_f——刀 - 屑接触面积。

在 l_{f1} 区内，τ_γ 等于工件材料本身的剪切屈服强度 τ_s，τ_γ 随切削温度的升高而略有下降，如以平均法向应力 σ_{av} 代替 σ_γ，则

$$\mu_1 = \frac{\tau_\gamma}{\sigma_\gamma} \approx \frac{\tau_s}{\sigma_{av}} \tag{3.15}$$

σ_{av} 随工件材料的硬（强）度、切削厚度 h_D、切削速度 v_c 及刀具前角 γ_o 的变化，在较大范围内变化，因此 μ_1 是个变数。而 μ_2 可看成是常数。

据资料介绍，在一般切削条件下，内摩擦力约占全部摩擦力的 85%，即前刀面上的刀 - 屑接触区是以内摩擦为主，且 μ_1 是变化的，根本不遵循外摩擦定律。

3.5.2　积屑瘤现象

当前刀面上的摩擦系数较大时，即当切削钢、球墨铸铁、铝合金等塑性材料时，在切削速度 v_c 不高又能形成带状屑的情况下，常常会有一些从切屑和工件上下来的金属粘结（冷焊）聚积在刀具刃口及前刀面上，形成硬度很高的鼻形或楔形硬块，能代替刀具进行切削，这个硬块称为积屑瘤。图 3.14 给出的是用快速落刀装置获得的切屑根部显微照片。由图可以看出：积屑瘤包围着刃口，并将前刀面与切屑隔开，由于它伸出刃口之外，使得实际切削深度增加；由于它代替刀具刃口切削，从而增加了工作前角 r_{oe}，使变形 Λ_h 减小。但积屑瘤是不稳定的。对已加工表面质量也有很大的直接影响，故将在第 9 章中详细讲述。

　　（a）带楔形积屑瘤　　　　　　　　　　　（b）带鼻形积屑瘤

图 3.14　切屑根部显微照片

3.6　影响切屑（削）变形的因素

影响切屑变形的因素固然很多，但归纳起来有三个方面：工件材料、刀具几何参数及切削用量。其影响规律均可用前述的四个关系式得到解释，即

$$\mu_1 = \frac{\tau_s}{\sigma_{av}} \qquad\qquad \beta = \arctan \mu$$

$$\phi = \frac{\pi}{4} + \gamma_o - \beta \qquad \Lambda_h = \cot\phi\cos\gamma_o + \sin\gamma_o$$

3.6.1 工件材料

工件材料的强(硬)度越高,变形越小。因为工件材料的强度越高,前刀面上的法向应力 σ_{av} 越大,摩擦系数 μ 越小,摩擦角 β 越小,剪切角 ϕ 越大,变形 Λ_h 越小。切削试验也证明:工件材料的强度越高,摩擦系数 μ 越小(表3.2);工件材料强度越高,变形越小(图3.15)。

表3.2 不同材料的摩擦系数 μ

工件材料	R_m/MPa	HBS	h_D/mm			
			0.1	0.14	0.18	0.22
铜	213	55	0.78	0.76	0.75	0.74
10钢	362	102	0.74	0.73	0.72	0.72
10Cr	480	125	0.73	0.72	0.72	0.71
1Cr18Ni9Ti	634	170	0.71	0.70	0.68	0.67

3.6.2 刀具几何参数

刀具几何参数中影响变形最大的是前角 γ_o。刀具前角 γ_o 越大,变形 Λ_h 越小,如图3.16所示。

因为前角 γ_o 越大,剪切角 ϕ 越大,变形 Λ_h 越小。这是前角 γ_o 对变形的直接影响。

此外,前角 γ_o 还通过摩擦角 β 间接影响变形 Λ_h。即前角 γ_o 越大,刀－屑接触长度越长,作用在前刀面上的法向应力 σ_{av} 越小,摩擦角 β 越大(图3.17),剪切角 ϕ 越小,又使变形 Λ_h 增大。

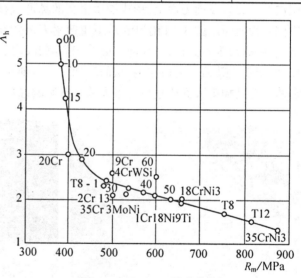

图3.15 $R_m - \Lambda_h$ 关系曲线

但前角的直接影响远大于间接影响,故前角越大,变形还是减小。这可用佐列夫的切削实验结果来说明。

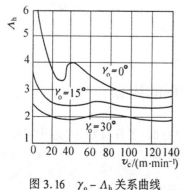

图3.16 $\gamma_o - \Lambda_h$ 关系曲线

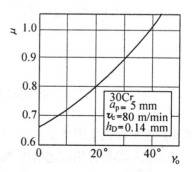

图3.17 $\gamma_o - \mu$ 关系曲线

当 γ_o 从 0° 增大到 20° 时, ϕ 增大了 20°, 这是直接影响的结果。但由于 γ_o 的增大, β 角也增大, 相当于 β 从 33° 增大到 39°, 实际上 ϕ 只增大了 14°, 其差值 6° 就是由于 β 增大造成的。

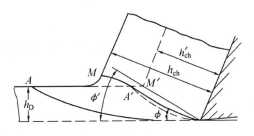

图 3.18　v_c 对 ϕ 的影响

3.6.3　切削用量

1. 切削速度 v_c 的影响

切削塑性材料时, 在无积屑瘤的切削速度范围内, 切削速度 v_c 越高, 变形系数 Λ_h 越小, 如图 3.16 所示。其原因有两点:

一是因为切屑的塑性变形速度低于切削速度时, 切屑的塑性变形区域变窄, 如图 3.18 所示。即当切削速度 v_c 高于切屑的塑性变形速度时, 金属在始滑移面上尚未来得及变形就流动到 OA' 线上, 也就是始滑移面 OA 后移到 OA' 线, 就使得剪切角 ϕ 增大了, 变形系数 Λ_h 当然变小。

二是随着切削速度 v_c 的提高, 切削温度升高, 切屑底层金属的 τ_s 下降, 摩擦系数 μ 减小, 摩擦角 β 减小, 剪切角 ϕ 增大, 变形系数 Λ_h 减小。

在能形成积屑瘤的切削速度范围内, v_c 是通过积屑瘤形成的积屑瘤前角 γ_b(此时即工作前角 γ_{oe})来影响变形系数 Λ_h 的(图 3.19)。在积屑瘤生长区($v_c < 22$ m/min), 随着 v_c 的升高, 积屑瘤逐渐长大, 使得 γ_b 增大, 当 γ_b 达到最大时, 即 γ_{oe} 达最大, 使 ϕ 角增至最大, 变形系数 Λ_h 减至最小; 在积屑瘤消退区, v_c 再升高, 积屑瘤逐渐脱落, γ_b 逐渐减小, 直至积屑瘤完全消失。当 $\gamma_{oe} = \gamma_o$ 时, 变形系数 Λ_h 又增至最大, 此区 v_c 约在 22~84 m/min 之间。$v_c > 84$ m/min 时, 即为无瘤区, v_c 升高, τ_s 下降, μ 减小, ϕ 增大, Λ_h 减小。此曲线称驼峰曲线。

2. 进给量 f 的影响

进给量 f 在无积屑瘤情况下, 是通过切削厚度 h_D 影响变形的, 而 h_D 又是完全通过摩擦系数 μ 来影响变形的。图 3.20 给出了 $f - \Lambda_h$ 的关系曲线。

不难看出, 进给量 f 越大, 变形系数 Λ_h 越小。因为 f 增大, 就意味着 h_D 增大(因为 $h_D = f \sin \kappa_r$), 前刀面上的 σ_{av} 增大, 摩擦系数 μ 减小(因为 $\mu = \dfrac{\tau_s}{\sigma_{av}}$), 即 β 减小, ϕ 角增大(因为 $\phi = \dfrac{\pi}{4} - \beta + \gamma_o$), 变形系数 Λ_h 随之减小。

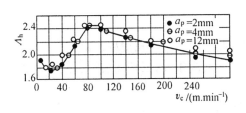

图 3.19　$v_c - \Lambda_h$ 关系曲线
工件:40 钢　$a_p = 2, 4, 12$ mm

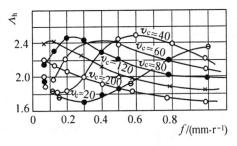

图 3.20　$f - \Lambda_h$ 关系曲线
工件:40 钢　$a_p = 4$ mm

3. 背吃刀量 a_p 的影响

由图 3.19 可看出，a_p 对变形系数 Λ_h 基本无影响。

3.7　切屑类型及其控制

3.7.1　切屑类型

由于工件材料不同，切削过程中的切屑变形情况也就不同，由此生成的切屑的类型自然多种多样。

1. 根据切屑形成机理分类

根据切屑形成的机理，可将切屑分为带状屑、节状（或挤裂）屑、单元（或粒状）屑和崩碎屑四种（图 3.21）。

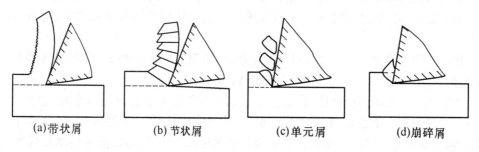

图 3.21　切屑类型

（1）带状屑。一般当切削塑性材料、进给量较小、切削速度较高、刀具前角较大时，往往会生成此类切屑。

带状屑的特点是：

① 切屑底层表面光滑、上层表面毛茸。

② 此时的切削过程较平稳，已加工表面粗糙度值较小。

（2）节状（挤裂）屑。节状屑多在切削塑性材料、切削速度较低、进给量（切削厚度）较大时产生。

节状屑的特点是：

切屑底层表面有时有裂纹、上层表面呈锯齿形。用较高速度切削导热性差的钛合金、Ni基高温合金及淬硬钢时易产生锯齿形切屑。

（3）单元屑。当切削塑性材料、前角较小（或为负前角）、切削速度较低、进给量较大时易产生单元屑。

单元屑的特点是：

剪切面上的剪切应力超过工件材料破裂强度时，则整个单元被切离成梯形单元。

以上三种切屑均是切削塑性材料时得到的，只要改变切削条件，三种切屑形态是可以相互转化的。

（4）崩碎屑。这是切削脆性材料经常得到的切屑形态。

因为工件材料的塑性很小，抗拉强度也很低，切削时未经塑性变形就在拉应力作用下脆断了。

崩碎屑的特点是：

① 切屑呈不规则的碎块状。

② 此时的已加工表面凸凹不平。

工件材料越硬、越脆,进给量越大,越易产生此类切屑。

一般情况下,可从切屑形态和颜色来判断切削过程是否正常。

2. 从切屑处理角度分类

从切屑处理角度可将切屑分为:带状屑、C 形屑、崩碎屑、螺卷屑、长紧卷屑、发条状卷屑、宝塔状卷屑等(图 3.22)。

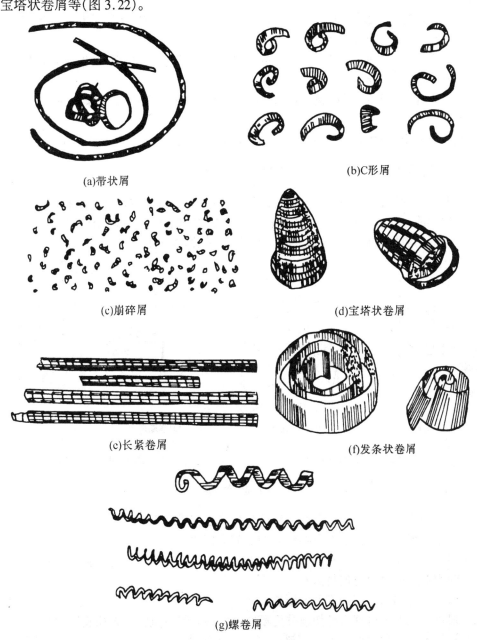

(a)带状屑

(b)C形屑

(c)崩碎屑

(d)宝塔状卷屑

(e)长紧卷屑

(f)发条状卷屑

(g)螺卷屑

图 3.22　各种形状切屑

（1）带状屑。高速切削塑性材料时,如不采取断屑措施,极易产生此屑。此形屑连绵不断,常缠绕于刀具或工件表面上,易打刀、拉伤工件表面,也易伤人,因此通常情况下应尽量避免。

但有些情况往往希望得到带状屑,以使切屑能顺利排出。如立镗盲孔时就是如此。

（2）C形屑。车削一般碳钢、合金钢时,如采用卷屑槽,则易形成C形屑。此屑没有带状屑的缺点,但切削过程中会因切屑碰撞在刀具后刀面或工件表面上断裂而产生振动,从而影响切削过程的平稳性和已加工表面粗糙度。因此,精加工时不希望得到C形屑,而希望得到螺卷屑。

（3）宝塔状卷屑。数控加工机床或自动线加工时希望得到此屑,因为这样的切屑不会缠绕在刀具或工件上,而且清理方便。

（4）发条状卷屑。重型机床加工时,由于切削深度和进给量均很大,生成C形屑极易伤人,故希望生成发条状卷屑。

（5）崩碎屑。在车削铸铁、脆黄铜时,极易生成崩碎屑。如采取特殊措施,也可以得到连续卷屑。

由此不难看出,不能孤立地评价某种形状切屑的好与坏,必须具体情况具体分析。

3.7.2　切屑的控制

为了保证切削过程的正常进行,保证已加工表面质量,必须使切屑卷曲和折断。

切屑的卷曲是切屑的基本变形或加卷屑槽产生附加变形的结果(图3.23)。而断屑则是对已变形的切屑再附加一次变形,如加断屑器……(图3.24)。

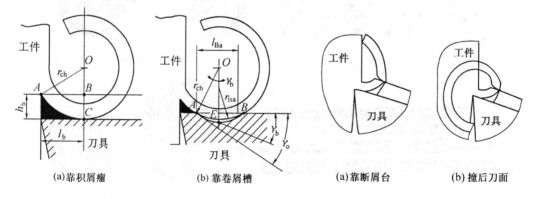

图3.23　切屑的卷曲　　　　　　　　图3.24　断屑器断屑

（a）靠积屑瘤　　　　（b）靠卷屑槽　　　　（a）靠断屑台　　　　（b）撞后刀面

复 习 思 考 题

3.1 试画图说明切削过程的三个变形区及各产生何种变形?

3.2 切削变形的表示方法有哪些? 它们之间有何关系?

3.3 何谓剪切角? 研究剪切角有何实际意义? 常见的表达剪切角的关系式有哪几种?

3.4 前刀面上的摩擦有何特点?

3.5 试分析各因素对切削变形的影响?

3.6 根据切屑形成机理可把切屑分为哪些种? 各有何特点? 可否相互转化?

3.7 从切屑处理角度如何划分切屑类型? 各在何种情况下容易产生? 如何控制切屑? 如何评价切屑形态的优劣?

第4章 切 削 力

切削层金属之所以会产生变形,主要在于刀具给予力作用的结果,这个力叫切削力。切削力也是金属切削过程中的重要物理现象。切削力不仅使切削层金属产生变形,消耗功率,产生切削热,使刀具变钝而失去切削性能,加工表面质量变差,也影响生产效率的提高;同时,切削力也是选取机床电动机功率、设计机床主运动和进给运动机构的主要依据;切削力还可用来衡量工件材料切削加工性和刀具材料切削性能的优劣;又可作为切削加工过程适应控制的可控因素。

本章将以外圆车削为例,分析研究切削力的构成、切削合力与分力及切削功率、切削力测量、经验公式以及影响切削力的因素等。

4.1 切削力的构成与切削合力及分力与切削功率

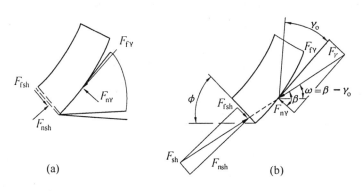

图 4.1 切屑上的作用力

4.1.1 切削力的构成

图 4.1 给出了直角自由切削情况下,刀具作用于切屑上的法向力 $F_{n\gamma}$ 和切向(摩擦)力 $F_{f\gamma}$;作用于剪切面上的法向力 F_{nsh} 和剪切力 F_{fsh}。如忽略后刀面上的力,则此两对力的合力应该互相平衡,即

$$F_\gamma = F_{sh}$$

法向力 $F_{n\gamma}$ 和切向力 $F_{f\gamma}$ 即为克服切削层金属的塑性变形和弹性变形所施加的正压力及克服前刀面上的摩擦力。

实际生产中,后刀面施加的力也不能忽略,即后刀面上也有对已加工表面的法向力 $F_{n\alpha}$ 和摩擦力 $F_{f\alpha}$,如图 4.2 所示。

综上所述,切削力的作用在于克服切削层的弹塑性变形、切屑的塑性变形及已加工表面的弹塑性变形的抗力及刀具与切屑、刀具与已加工表面间的摩擦抗力,简言之,切削力的作用是克服上述的弹塑性变形抗力和摩擦抗力,即切削力是由使切削区附近产生的弹塑性变形力和摩擦力构成的。

4.1.2　切削合力与分力

由图 4.2 可知,刀具的前刀面和后刀面上都有作用力,它们的合力 F 即为切削合力。切削合力的大小和方向是变化的,很难测量。为了测量和应用的方便,通常将该切削合力按照空间直角坐标分解为三个相互垂直的切削分力,即主切削力 F_c、背向力 F_p 和进给力 F_f(图 4.3)。

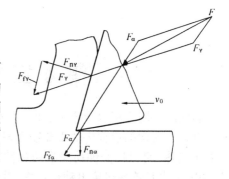

图 4.2　刀具的切削力

F_c——主切削力(也称切向分力 F_Z),它作用于切削平面 P_s 内,即作用于切削刃上选定点的切削速度方向上,它消耗机床的主要功率是计算切削功率、选取机床电动机功率和设计机床主传动机构的依据。

F_p——背向力(也称切深分力、径向分力 F_y),它作用于基面 P_r 内,与吃刀运动方向一致,它能使工件产生变形,是校验机床主轴在水平面内的刚度及相应零部件强度的依据。

F_f——进给力(也称轴向分力、走刀分力 F_x),它也作用于基面 P_r 内,与进给方向相同,是设计机床进给机构的依据。

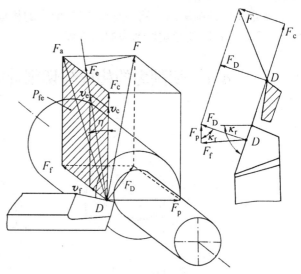

图 4.3　外圆车削时力的分解

$$F = \sqrt{F_c^2 + F_p^2 + F_f^2} = \sqrt{F_c^2 + F_D^2} \tag{4.1}$$

式中　　F_D——作用于基面 P_r 内的合力。

$$F_p = F_D\cos \kappa_r \tag{4.2}$$

$$F_f = F_D\sin \kappa_r \tag{4.3}$$

由切削实验知

$$F_p = (0.15 \sim 0.7)F_c$$

$$F_f = (0.1 \sim 0.6)F_c$$

由于实际切削加工中刀具的几何参数、刃磨质量、磨损情况及切削用量、切削液使用情况等切削条件的不同,F_p、F_f 与 P_c 的比例关系将会在较大范围内变化。

以往书中多表示为作用给刀具切削刃上的切削抗力,故与本书图中力的作用方向相反。本书切削力的分解图引至 GB/T12204—2010。

4.1.3　切削功率

功率是力与其作用方向上的速度之乘积。可知切削功率 P_c 为

$$P_c = F_c v_c + F_p 0 + F_f v_f = \left(F_c v_c + F_f \frac{n_w f}{1\,000}\right) \times 10^{-3} \text{ kW} \tag{4.4}$$

由于 $v_f \ll v_c$

所以

$$P_c \approx F_c v_c \times 10^{-3}\ \text{kW} \tag{4.5}$$

式中　v_c——切削速度(m/s)。

用此式可求机床电动机功率 P_E

$$P_E \geqslant \frac{P_c}{\eta_c} \tag{4.6}$$

式中　η_c——机床总传动效率,一般 $\eta_c = 0.75 \sim 0.85$,大值用于新机床,小值用于旧机床。

切削力的大小可采用测力仪测量,也可用经验公式计算出来。

4.1.4　单位切削力

单位切削力是指单位切削面积的切削力,用 k_c 表示。

$$k_c = \frac{F_c}{A_D}\ \text{N/mm}^2 \tag{4.7}$$

式中　A_D——切削面积(mm²)。

4.2　切削力的测量及经验公式

4.2.1　切削力的测量

切削力的大小通常可根据力的作用与反作用原理,采用间接或直接测量切削时刀具上的反作用力的方法测量。

1. 间接测量法——电功率法

在没有专用测力仪器的情况下,可通过测量机床切削时消耗的电动机功率 P_E,再用公式 $P_c = P_E \cdot \eta_c$ 计算出相对应的切削功率 P_c。在已知切削速度 v_c(或主轴转速 n)的情况下,即可间接计算出切削力 F_c(因为 $F_c = \dfrac{P_c}{v_c}$)。但此法测量较粗略,要较精确测量,常使用切削测力专门仪器——测力仪。

2. 直接测量法——测力仪法

测力仪是测量切削力的专用仪器。就其原理可分为机械式、液压式和电测式。电测式又可分为电阻应变式、电磁式、电感式、电容式及压电式。目前,应用较多的是电阻应变式。优点是价格便宜,缺点是粘贴用胶有效使用期只有 4~5 年,易引起应变片粘贴不牢导致测力仪失效。

电阻应变式测力仪工作原理如下:

在测力仪的弹性元件上粘贴具有一定电阻值的电阻应变片(图 4.4、4.5(a)),将电阻应变片连接成电桥(图 4.5(b))。电桥各臂的电阻分别为 R_1、R_2、R_3、R_4。如果 $R_1R_4 = R_2R_3$,则电桥平衡,此时 B、D 两点间电位差为零,电流表中无电流通过。当切削抗力 F_c' 作用在刀具上时,电阻应变片将随弹性元件发生弹性变形,从而改变粘贴其上的电阻应变片的电阻值,R_1 的电阻值将因被拉长而增大,R_2 阻值将因受压缩而减小。这样一来,原来平衡的电桥就将失去平衡,B、D 两点间就有电位差,电流表中则有电流通过。为了使这种电信号足以使记录仪表显示并记录下来,常用电阻应变仪加以放大,其显示或记录下来的数值与作用在刀具上的切削抗力的大小成正比。如果事先已标定出切削抗力与所输出电信号间的关系曲线,实际测力时,就可根据记录下来电信号的大小折算出切削抗力的数值。

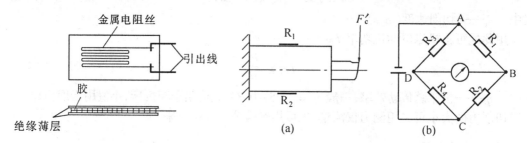

图 4.4 电阻应变片 　　　　图 4.5 弹性元件上粘贴的电阻应变片及其组成的电桥

电阻应变式测力仪具有灵敏度高、线性好、使用可靠等优点,故在车、铣、钻、磨削加工中应用较多。图 4.6 给出了平行八角环车削测力仪的外形及电阻应变片的粘贴方式(R_c 4 片,R_p、R_f 各 8 片)。

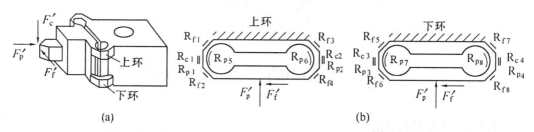

图 4.6 平行八角环三向车削测力仪

另外,压电式测力仪近些年来发展也较快。它是利用某些非金属材料(如石英晶体、压电陶瓷等)的压电效应,即当受力时其表面将产生电荷,电荷的多少仅与所施加外力的大小成正比。用电荷放大器将电荷转换成相应的电压参数就可测出力的大小。图 4.7 即为单一压电传感器原理。

切削抗力 F_c' 通过小球 1 及金属薄片 2 传给压电晶体 3。两压电晶体间有电极 4,由压力产生的负电荷集中在电极 4 上,由有绝缘层的导体 5 传出,而正电荷则通过金属片 2 或测力仪体接地传出。由导体 5 输出

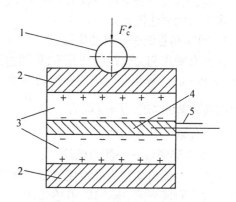

图 4.7 压电传感器原理图

的电荷通过电荷放大器放大后用记录仪器记录下来,按事先制定的标定曲线图即可查出切削抗力的数值。如在测力仪的三个方向都安装有压电传感器,就可测出三向切削分力。

这种测力仪的灵敏度、刚度和动态特性均优于其他测力仪,应用在日益增多。但环境湿度大,易引起电荷泄漏,影响其测量精度,甚至失效。制造精度要求也高、价格较贵。

4.2.2　切削力经验公式的建立

切削力经验公式是指切削力的指数公式,即

$$F_c = C_{F_c} a_p^{x_{F_c}} f^{y_{F_c}} \tag{4.8}$$

该公式是通过切削实验建立起来的。切削实验的方法很多,有单因素法、多因素法及正交设计法;数据处理方法有图解法、线性回归法以及计算机数据采集处理法。下面仅介绍较简单的单因素 – 图解法,以说明公式的建立过程。

对 45 钢进行单因素的外圆车削实验时,保持影响切削力的诸因素不变,只改变背吃刀量 a_p(或进给量 f),分别得到——对应的平均切削力 F_c(F_p 或 F_f)数值。然后将所得数值画在双对数坐标纸上,即得一近似直线(图 4.8)。其方程式为

$$Y = a + bX \tag{4.9}$$

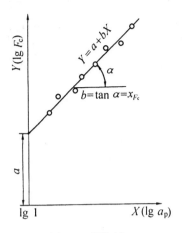

图 4.8　图解法

式中　$X = \lg a_p$;

　　　$Y = \lg F_c$;

　　　$a = \lg C_{a_p}$,直线的截距;

　　　$b = x_{F_c} = \tan \alpha$,直线的斜率。

直线上的截距 $\lg C_{a_p}$ 可读出,斜率 $\tan \alpha$ 可用直尺量出再计算得到。

于是可得

$$\lg F_c = \lg C_{a_p} + x_{F_c} \lg a_p$$

即

$$F_c = C_{a_p} a_p^{x_{F_c}} \tag{4.10}$$

同理可得

$$F_c = C_f f^{y_{F_c}} \tag{4.11}$$

两式综合得

$$F_c = C_{F_c} a_p^{x_{F_c}} f^{y_{F_c}} \tag{4.12}$$

式中　C_{F_c}——切削力的影响系数,与工件材料、切削条件有关,可由实验得出或查表得出;

　　　x_{F_c}——背吃刀量 a_p 对 F_c 的影响指数;

　　　y_{F_c}——进给量 f 对 F_c 的影响指数。

如以 45 钢外圆车削的一组切削力数据为例,求出其系数和指数,则可得到具体切削条件下的切削力指数公式。

表 4.1 给出了 YT15 外圆车削 45 钢时的切削力测量记录数据。

如:任取 $f = 0.3$ mm/r 时的 $F_c - a_p$ 线(图 4.9(a)),在 $a_p = 1$ mm 处的 F_c 坐标上找出截距 $C_{a_p} = 640$,画直角三角形,用直尺量出两直角边长分别为 a_1 和 b_1,其斜率为

$$x_{F_c} = \tan \alpha_1 = \frac{a_1}{b_1} \approx 1.0$$

$f = 0.3$ mm/r 时的切削力公式为

$$F_c = 640 a_p^{1.0} \text{ N}$$

对 $a_p = 3$ mm 时的 $F_c - f$ 线(图 4.9(b)),在 $f = 1$ mm/r 处的 F_c 坐标上找出截距 $C_f = 4\,900$,画直角三角形,用直尺量出两直角边长分别为 a_2 和 b_2,其斜率为

$$y_{F_c} = \tan \alpha_2 = \frac{a_2}{b_2} = 0.84$$

表 4.1 切削力测量记录表

实验条件	刀 具												
	结 构	刀片材料	刀片规格	γ_0	α_0	α_0'	κ_r	κ'_r	λ_s	r_ε	b_γ		
	外圆车刀	YT15	SNMA150602	15°	6°~8°	4°~6°	75°	10°~12°	0°	0.2 mm	0 mm		
	切削用量	工件直径 d_w/mm			转速 n_w/(r·min^{-1})			切削速度 v_c/(m·min^{-1})						
		81			380			96						

	切削深度 a_p/mm	进给量 f/(mm·r^{-1})	主切削力 F_c/N
切削力测量值	4	0.1	868
		0.2	1 792
		0.3	2 432
		0.4	3 072
		0.5	3 904
	3	0.1	640
		0.2	1 280
		0.3	1 792
		0.4	2 240
		0.5	2 816
	2	0.1	448
		0.2	896
		0.3	1 152
		0.4	1 472
		0.5	1 792
	1	0.1	200
		0.2	448
		0.3	640
		0.4	832
		0.5	1 024

则 $a_p = 3$ mm 时的切削力公式为

$$F_c = 4\,900\,f^{0.84}\ \text{N}$$

再求出 $f = 0.3$ mm/r 时的 $F_c - a_p$ 和 $a_p = 3$ mm 时的 $F_c - f$ 所对应的系数 $C_{F_{c1}}$、$C_{F_{c2}}$

因为

$$F_c = 640 a_p^{1.0} = C_{F_{c1}} a_p^{1.0} f^{0.84}$$

所以

$$C_{F_{c1}} = \frac{640}{f^{0.84}} = \frac{640}{0.3^{0.84}} = 1\,758$$

又

$$F_c = 4\,900\,f^{0.84} = C_{F_{c2}} a_p^{1.0} f^{0.84}$$

$$C_{F_{c2}} = \frac{4\,900}{a_p^{1.0}} = \frac{4\,900}{3} = 1\,633$$

取平均值

$$C_{F_c} = \frac{C_{F_{c1}} + C_{F_{c2}}}{2} \approx 1\,696$$

故表 4.1 切削条件下的切削力指数公式应为

$$F_c = 1\,696\,a_p f^{0.84}\ \text{N}$$

不难看出,用单因素 – 图解法通过切削实验求切削力经验公式的方法简单、直观,但各

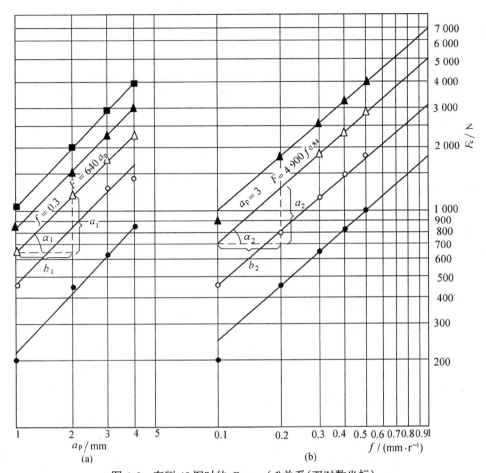

图 4.9 车削 45 钢时的 $F_c - a_p(f)$ 关系(双对数坐标)

实验点连线的主观随意性会使所得截距和斜率数值误差较大,如用最小二乘法进行数据处理(即线性回归法),则可提高其精确度。

4.2.3 切削力的计算及举例

1.用指数公式计算

实际生产中,常用指数公式来计算切削力及切削功率,即

$$F_c = C_{F_c} a_p^{x_{F_c}} f^{y_{F_c}} K_{F_c} \ \text{N} \tag{4.13}$$

$$F_p = C_{F_p} a_p^{x_{F_p}} f^{y_{F_p}} K_{F_p} \ \text{N} \tag{4.14}$$

$$F_f = C_{F_f} a_p^{x_{F_f}} f^{y_{F_f}} K_{F_f} \ \text{N} \tag{4.15}$$

式中　C_{F_c}、C_{F_p}、C_{F_f}——工件材料和切削条件对切削力的影响系数,可由表 4.2 查出;

　　　x_{F_c}、x_{F_p}、x_{F_f}——背吃刀量 a_p 对切削力的影响指数(表 4.2);

　　　y_{F_c}、y_{F_p}、y_{F_f}——进给量 f 对切削力的影响指数(表 4.2);

　　　K_{F_c}、K_{F_p}、K_{F_f}——实验条件与经验公式中切削条件不同时,各种因素对切削力影响的

　　　　　　　　　　修正系数之乘积(表 4.2~4.5、4.8、4.9)。

表 4.2　车削时的切削力及切削功率的计算公式

	计　算　公　式	
切削力 F_c	$F_c = 9.81 C_{F_c} a_p^{x_{F_c}} f^{y_{F_c}} K_{F_c}$ N	
背向力 F_p	$F_p = 9.81 C_{F_p} a_p^{x_{F_p}} f^{y_{F_p}} K_{F_p}$ N	
进给力 F_f	$F_f = 9.81 C_{F_f} a_p^{x_{F_f}} f^{y_{F_f}} K_{F_f}$ N	
切削时消耗的功率 P_c	$P_c = F_c v_c \times 10^{-3}$ kW	式中 v_c 的单位为 m/s

公式中的系数和指数

加工材料	刀具材料	加工形式	切削力 F_c（或 F_z）			背向力 F_p（或 F_y）			进给力 F_f（或 F_x）		
			C_{F_c}	x_{F_c}	y_{F_c}	C_{F_p}	x_{F_p}	y_{F_p}	C_{F_f}	x_{F_f}	y_{F_f}
结构钢及铸钢 $R_m = 0.637$ GPa（R_m 的原符号为 σ_b）	高速钢	外圆纵车、横车及镗孔	270	1.0	0.75	199	0.9	0.6	294	1.0	0.5
		切槽及切断	367	0.72	0.8	142	0.73	0.67	—	—	—
		切螺纹	133	—	1.7	—	—	—	—	—	—
	硬质合金	外圆纵车、横车及镗孔	180	1.0	0.75	94	0.9	0.75	54	1.2	0.65
		切槽及切断	222	1.0	1.0	—	—	—	—	—	—
		成形车削	191	1.0	0.75	—	—	—	—	—	—
不锈钢 1Cr18Ni9Ti 141HBS	硬质合金	外圆纵车、横车及镗孔	204	1.0	0.75	—	—	—	—	—	—
灰铸铁 190HBS	硬质合金	外圆纵车、横车及镗孔	92	1.0	0.75	54	0.9	0.75	46	1.0	0.4
		切螺纹	103	—	1.8	—	—	—	—	—	—
	高速钢	外圆纵车、横车及镗孔	114	1.0	0.75	119	0.9	0.75	51	1.2	0.65
		切槽及切断	158	1.0	1.0	—	—	—	—	—	—
可锻铸铁 150HBS	硬质合金	外圆纵车、横车及镗孔	81	1.0	0.75	43	0.9	0.75	38	1.0	0.4
	高速钢	外圆纵车、横车及镗孔	100	1.0	0.75	88	0.9	0.75	40	1.2	0.65
		切槽及切断	139	1.0	1.0	—	—	—	—	—	—
中等硬度不均质铜合金 120HBS	高速钢	外圆纵车、横车及镗孔	55	1.0	0.66	—	—	—	—	—	—
		切槽及切断	75	1.0	1.0	—	—	—	—	—	—
铝及铝硅合金	高速钢	外圆纵车、横车及镗孔	40	1.0	0.75	—	—	—	—	—	—
		切槽及切断	50	1.0	1.0	—	—	—	—	—	—

注：① 成形车削深度不大、形状不复杂的轮廓时，切削力减小 10% ~ 15%。

② 切螺纹时切削力按式（4.16）计算

$$F_c = \frac{9.81 C_{F_c} p^{x_{F_c}}}{N_0^{n_{F_c}}} \text{ N} \tag{4.16}$$

式中　p——螺距；

N_0——走刀次数。

③ 加工条件改变时，切削力的修正系数见表 4.3 ~ 4.5。

表 4.3　铜及铝合金的物理力学性能改变时切削力的修正系数 K_{m_F}

铜 合 金 时 系 数 K_{m_F}					铝合金时系数 K_{m_F}			
不 均 匀		非均质的铝合金和含铝不足 10% 的均质合金	均质合金	铜	含铝大于 15% 的合金	铝及铝硅合金	硬　铝		
中等硬度 120HBS	高硬度 >120HBS						$R_m = 0.245$ GPa	$R_m = 0.343$ GPa	$R_m > 0.343$ GPa
1.0	0.75	0.65 ~ 0.70	1.8 ~ 2.2	1.7 ~ 2.1	0.25 ~ 0.45	1.0	1.5	2.0	2.75

表 4.4　钢及铸铁的强度和硬度改变时切削力的修正系数 K_{m_F}

加工材料	结构钢和铸钢	灰 铸 铁	可 锻 铸 铁
系数 K_{m_F}	$K_{m_F} = \left(\dfrac{R_m}{0.637}\right)^{n_F}$	$K_{m_F} = \left(\dfrac{HBS}{190}\right)^{n_F}$	$K_{m_F} = \left(\dfrac{HBS}{150}\right)^{n_F}$

上 公 式 中 的 指 数 n_F

加 工 材 料	车 削 时 的 切 削 力						钻孔时的轴向力 F 及扭矩 M		铣削时的圆周力 F_c	
	F_c(或 F_z)		F_p(或 F_y)		F_f(或 F_x)					
	刀 具 材 料									
	硬质合金	高速钢	硬质合金	高速钢	硬质合金	高速钢	硬质合金	高速钢	硬质合金	高速钢
	指　数　n_F									
结构钢及铸钢： $R_m \leqslant 0.598$ GPa $R_m > 0.598$ GPa	0.75	0.35 0.75	1.35	2.0	1.0	1.5	0.75		0.3	
灰铸铁及可锻铸铁	0.4	0.55	1.0	1.3	0.8	1.1	0.6		1.0	0.55

表 4.5　加工钢及铸铁时刀具几何参数改变时切削力的修正系数

参　数		刀具材料	修　正　系　数			
名　称	数　值		名称	切削力 F		
				F_c(或 F_z)	F_p(或 F_y)	F_f(或 F_x)
主偏角 κ_r	30°	硬质合金	K_{κ_F}	1.08	1.30	0.78
	45°			1.0	1.0	1.0
	60°			0.94	0.77	1.11
	75°			0.92	0.62	1.13
	90°			0.89	0.50	1.17
主偏角 κ_r	30°	高 速 钢	K_{κ_F}	1.08	1.63	0.7
	45°			1.0	1.0	1.0
	60°			0.98	0.71	1.27
	75°			1.03	0.54	1.51
	90°			1.08	0.44	1.82
前角 γ_o	−15°	硬质合金	K_{γ_F}	1.25	2.0	2.0
	−10°			1.2	1.8	1.8
	0°			1.1	1.4	1.4
	10°			1.0	1.0	1.0
	20°			0.9	0.7	0.7
	12°~15°	高 速 钢		1.15	1.6	1.7
	20°~25°			1.0	1.0	1.0
刃倾角 λ_s	+5°	硬质合金	K_{λ_F}	1.0	0.75	1.07
	0°				1.0	1.0
	−5°				1.25	0.85
	−10°				1.5	0.75
	−15°				1.7	0.65

续表 4.5

参　数		刀具材料	修　正　系　数		
名　称	数　值		名　称	切削力 F		
				F_c(或 F_z)	F_p(或 F_y)	F_f(或 F_x)
刀尖圆弧半径 r_ε/mm	0.25	硬质合金	K_{r_F}	1.0	1.0	1.0
	0.5			1.0	1.11	0.9
	0.75			1.0	1.18	0.85
	1.0			1.0	1.23	0.81
	1.5			1.0	1.33	0.75
	2.0			1.0	1.37	0.73

算出了切削力 F_c(F_p、F_f)后,代入式(4.5),即可计算出切削功率 P_c。

2. 用单位切削力公式计算

如果单位切削力 k_c 为已知(表4.6),也可用式(4.7)计算出切削力 F_c,即

$$F_c = k_c A_D = k_c(h_D b_D) = k_c(f a_p) \text{ N}$$

如果单位切削功率 p_c 为已知,则可计算出切削功率 P_c,即

$$P_c = p_c Q$$

式中　p_c——单位切削功率(kW/(mm³·s⁻¹));

　　　Q——单位时间体积切除量(mm³/s)。

3. 举例

已知条件:

工件材料:45 钢,$R_m = 598$ MPa

刀具材料:YT15

刀具几何参数:$\gamma_0 = 15°$, $\alpha_0 = 8°$, $\kappa_r = 75°$

　　　　　　$\kappa_r' = 10°$, $\lambda_s = -5°$, $r_\varepsilon = 1.0$ mm

切削用量:$v_c = 100$ m/min, $f = 0.4$ mm/r, $a_p = 4$ mm

所用机床:CA 6140

要求:计算出切削力 F_c 和切削功率 P_c。

解　由表4.2查得

$$C_{F_c} = 180 \quad x_{F_c} = 1.0 \quad y_{F_c} = 0.75$$

由表4.4查得

$$K_{m_{F_c}} = \left(\frac{0.598}{0.637}\right)^{0.75} = 0.95$$

由表4.5查得

$$K_{\kappa_{F_c}} = 0.92, K_{\gamma_{F_c}} = 0.95, K_{\lambda_{F_c}} = 1.0, K_{r_{F_c}} = 1.0$$

所以

$$F_c = 9.81 \times 180 \times 4 \times 0.4^{0.75} \times 0.95 \times$$
$$0.92 \times 0.95 \times 1.0 = 2\,949.9 \text{ N}$$

$$P_c = F_c v_c = 2\,949.9 \times \frac{100}{60} \times 10^{-3} = 4.92 \text{ kW}$$

如用 $F_c = \kappa_c \cdot A_D$ 计算,查表4.6及表4.8,即 $F_c = \kappa_c \cdot A_D \cdot K_{f_{F_c}} = 1\,962 \times 4 \times 0.4 \times 0.96 = 3\,013.6$ N。

表 4.6 硬质合金外圆车刀切削常用金属材料时的单位切削力与单位切削功率

工件材料					单位切削力 k_c/(N·mm^{-2}) $f=0.3$ mm/r	单位切削功率 p_c/ (kW·mm^{-3}·s^{-1}) $f=0.3$ mm/r	实验条件	
类别	名称	牌号	制造、热处理状态	硬度 HBS			刀具几何参数	切削用量范围
钢	易切钢	Y40Mn	热轧	202	1 668	1 668×10^{-6}	$\gamma_o=15°,\kappa_r=75°$, $\lambda_s=0°,b_{\gamma1}=0$, 前刀面带卷屑槽	$v_c=1.5\sim1.75$ m/s (90~105 m/min) $a_p=2\sim5$ mm $f=0.1\sim0.5$ mm/r
	碳素结构钢,合金结构钢	Q235(A3)	热轧或正火	134~137	1 884	1 884×10^{-6}		
		45		187	1 962	1 962×10^{-6}		
		40Cr		212				
		40MnB		207~212				
		38CrMoA1A		241~269				
		45	调质(淬火及高温回火)	229	2 305	2 305×10^{-6}	$\gamma_o=15°,\kappa_r=75°$, $\lambda_s=0°,b_{r1}=0$, 0.1~0.15 mm, $\gamma_{o1}=-20°$, 前刀面带卷屑槽	
		40Cr		285				
		38CrSi		292	2 197	2 197×10^{-6}		
		45	淬硬(淬火及低温回火)	44 (HRC)	2 649	2 649×10^{-6}		
	工具钢	60Si2Mn	热轧	269~277	1 962	1 962×10^{-6}	$\gamma_o=15°,\kappa_r=75°$ $\lambda_s=0°,b_{\gamma1}=0$, 前刀面带卷屑槽	
		T10A	退火	189	2 060	2 060×10^{-6}		
		9CrSi		223~228				
		Cr12		223~228				
		Cr12MoV		262				
		3Cr2W8		248				
		5CrNiMo		209				
		W18Cr4V		235~241				
	轴承钢	GCr15	退火	196	2 109	2 109×10^{-6}	$\gamma_o=20°,\kappa_r=75°$, $\lambda_s=0°,b_{\gamma1}=0$, 前刀面带卷屑槽	
	不锈钢	1Cr18Ni9Ti	淬火及回火	170~179	2 453	2 453×10^{-6}		
铸铁	灰铸铁	HT200	退火	170	1 118	1 118×10^{-6}	$\gamma_0=15°,\kappa_r=75°$, $\lambda_s=0°,b_{\gamma1}=0$, 平前刀面,无卷屑槽	$v_c=1.17\sim$ 1.42 m/s (70~85 m/min) $a_p=2\sim10$ mm, $f=0.1\sim$ 0.5 mm/r
	球墨铸铁	QT450-15		170~207	1 413	1 413×10^{-6}		
	可锻铸铁	KT300-06		170	1 344	1 344×10^{-6}	$\gamma_0=15°,\kappa_r=75°$, $\lambda_s=0°,b_{\gamma1}=0$, 前刀面上带卷屑槽	
	冷硬铸铁	轧辊用	表面硬化	52~55 (HRC)	3 434[$f=0.8$]	3 434×10^{-6}	$\gamma_0=0°$, $\kappa_r=12°\sim14°$, $\lambda_n=0°,b_{\gamma1}=0$, 平前刀面,无卷屑槽	$v_c=0.117$ m/s (7 m/min) $a_p=1\sim3$ mm $f=0.1$ mm/r~ 1.2 mm/r
					3 139[$f=1$]	3 139×10^{-6}		
					2 845[$f=1.2$]	2 845×10^{-6}		
铜及铜合金	黄铜	H62	冷拔	80	1 422	1 422×10^{-6}	$\gamma_0=15°,\kappa_r=75°$, $\lambda_s=0°,b_{\gamma1}=0$, 平前刀面,无卷屑槽	$v_c=1.83$ m/s (180 m/min) $a_p=2\sim6$ mm $f=0.1\sim$ 0.5 mm/r
	铅黄铜	HPb59-1	热轧	78	735.8	735.8×10^{-6}		
	锡青铜	ZQSn5-5-5	铸造	74	686.7	686.7×10^{-6}		
	紫铜	T2	热轧	85~90	1 619	1 619×10^{-6}		
铝合金	铸铝合金	ZL10	铸造	45	814.2[$\gamma_o=15°$]	814.2×10^{-6}	$\gamma_0=15°,25°$, $\kappa_r=75°,\lambda_s=0°$, $b_{\gamma1}=0$,平前刀面, 无卷屑槽	$v_c=3$ m/s (180 m/min) $a_p=2\sim6$ mm $f=0.1\sim$ 0.5 mm/r
					706.3[$\gamma_o=25°$]	706.3×10^{-6}		
	硬铝合金	LY12	淬火及时效	107	833.9[$\gamma_o=15°$]	833.9×10^{-6}		
					765.2[$\gamma_o=25°$]	765.2×10^{-6}		
钼	纯钼		粉末冶金	109	2 413	2 413×10^{-6}	$\gamma_0=20°,\kappa_r=90°$, $\lambda_s=0°,b_{\gamma1}=$ 0.15 mm, $\gamma_{o1}=-5°$, 前刀面上带卷屑槽	$v_c=0.67$ m/s (40 m/min) $a_p=1\sim5$ mm $f=0.1\sim$ 0.4 mm/r

注:① 切削各种钢,用 YT15 刀片;切削不锈钢、各种铸铁与铜、铝,用 YG8、YG6 刀片;切削钼用 YW2 刀片。

② 不加切削液。

4.3　影响切削力的因素

切削过程中,很多因素都对切削力产生不同程度的影响,归纳起来除了工件材料、切削用量和刀具几何参数三个方面之外,还有刀具材料、后刀面磨损、刀具刃磨质量及切削液等方面的影响。这些因素的影响程度和影响规律在切削力理论公式和经验公式中都有较全面的体现。

用有关力学知识可推导出切削力的理论公式。如忽略后刀面上的切削力,在直角自由切削时的切削力理论公式为

$$F_c = \tau_s (h_D b_D)(1.4\,\Lambda_h + C) \tag{4.17}$$

式中　令

$$\Omega = 1.4\Lambda_h + C \tag{4.18}$$

τ_s——工件材料的剪切屈服强度;

C——$\Omega - \Lambda_h$ 直线的截距,γ_o 不同时的 C 值如表4.7所示;

Ω——变形系数 Λ_h 与前角 γ_o 的函数,γ_o 不同时 Ω 与 Λ_h 呈线性关系(图4.10)。

表4.7　γ_o 不同时的 C 值

γ_o	-10°	0°	10°	20°
C	1.2	0.8	0.6	0.45

用式(4.17)计算出的切削力值虽与实际出入较大,但它确实反映出了各因素对切削力的影响规律。

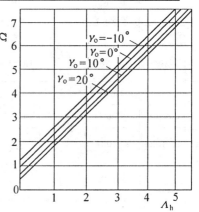

图4.10　切削中碳钢($w(C) > 0.25\%$) γ_o 不同时的 $\Omega - \Lambda_h$ 关系

4.3.1　工件材料的影响

从式(4.17)可以看出:一方面工件材料强(硬)度越高,即 τ_s 越大,切削力 F_c 正比增大;另一方面由于强度增高,变形系数 Λ_h 减小,切削力 F_c 又有所减小。综合上述两方面影响,F_c 仍然增大,但不是成正比增大。

工件材料强(硬)度相近时,塑性(延伸率 A_z (δ_s))越大,塑性变形越大,变形系数 Λ_h 越大,切削力 F_c 越大。切削脆性材料时,一般切削力 F_c 总比切塑性材料小。

例如:45钢的切削力 F_c 高于低碳钢 Q235(A3)的切削力;调质钢和淬火钢的切削力高于正火钢的切削力;塑性较大不锈钢 1Cr18Ni9Ti 的切削力高于与之强度相近的45钢的切削力;钢料的切削力高于铸铁、铝、铜的切削力;紫铜的切削力高于黄铜的切削力。常用金属材料的单位切削力 k_c 数值参见表4.6。

4.3.2　切削用量的影响

1. 背吃刀量 a_p 和进给量 f 的影响

a_p 和 f 的大小决定切削层面积 A_D 的大小。因此,a_p 和 f 的增加均会使 F_c 增大,但二者的影响程度不同:a_p 增加1倍,F_c 正比增大1倍;f 增加1倍,F_c 不成正比增大。

因为在切削力理论公式(4.17)中，a_p 增加 1 倍，切削宽度 b_D 增加 1 倍，故 F_c 增加 1 倍；在指数公式中，a_p 的指数 $x_{F_c} \approx 1.0$，即 a_p 增加 1 倍，F_c 近似增大 1 倍。

而 f 的增加对 F_c 的影响有正反两方面：一方面，f 增加 1 倍，切削厚度 h_D 也增加 1 倍，从切削力理论公式可看出，F_c 也将增加 1 倍；另一方面，f 的增加将使 Λ_h 减小，F_c 又将会减小。综合上述两方面的影响，随着 f 的增加，F_c 不会成正比增大。这也可从切削力指数公式中 f 的指数 $y_{F_c} \approx 0.7 \sim 0.85$ 得到证实，即随 f 的增加，F_c 只能增大 70% ~ 85%（表4.8）。

表 4.8　车削时 f 改变对 F_c 的修正系数 $K_{f_{F_c}}$（$\kappa_r = 75°$）

f/(mm·r^{-1})	0.1	0.15	0.2	0.25	0.3	0.35	0.4	0.45	0.5	0.6
$K_{f_{F_c}}$	1.18	1.11	1.06	1.03	1	0.98	0.96	0.94	0.93	0.9

2. 切削速度 v_c 的影响

切削塑性金属和脆性金属时，v_c 对 F_c 的影响不同。

图 4.11 给出了 YT15 切削 45 钢时的 F_c - v_c 间的驼峰曲线关系。

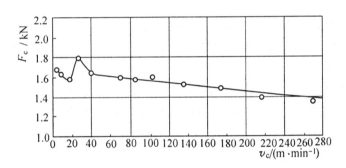

图 4.11　F_c - v_c 关系曲线

工件：45 钢(正火，187HBS)；

刀具：焊接式平前刀面外圆车刀，YT15，$\gamma_o = 18°$，$\alpha_o = 6° \sim 8°$，

　　　$\alpha_o' = 4° \sim 6°$，$\kappa_r = 75°$，$\kappa_r' = 10° \sim 12°$，$\lambda_s = 0°$，$r_\varepsilon = 0.2$ mm；

切削用量：$a_p = 3$ mm，$f = 0.25$ mm/r

当 v_c 在中速和高速区（$v_c > 30$ m/min），F_c 随着 v_c 的提高而减小。因为 v_c 提高，切削温度升高，τ_s 下降，直接使 F_c 减小（因为理论公式中 τ_s 减小，F_c 减小）；又于切削温度升高，τ_s 有所下降，μ 减小（因为 $\mu = \dfrac{\tau_s}{\sigma_{av}}$），$\phi$ 增大（因为 $\phi = \dfrac{\pi}{4} - \beta + \gamma_o$），$\Lambda_h$ 减小，也使 F_c 减小。故随 v_c 的提高，F_c 减小了。

在较低速度区（$v_c < 30$ m/min），切削力 F_c 与 v_c 有着特殊规律，主要通过积屑瘤的生长 - 脱落过程来影响切削力 F_c。$v_c \leqslant 17$ m/min 为积屑瘤生长区，$v_c = 17$ m/min 时积屑瘤最大，此时刀具工作前角 $\gamma_{oe} = \gamma_b$（积屑瘤前角）最大，故 Λ_h 最小，F_c 当然最小，此时式(4.17)中的 C 值也小，F_c 也减小，故而在 $v_c < 17$ m/min 区内，随 v_c 的升高，F_c 减小且在 $v_c = 17$ m/min 时 F_c 出现最小值。当 $17 < v_c < 30$ m/min 时为积屑瘤消退区，随着积屑瘤的逐渐消退至最终脱落，γ_b 减小至 0，γ_{oe} 仍等于刀具前角 γ_o，即 γ_{oe} 逐渐减小，F_c 逐渐增大，直至出现最大值，即曲线出现了高峰点，然后随着 v_c 的升高进入了无积屑瘤区。

切削脆性金属时（如灰铸铁、铅黄铜等），因其塑性变形很小，刀 - 屑间摩擦很小，故 v_c 对 F_c 无显著影响（图4.12）。

在一定切削速度范围内,v_c 不同切削力 F_c 的修正系数 $K_{v_{F_c}}$ 如表 4.9 所示。

表 4.9　切削速度 v_c 不同时切削力的修正系数 $K_{v_{F_c}}$

v_c/(m·min⁻¹) 工件材料	50	75	100	125	150	175	200	250	300	400	500	600	700
45 钢 40Cr	1.05	1.02	1.0	0.98	0.96	0.95	0.94						
9CrSi GCr15	1.15	1.04	1.0	0.98	0.96	0.95	0.94						
ZL10	1.09	1.04	1.0	0.95	0.91	0.86	0.82	0.74	0.66	0.54	0.49	0.45	0.44

4.3.3　刀具几何参数的影响

在此包括:γ_o、κ_r、λ_s、r_ε 和负倒棱 $b_{\gamma1}$。

1. 前角 γ_o

在几何参数各项中,前角 γ_o 对切削力的影响最大。

研究表明,切削塑性金属时,γ_o 变化 1°,F_c 将改变 1.5% 左右,且塑性越大,改变幅度越大(切削 45 钢,γ_o 增加 1°,F_c 减小 1%,而切削紫铜则可减小 2% ~ 3%,切削铅黄铜则减小 0.4%)。这是因为:前角 γ_o 增加,剪切角 ϕ 增大,变形系数 Λ_h 减小,切削力 F_c 减小;另外,γ_o 增加,C 减小(表 4.7),F_c 减小(式(4.17))。所以,随着 γ_o 的增加,F_c 较显著减小。

图 4.13 给出了车削 45 钢时,γ_o 对三向切削力的影响规律。不难看出,γ_o 增加对 F_f、F_p 的影响要比对 F_c 的影响要大些。

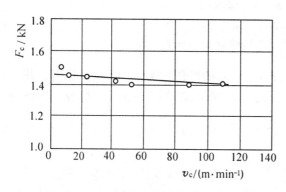

图 4.12　YG8 切削灰铸铁时的 $F_c - v_c$ 关系曲线
工件材料:HT200,170HBS;
刀片材料:YG8;
刀具结构:焊接平前刀面外圆车刀;
刀具几何参数:$\gamma_o = 15°$,$\alpha_o = 6° \sim 8°$,$\alpha_o' = 4° \sim 6°$,$\kappa_r = 75°$,
$\kappa_r' = 10° \sim 12°$,$\lambda_s = 0°$,$r_\varepsilon = 0.2$ mm;
切削用量:$a_p = 4$ mm,$f = 0.3$ mm/r

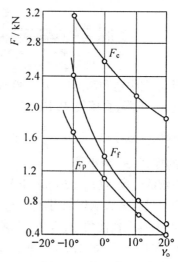

图 4.13　γ_o 对三向切削力影响曲线

2. 主偏角 κ_r

κ_r 对各向切削力的影响如图 4.14 所示。

(1)κ_r 对 F_c 的影响不大。从图 4.14 可知,$\kappa_r = 60° \sim 75°$ 时,F_c 出现最小值。主要通过

切削厚度 $h_D(h_D = f\sin\kappa_r)$ 的变化影响切削力。

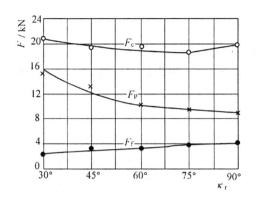

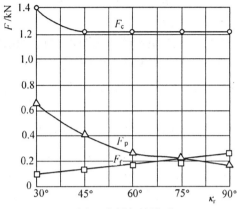

(a) 车 45 钢时

工件:45 钢(正火,187HBS);刀具:焊接平前刀面外圆车刀,YT15,$\gamma_o = 18°$,$\alpha_o = 6° \sim 8°$,$\kappa_r' = 10° \sim 12°$,$\lambda_s = 0°$,$r_\varepsilon = 0.2$ mm;切削用量:$a_p = 3$ mm,$f = 0.3$ mm/r,$v_c = 95.5 \sim 103.5$ m/min

(b) 车削灰铸铁时

工件:(灰铸铁 HT200,170HBS);刀具:焊接平前刀面外圆车刀,YG8,$\gamma_o = 15°$,$\alpha_o = 6° \sim 8°$,$\alpha_o' = 4° \sim 6°$,$\kappa_r' = 10° \sim 12°$,$\lambda_s = 0$,$r_\varepsilon = 0.2$ mm;切削用量:$a_p = 3$ mm,$f = 0.4$ mm/r,$v_c = 87$ m/min

图 4.14 主偏角对切削力的影响

(2) κ_r 对 F_p、F_f 的影响比 F_c 大。从图 4.14 也可以看出,κ_r 增大,F_p 减小,而 F_f 增大(因为 $F_p = F_D\cos\kappa_r$,$F_f = F_D\sin\kappa_r$)。

3. 刃倾角 λ_s

图 4.15 给出了 YT15 切削 45 钢时 λ_s 对 F 的影响曲线。可以看出,λ_s 对 F_c 几乎无影响,而对 F_p、F_f 影响较大。λ_s 增大,使 F_p 减小较多,F_f 有所增大。主要原因是 λ_s 改变合力 F 的方向,从而影响 F_p 和 F_f。

4. 刀尖圆弧半径 r_ε

在 κ_r、a_p、f 一定的情况下,r_ε 增大,F_c 变化不大,但 F_p 增大,F_f 减小(图 4.16)。原因

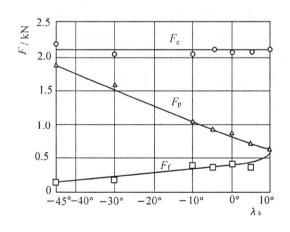

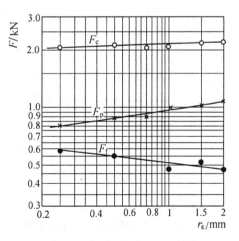

图 4.15 $F - \lambda_s$ 关系曲线

工件:45 钢(正火,187HBS);刀具:焊接平前刀面外圆车刀,YT15,$\gamma_o = 18°$,$\alpha_o = 6°$,$\alpha_o' = 4° \sim 6°$,$\kappa_r = 75°$,$\kappa_r' = 10° \sim 12°$,$r_\varepsilon = 0.2$ mm;切削用量:$a_p = 3$ mm,$f = 0.35$ mm/r,$v_c = 100$ m/min

图 4.16 刀尖圆弧半径对切削力的影响

工件:45 钢(正火,187HBS);刀具:焊接平前刀面外圆车刀,YT15,$\gamma_o = 18°$,$\alpha_o = 6° \sim 7°$,$\kappa_r = 75°$,$\kappa_r' = 10° \sim 12°$,$\lambda_s = 0°$;切削用量:$a_p = 3$ mm,$f = 0.35$ mm/r,$v_c = 93$ m/min

在于 r_ε 增大,曲线刃上各点处 κ_r 的减小,使 F_p 增大, F_f 减小。所以,为防止切削过程中工件弯曲变形及振动,应使 r_ε 尽量减小。

5. 负倒棱 $b_{\gamma1}$

前刀面上的负倒棱 $b_{\gamma1}$(图4.17)对切削力有一定影响。

$\gamma_o > 0°$ 有负倒棱时,因切屑变形比无负倒棱时为大,故切削力总有提高。主要通过负倒棱宽度 $b_{\gamma1}$ 与进给量 f 之比值影响切削力。

$b_{\gamma1}/f$ 增大, F_c 增大。比值达一定值后(切钢时 $b_{\gamma1}/f \geqslant 5$,切铸铁时 $b_{\gamma1}/f \geqslant 3$),切削力 F_c 不再增大,而趋于平缓,甚至接近于负前角车刀切削之情况。

这是因为在切削过程中,切屑沿前刀面流出时,刀 – 屑接触长度 $l_f \gg f$:切钢时 $l_f \approx (4 \sim 5)f$,切铸铁时 $l_f \approx (2 \sim 3)f$。如 $b_{\gamma1} < l_f$,切屑沿前刀面流出时,刀具正前角仍起作用;而 $b_{\gamma1} > l_f$ 时,正前角不再起作用,真正起作用的是负倒棱(图4.18)。

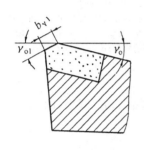

图4.17　正前角负倒棱车刀

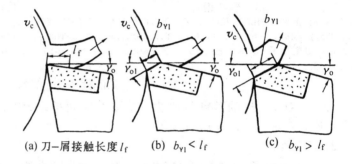

(a) 刀–屑接触长度 l_f　　(b) $b_{\gamma1} < l_f$　　(c) $b_{\gamma1} > l_f$

图4.18　$b_{\gamma1}$ 的作用

4.3.4　其他因素的影响

(1) 刀具材料。主要通过摩擦系数影响切削力。

在各类刀具材料中,摩擦系数是按金刚石、陶瓷、硬质合金、高速钢的顺序加大的。在硬质合金中,YT类的摩擦系数比YG类的摩擦系数小。所以,金刚石刀具切削力最小,高速钢刀具切削力最大;硬质合金中,YT类的切削力小于YG类的切削力。

(2) 后刀面磨损越大,切削力越大。当 $VB \geqslant 0.8$ mm, F_p、F_f 比 F_c 增大更快。

(3) 刀具的前后刀面刃磨质量越好,切削力越小。

(4) 使用润滑性能好的切削液,切削力减小。

复 习 思 考 题

4.1 试述切削力的构成。

4.2 以外圆车削为例,说明切削合力、分力及切削功率。

4.3 试述切削力的测量方法及原理。

4.4 切削力经验公式是如何通过实验得到的?

4.5 试述各因素如何影响切削力?

第5章 切削热与切削温度

切削热和由它产生的切削温度是金属切削过程中又一重要物理现象。切削时消耗的能量约 97% ~ 99% 转换为热量。大量的切削热使得切削区温度升高,直接影响刀具的磨损和工件的加工精度及表面质量,切削温度也可作为自动化生产中的可控因素。因此,研究切削热和切削温度对生产实践有重要意义。

5.1 切削热的产生与传出

被切金属层在刀具的作用下,产生弹性和塑性变形而做功,同时前刀面与切屑、后刀面与工件加工表面之间的摩擦也要做功,这些功几乎都转变成热。与此相应,切削时共有三个生热区,即剪切面区、切屑与前刀面接触区、后刀面与加工表面接触区,如图 5.1 所示。所以,切削热来源于切削时所消耗的变形功和刀具与切屑、刀具与工件间的摩擦功。

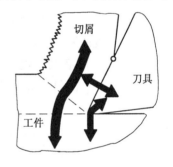

图 5.1 切削热的产生与传导

如果忽略后刀面上的摩擦功和进给运动所做的功,并假定主运动所做的功全部转化为热量,则单位时间内产生的切削热 P_c 为

$$P_c = F_c v_c \qquad (5.1)$$

式中　P_c——每秒钟产生的切削热(J/s);

　　　F_c——切削力(N);

　　　v_c——切削速度(m/s)。

切削热可由切屑、工件、刀具和周围介质传导出去。影响热传导的主要因素是工件和刀具材料的导热系数及周围介质的状况。

工件材料的导热系数大时,由切削区传导到切屑和工件的热量较多,因而切削区温度较低,但整个工件温升较快。例如,切削导热系数较大的铜或铝时,切削区温度较低,故刀具使用寿命(耐用度)较高;但工件温升较快,由于热胀冷缩的影响,切削时测量的尺寸与冷至室温时的尺寸往往不符,加工时必须加以注意。若工件材料的导热系数较小,切削热不易从切屑和工件方面传导出去,因而切削区温度较高,加剧刀具磨损。例如,切削不锈钢和高温合金时,由于它们的导热系数小,切削区温度很高,刀具磨损很快,必须采用耐热和耐磨性能较好的刀具材料,并且使用充分的切削冷却润滑剂予以冷却降温。

刀具材料的导热系数大时,切削区的热量容易从刀具方面传导出去,也能降低切削区的温度。例如,YG 类硬质合金的导热系数普遍大于 YT 类硬质合金的导热系数,且抗弯强度较高,所以在切削导热系数小、热强性好的不锈钢和高温合金时,在缺少新型高性能硬质合金的情况下,多采用 YG6X、YG6A 等牌号的 YG 类硬质合金。

采用冷却性能较好的切削冷却润滑剂也能有效地降低切削温度。采用喷雾冷却法使切削液雾化后汽化,将能吸收更多的切削热而使切削温度降低。此外,切屑与刀具的接触时间也影响切削温度。例如,外圆车削时,切屑形成后迅速脱离车刀而落入机床的容屑盘中,传给刀具的切削热就减少了;但在进行半封闭式容屑的钻削加工时,切屑形成后仍较长时间与刀具接触,由切屑所带走的切削热再次传给刀具,使得切削温度升高。

再有,不同的切削加工方法,切削热由切屑、刀具、工件和周围介质传导出去的比例也不同。例如,车削加工时,切屑带走的切削热约为 50% ~ 86%,40% ~ 10%传入车刀,9% ~ 3%传入工件,1%传入周围介质(如空气)。切削速度越高,进给量(切削厚度)越大,由切屑带走的热量就越多。

钻削加工时,约有 28%的切削热由切屑带走,15%传入钻头,52%传入工件,5%传入周围介质。

5.2　切削温度及其测量方法

切削温度一般是指刀具与工件接触区域的平均温度。

切削温度的测量是切削实验研究的重要技术,是研究各种因素对切削温度影响大小的依据。此外,切削温度理论计算的准确性也需通过实测数据来校验。

切削温度的测量方法很多,可归纳为

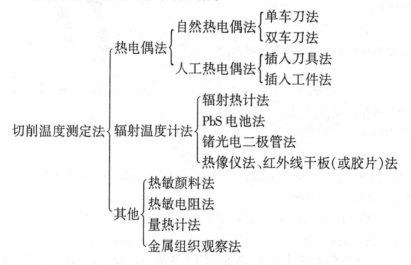

目前应用较广泛且较成熟、简单可靠的测量切削温度的方法是自然热电偶法和人工热电偶法。另外,半人工热电偶法也有应用。

5.2.1　自然热电偶法

自然热电偶法是以刀具和工件作为热电偶的两极,组成热电回路测量切削温度的方法。图 5.2 所示是在车床上利用自然热电偶法测量切削温度的装置示意图。

切削加工时,化学成分不同的刀具和工件处在较高的切削温度作用下,形成热电偶的热端,工件与刀具的引出端形成热电偶的冷端。在此回路中必然有热电势产生,如用仪表将其值测出或记录下来,再根据事先标定的刀具－工件所组成热电偶的热电势与温度关系曲线

（标定曲线），便可求得刀具与工件接触区的切削温度值。

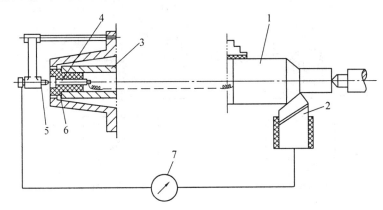

图 5.2　自然热电偶法测量切削温度示意图

1—工件；2—车刀；3—车床主轴；4—铜销；5—铜顶尖（与支架绝缘）；6—绝缘堵；7—毫伏计

图 5.3 给出了 YT15 硬质合金与几种钢材组成的热电偶标定曲线。

由此可以看出，用自然热电偶法测得的是切削区的平均温度，切削区指定点的温度则不能测得。另外，不同的刀具材料与工件材料所组成的热电偶，均要进行标定，使用起来不太方便。故在某些情况下尚需采用人工热电偶法。

5.2.2　人工热电偶法

图 5.4 是用人工热电偶法测量刀具前刀面和工件某点温度的示意图。

这是将两种预先标定好的金属丝组成的热电偶热端焊接在刀具或工件待测温度点上，尾端通过导线串接在电位差计或毫伏表上，切削时根据表上的指示电势值，查对照表，便可得知欲测点的切削温度。

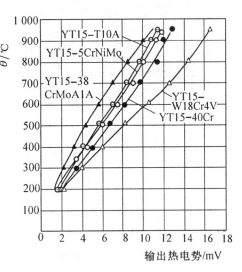

图 5.3　YT15 与几种钢材组成热电偶的标定曲线

安放热电偶金属丝的小孔直径要尽可能小，以反映切削过程中待测点的真实温度，同时对金属丝应采取绝缘措施。

用人工热电偶法只能测与前刀面有一定距离某点处的温度。图 5.5 和图 5.6 为采用人工热电偶法测量，并辅以传热学计算所得到的刀具、切屑和工件的切削温度分布情况。

由图可以看出：① 前刀面上温度最高处并不在切削刃口处，而是在距刃口有一定距离的位置，工件材料塑性越大，距离刃口越远，反之越近。这是因为热量沿前刀面有个积累过程的缘故，这也是刀具磨损严重之处。② 切屑底层的温度梯度最大，说明摩擦热集中在切屑底层与前刀面的接触处。

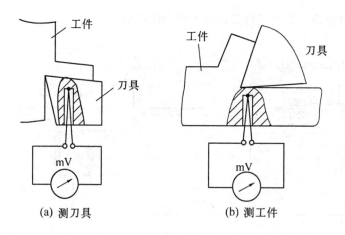

(a) 测刀具   (b) 测工件

图 5.4 用人工热电偶法测量刀具与工件温度的示意图

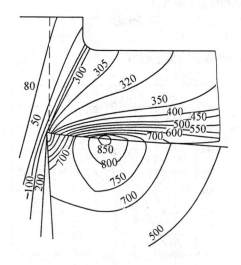

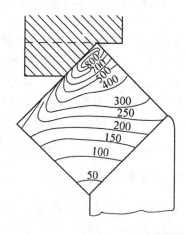

图 5.5 刀具、切屑与工件的切削温度分布
工件材料:GCr15;刀具:YT14,$\gamma_o = 0°$;$h_D = 0.35$ mm,$b_D = 5.8$ mm,$v_c = 1.33$ m/s

图 5.6 刀具前刀面上的切削温度分布
工件材料:GCr15;刀具:YT15;切削用量:$a_p = 4.1$ mm,$f = 0.5$ mm/r,$v_c = 1.33$ m/s

5.3 影响切削温度的因素

切削温度的高低,取决于切削热产生的多少和散热情况。下面分析几个主要因素对它的影响。

5.3.1 切削用量对切削温度的影响

1. 切削速度 v_c

切削速度对切削温度有较显著的影响。实验证明,随着切削速度的提高,切削温度将明显升高(图 5.7)。其原因是:当切削速度提高时,单位时间的金属切除率成正比增多,刀具与工件及切屑间的摩擦加剧,消耗于切削层金属变形和摩擦的功增加,因而产生大量的切削热。由于第一变形区和第二变形区的热量向工件和切屑内部传导需要一定的时间,因此,提高切削速度的结果是摩擦热大量地积聚在切屑底层而来不及传导出去,从而使切削温度升高。

但是,随着切削速度的提高,单位切削功率和单位切削力有所减小,因此,切削热和切削温度不会与切削速度成正比例增加。

图 5.7 给出了切削速度与切削温度的关系曲线。二者关系可表示成指数形式

$$\theta = C_{\theta_v} v_c^x \tag{5.2}$$

式中 θ——切削温度;

C_{θ_v}——v_c 对切削温度的影响系数;

x——v_c 对切削温度的影响指数。

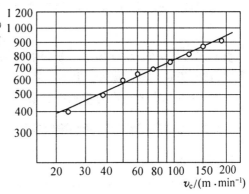

图 5.7 切削速度对切削温度的影响
工件材料:45 钢;刀具材料:YT15;切削用量:
$a_p = 3$ mm,$f = 0.1$ mm/r

一般情况下硬质合金刀具切钢时,$x = 0.26 \sim 0.41$,进给量越大,则 x 越小。这是因为进给量大,切削厚度大,切屑的热容量大,带走的热量多,所以切削区的温度上升较为缓慢。

2. 进给量 f

随着进给量的增大,单位时间内的金属切除量增多,消耗的切削功和由此转化成的热量也将增加,使切削温度上升。但随着进给量的增大,单位切削力和单位切削功率将减小,切除单位体积金属产生的热量也随之减少。此外,当进给量增大后,切屑厚度增大,由切屑带走的热量增多,同时切屑与前刀面的接触长度加长,散热面积增大。综合以上几方面的影响,切削温度随进给量的增加而升高,但升高的幅度不如切削速度那样显著。图 5.8 是通过实验获得的进给量 f 对切削温度 θ 的影响曲线,可表示为

$$\theta = C_{\theta_f} f^{0.14} \tag{5.3}$$

3. 背吃刀量 a_p

背吃刀量对切削温度的影响很小(图 5.9)。这是因为背吃刀量增大后,切削区产生的热量虽然成正比增多,但因切削刃参加切削工作的长度也成正比增长,大大改善了散热条件,因此切削温度上升甚微。

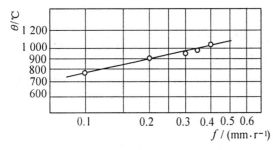

图 5.8 进给量对切削温度的影响
工件材料:45 钢;刀具材料:YT15;
切削用量:$a_p = 3$ mm,$v_c = 94$ m/min

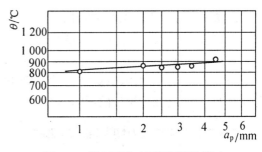

图 5.9 背吃刀量对切削温度的影响
工件材料:45 钢;刀具材料:YT15;
切削用量:$f = 0.1$ mm/r,$v_c = 107$ m/min

切削温度 θ 与背吃刀量 a_p 的关系式为

$$\theta = C_{\theta a_p} a_p^{0.04} \tag{5.4}$$

由上述分析可知,切削用量三要素中切削速度对切削温度的影响较为显著,进给量的影响次之,背吃刀量的影响微小。因此,为了有效地控制切削温度,以提高刀具使用寿命,在允许的条件下,选用大的背吃刀量和进给量比选用大的切削速度更为有利。

5.3.2　刀具几何参数对切削温度的影响

1. 前角 γ_o

图 5.10 表明,切削温度随前角的增大而降低。这是因为前角增大时,切削变形减小,单位切削力下降,产生的切削热减少的缘故。但前角增大到一定值再增大时,则因刀具的楔角减小而使散热体积减小,切削温度下降的幅度将减小。

2. 主偏角 κ_r

主偏角对切削温度的影响如图 5.11 所示。随主偏角的增大,切削温度升高。这是因为主偏角增大,一方面使切削刃工作长度缩短,切削热相对集中,同时刀尖角减小,散热条件变差,因此切削温度升高。

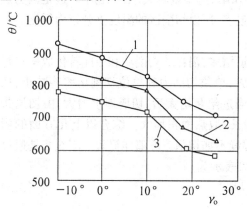

图 5.10　前角对切削温度的影响

工件材料:45 钢;刀具材料:YT15;切削用量:$a_p = 3$ mm, $f = 0.1$ mm/r$_o$;1— $v_c = 135$ m/min;2— $v_c = 105$ m/min; 3—$v_c = 81$ m/min

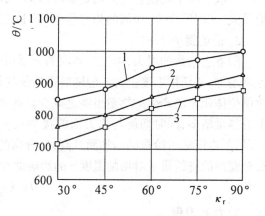

图 5.11　主偏角对切削温度的影响

工件材料:45 钢;刀具材料:YT15;前角:$\gamma_o = 15°$;切削用量:$a_p = 2$ mm, $f = 0.2$ mm/r;1— $v_c = 135$ m/min;2— $v_c = 105$ m/min;3—$v_c = 81$ m/min

3. 负倒棱 b_γ 及刀尖圆弧半径 r_ε

负倒棱 b_γ 在 $(0 \sim 2)f$ 范围内变化、刀尖圆弧半径 r_ε 在 $0 \sim 1.5$ mm 范围内变化时,基本不影响切削温度。因为负倒棱宽度及刀尖圆弧半径的增大,一方面使塑性变形增大,切削热随之增加;另一方面这两者都能使刀具的散热条件有所改善,传出的热量也有所增加,两者趋于平衡,所以对切削温度的影响不大。

5.3.3　工件材料对切削温度的影响

这里主要分析工件材料的强(硬)度、导热系数等力学物理性能及热处理状态对切削温度的影响。

工件材料的强(硬)度和导热系数对切削温度有很大影响。工件材料的强(硬)度越高,切削力越大,切削时消耗的功越多,产生的切削热量也越多,切削温度就越高。工件材料的导热系数越大,由工件和切屑传导出去的热量越多,切削温度就越低。

图 5.12 给出了不同切削速度下,几种典型材料的切削温度。不难看出:

(1)切削脆性材料(如铸铁)时,由于抗拉强度和延伸率均较小,切削变形很小,切屑呈崩碎状,与前刀面的接触长度很短、摩擦小,所以产生的切削热较少,切削温度一般比切削碳钢时低。切削灰铸铁 HT200 的切削温度约比切削 45 钢时低 20% ~ 30%。

(2)切削不锈钢(1Cr18Ni9Ti)和高温合金(GH2131)时,因为它们的导热系数小,而且在高温下仍能保持较高的强度和硬度,所以切削温度要比切削其他材料时高得多(图5.12)。

(3)切削合金结构钢时,因其强度普遍高于 45 钢,而导热系数又小于 45 钢,所以,切削合金结构钢时的切削温度一般高于切削 45 钢的切削温度(图 5.13)。

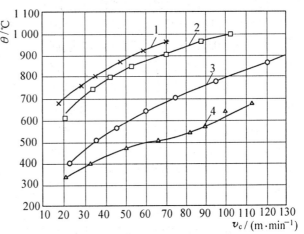

图 5.12　不同切削速度下几种材料的切削温度
1—GH2131;1—1Cr18Ni9Ti;3—45 钢(正火);4—HT200;
刀具材料:YC8(切削 45 钢时用 YT15);
刀具角度:$\gamma_o = 15°, a_o = 6° \sim 8°, \kappa_r = 75°, \lambda_s = 0°$;
切削用量:$a_p = 3$ mm,$f = 0.1$ mm/r

(4)切削热处理状态不同的材料,因强度和硬度不同,切削温度也不同。图 5.14 是切削三种不同热处理状态的 45 钢时切削温度的曲线。淬火状态($R_m = 1\ 452$ MPa)的切削温度最高,调质状态($R_m = 736$ MPa)次之,正火状态($R_m = 598$ MPa)的切削温度最低。

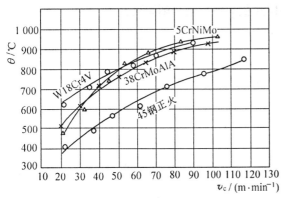

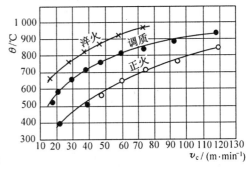

图 5.13　合金结构钢的切削温度
刀具:YT15,$\gamma_o = 15°$;切削用量:$a_p = 3$ mm,$f = 0.1$ mm/r

图 5.14　45 钢的热处理状态对切削温度的影响
刀具材料:YT15,$\gamma_o = 15°$;切削用量:$a_p = 3$ mm,
　　　　$f = 0.1$ mm/r

5.3.4　其他因素对切削温度的影响

主要讲刀具磨损和切削液对切削温度的影响。

刀具磨损后,切削刃变钝,切削作用减小,挤压作用增大,切削变形增加;同时,磨损后的刀具工作后角变成零度,使后刀面与加工表面间的摩擦加大,均使切削温度升高。图 5.15是切削 45 钢时车刀后刀面磨损 VB 值与切削温度 θ 的关系曲线。切削速度越高,刀具磨损值对切削温度的影响越显著。切削合金钢时,由于强度和硬度比碳素钢高,而导热系数又较小,因此刀具磨损对切削温度的影响比碳素钢更显著。

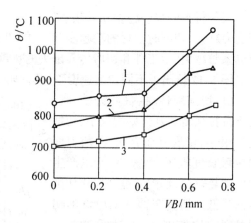

图 5.15　后刀面磨损值 VB 与切削温度 θ 的关系
1—$v_c = 117$ m/min;2—$v_c = 94$ m/min;3—$v_c = 71$ m/min;工件材料:45 钢;刀具:YT15,$\gamma_o = 15°$;切削用量:$a_p = 3$ mm,$f = 0.1$ mm/r

使用切削冷却润滑剂对降低切削温度有明显效果。切削冷却润滑剂有两个作用:一方面可以减小切屑与前刀面、后刀面与工件的摩擦;另一方面可以吸收切削热。两者均使切削温度降低。但切削冷却润滑剂对切削温度的影响,与其导热系数、比热容、流量及浇注方式有关。

复习思考题

5.1 切削热是如何产生与传出的?

5.2 切削温度的含义是什么?常用的测量切削温度的方法有哪些?测量原理是什么?

5.3 从刀具、切屑与工件温度分布图上可看出切削温度分布有何特点?为什么前刀面上切削温度最高值不在刃口处?

5.4 切削用量三要素对切削温度的影响是否相同?为什么?试与切削用量对切削力的影响对比说明。

5.5 工件材料的物理力学性能和刀具几何参数如何影响切削温度?

第6章 刀具磨损与刀具使用寿命

切削过程中,刀具切削部分在承受着很大切削力和很高切削温度的同时,还与切屑及加工表面产生强烈的摩擦,结果使刀具逐渐磨钝,以致失效。磨钝到一定程度,切削力迅速增大,切削温度急剧增高,甚至产生振动,使工件加工精度下降、表面质量恶化,此时就要磨刀或换刀。

刀具磨损与一般机械零件的磨损有明显不同:与前刀面接触的切屑底层是不存在氧化膜或油膜的新鲜表面,前、后刀面上的接触压力很大,温度很高(硬质合金刀具加工钢时,可达 800 ~ 1 000℃以上)。因此,刀具磨损与机械、热和化学作用密切相关。

刀具磨损决定于刀具材料、工件材料的物理力学性能和切削条件。不同刀具材料的磨损有不同的特点。学习本章的目的,就是要掌握刀具磨损和破损的特点、产生的原因和规律,以便正确选择刀具材料和切削条件,以保证加工质量和生产效率。

6.1 刀具磨损形态

刀具磨钝失效可分正常磨损和非正常磨损(破损)两种情况。

6.1.1 正常磨损

所谓正常磨损,是指切削过程中刀具前(刀)面和后(刀)面在高温、高压作用下产生的正常磨钝现象。前(刀)面往往被磨成月牙洼,后(刀)面则形成磨损带。多数情况下二者同时发生并相互影响,刀具的磨损形态如图6.1所示。

正常磨损常表现为下列三种形态:

1. 前(刀)面磨损

加工塑性材料时,当刀具材料的耐热性与耐磨性较差,切削速度较高,切削厚度较大时,常在前(刀)面上发生磨损。由于切屑底面与刀具的前(刀)面在切削过程中是化学活性很高的新鲜表面,在高温高压作用下,切屑将在刀具前(刀)面上逐渐磨出一个月牙形凹窝,常被称为月牙洼磨损(图6.1)。

开始时月牙洼的前缘离刃口还有一小段距离,随着切削过程的进行,逐渐向前、后扩展,月牙洼宽度变化虽不显著,但月牙洼的深度则随切削过程的进行不断增大,其最大深度的位置处于切削温度最高处。当月牙洼前缘发展到与切削刃口之间的棱边很窄时,刃口强度显著降低,极易造成切削刃损坏。

前(刀)面的磨损值常以月牙洼的最大深度

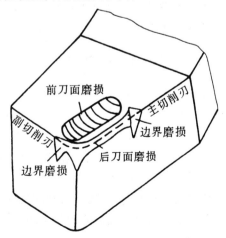

图 6.1 刀具的磨损形态

KT 表示(图 6.2(a)),KB 为月牙洼宽度,KM 为月牙洼中心距。

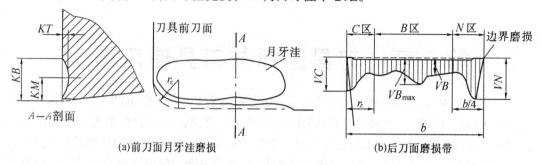

(a)前刀面月牙洼磨损   (b)后刀面磨损带

图 6.2 刀具磨损的测量

2. 后(刀)面磨损

由于后(刀)面与加工表面间存在着强烈的摩擦,在后(刀)面毗邻刃口处很快被磨出 $\alpha_o = 0°$ 的小棱面,亦即后(刀)面磨损带(图 6.2(b))。

当切削脆性材料或以较小进给量、较低切削速度切削塑性材料时,都将产生后(刀)面磨损。

后(刀)面的磨损往往不均匀,通常分为三个区:靠近刀尖部分的 C 区、靠近工件外皮处的 N 区和中间部分的 B 区。靠近刀尖部分的 C 区由于其强度较低、散热条件较差,磨损较严重,磨损宽度的最大值以 VC 表示;在靠近工件外皮部分的 N 区磨损属于边界磨损,由于工件毛坯表面硬皮或上道工序加工硬化层等因素的影响,使得磨损剧烈,会产生较大深沟,该区的磨损宽度以 VN 表示;在磨损带中间部分 B 区的磨损比较均匀,常以平均磨损宽度 VB 值来表示,有时也用最大磨损宽度 VB_{max} 值表示。

3. 边界磨损

切削钢料时,常在主切削刃与工件待加工表面或副切削刃与工件已加工表面接触处的后(刀)面上,磨出较深沟纹,这种磨损沟纹称为边界磨损(图 6.3)。

上道工序的加工硬化可使副后(刀)面上发生边界磨损,加工铸件和锻件等有粗糙硬皮的工件时,也容易发生边界磨损。

图 6.3 边界磨损部位

6.1.2 非正常磨损(破损)

刀具破损是刀具失效的另一种形式,多数发生在脆性较大的刀具材料进行断续切削或者切削高硬度材料的情况。据统计,硬质合金刀具约有 50% ~ 60% 的损坏是脆性破损。

刀具的破损按性质可分为塑性破损和脆性破损,按时间又可分为早期破损和后期破损。早期破损是切削刚开始或经短时间切削后即发生的破损(一般切削时,刀具所受冲击次数小于或近于 10^3 次),此时,前、后(刀)面尚未发生明显磨损(一般 $VB \leqslant 0.1$ mm)。脆性大的刀具材料切削高硬度材料或断续切削时,常出现这种破损。后期破损是切削一定时间后,刀具材料因交变机械应力和热应力所致的疲劳损坏。

1. 塑性破损

塑性破损是指由于高温高压作用而使前、后(刀)面发生塑性流动而丧失切削能力。它直接与刀具材料与工件材料的硬度比值有关,硬度比值越大,越不容易发生塑性破损。硬质合金刀具的高温硬度较高,一般不易产生这种破损。

2. 脆性破损

硬质合金和陶瓷刀具在机械与热冲击作用下,常产生的崩刃、碎断、剥落、裂纹等均属脆性破损。

6.2　刀具磨损的原因

由于工件材料、刀具材料和切削条件的变化很大,刀具的磨损形态各不相同,磨损原因也复杂得很,既有机械磨损,又有对切削温度有较强依赖性的热磨损、化学磨损。刀具磨损的主要原因分述如下:

6.2.1　硬质点磨损

硬质点磨损(亦称机械磨损或磨料磨损),是由于工件材料中含有的硬质点(如碳化物、氮化物和氧化物)以及积屑瘤的碎片等在刀具表面上划出沟纹而造成的磨损。硬质点在前(刀)面上划出一条条与切屑运动方向一致的沟纹,在后刀面上划出一条条与主运动方向一致的沟纹。

高速钢刀具的这种磨损比较显著,硬质合金刀具相对少些。

各种切削速度下,刀具都存在硬质点磨损,但它是低速切削刀具(如拉刀、丝锥、板牙)磨损的主要原因。因为在低速下,切削温度较低,其他各种形式的磨损还不显著。一般可以认为,由硬质点磨损产生的磨损量与刀具 – 工件相对滑动的距离或切削路程成正比。

6.2.2　粘结磨损

粘结是指刀具与工件材料在足够大压力和高温作用下,接触到原子间距离时所产生的"冷焊"现象,是摩擦面的塑性变形形成的新鲜表面原子间吸附的结果。两摩擦表面的粘结点因相对运动将被撕裂而被对方带走,若粘结点的破裂发生在刀具一方,则造成了刀具磨损。

一般说来,工件材料或切屑的硬度较刀具材料硬度低,粘结点的破裂往往发生在工件或切屑上。但刀具材料也可能有组织不均,存在内应力、微裂纹、空穴及局部软点等缺陷,所以刀具材料表面也会发生被工件材料带走造成的磨损。各种刀具材料包括立方氮化硼和金刚石刀具都有可能发生粘结磨损。例如:硬质合金刀具切削钢件时,在形成积屑瘤的条件下,切削刃可能因粘结而损坏;而高速钢刀具因为抗剪切和抗拉强度均较高,刀具抗粘结磨损能力较强。

粘结磨损的程度主要取决于刀具材料与工件材料间的亲和力、二者硬度比、切削温度、刀具表面形状与金相组织等。刀具与工件材料间的亲和力越大、硬度比越小、粘结磨损越严重。

切削温度是影响粘结磨损的主要因素。切削温度越高,粘结磨损越严重。

图 6.4 是不同硬质合金与钢的粘结温度曲线。由图可知,在常用 Co 的质量分数($w(CO)$)内,YT 类硬质合金与钢的粘结温度比 YG 类高,说明 YT 类硬质合金抗粘结性能好于

YG 类。故切削钢件时宜选用 YT 类硬质合金。

6.2.3　扩散磨损

由于切削时处于高温，刀具表面始终与被切出的新鲜工件表面相接触，使其具有很大的化学活性。当两摩擦表面化学元素的浓度相差较大时，它们就可能在固态下互相扩散到对方去，改变了刀具材料和工件材料的化学成分，使刀具材料变得脆弱而造成刀具磨损，这种磨损称为扩散磨损。例如，当切削温度达 800℃ 以上时，一方面硬质合金中的 C、

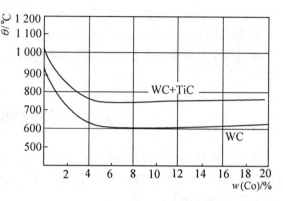

图 6.4　硬质合金与钢的粘结温度曲线

W、Co 等元素扩散到切屑中去而被带走(图 6.5)，切屑中的 Fe 元素扩散到硬质合金表层，形成新的脆性低硬度复合碳化物；另一方面硬质合金中的 C 扩散出去造成贫碳，使硬度降低，Co 的扩散使其含量减少，降低了 WC、TiC 等碳化物与基体的粘结强度，这些都使刀具磨损加剧。但 TiC 的扩散能力不如 WC，高温下反会在表层生成 TiO$_2$ 保护层而阻碍扩散进行，故高速切钢宜选用 YT 类硬质合金。

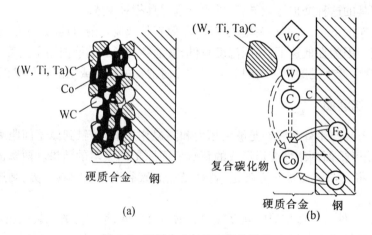

图 6.5　硬质合金与钢之间的扩散

扩散磨损常常和粘结磨损同时产生。硬质合金刀具的前(刀)面上月牙洼最深处的温度最高，故该处的扩散速度也高，磨损快；月牙洼处又容易发生粘结，因此月牙洼磨损是由扩散和粘结磨损共同造成的。

扩散磨损速度主要与切削温度和刀具材料的化学成分等有关。扩散磨损速度随切削温度的升高而按 $e^{-\frac{E}{k\theta}}$ 指数函数增加(θ 为刀具表面的绝对温度，E 为活化能，k 为常数)。不同元素的扩散速度不同，因此在一定的切削条件下，扩散磨损程度与刀具材料的化学成分关系很大。例如，用硬质合金刀具切钢时，Ti 的扩散速度比 C、W、Co 低得多，所以 YT 类硬质合金的抗扩散能力优于 YG 类。采用 TiC 和 TiN 的涂层刀片，可提高刀具表面的化学稳定性、减少扩散磨损。

6.2.4 化学磨损(氧化磨损)

在一定的切削温度下,刀具材料与周围介质的某些成分(如空气中的氧、切削液中的极压添加剂硫、氯等)会起化学作用,在刀具表面形成一层硬度较低的化合物被切屑带走,加速了刀具的磨损,这种磨损称为化学磨损。例如,用高速钢刀具车削钼合金时($a_p = 1$ mm,$f = 0.1$ mm/r,$v_c = 10 \sim 50$ m/min),切削液及周围介质的化学活性越好,刀具磨损越快。又如硬质合金 YT14 刀具切削 18 − 8 型不锈钢 $w(Cr) = 18\%$、$w(Ni) = 9\%$,在切削速度 $v_c = 120 \sim 180$ m/min 时,采用硫化、氯化切削油时,由于硫和氯的腐蚀作用,刀具使用寿命反而比干切削时低。再如用金刚石刀具切削黑色金属时,当切削温度高于 700℃时,刀具表面的碳原子将与空气中的氧发生强烈的化学反应,生成 CO 或 CO_2 气体,加剧了刀具的磨损,这是金刚石刀具在空气中不能切削黑色金属的一个主要原因。

除上述几种主要的磨损原因外,还有热电磨损,即在切削区的高温作用下,刀具与工件材料形成自然热电偶,致使刀具与切屑及刀具与工件之间有电流通过,加快了刀具磨损。试验表明,如果在不降低刀具与工件刚度的前提下,将刀具 − 工件回路加以绝缘,可明显提高刀具使用寿命。例如,用 W18Cr4V 钻头加工铬镍不锈钢时,如果将钻套与钻头绝缘,则钻头使用寿命可提高 2 ~ 6 倍。

综上所述,刀具磨损的主要原因是硬质点磨损、粘结磨损、扩散磨损和化学磨损。必须指出,对不同的刀具材料、工件材料和在不同的切削条件,造成磨损的主要原因是不同的,但切削温度是起主导作用的,因为除硬质点磨损外,其余三种磨损原因均与切削温度密切相关。图 6.6 为硬质合金刀具加工钢料时,在不同的切削速度(切削温度)下各种磨损所占比例示意图。可知,在不同切削温度范围内,刀具磨损的主要原因不同:在中低温时,粘结磨损是主要的;高温时,扩散磨损和化学磨损所占比例大些。

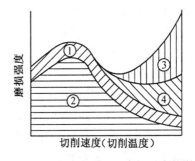

图 6.6 切削速度对刀具磨损强度的影响
1—硬质点磨损;2—粘结磨损;
3—扩散磨损;4—化学磨损

对于耐热性较差的高速钢刀具,硬质点磨损和粘结磨损是其主要磨损原因。氧化铝陶瓷刀具在加工钢料时,主要产生机械磨损和粘结磨损。金刚石刀具则发生严重的氧化磨损。

6.3 刀具磨损过程与磨钝标准

6.3.1 刀具磨损过程

刀具磨损是随切削时间的延长而逐渐增加的。通过切削实验,可得到如图 6.7 所示的刀具磨损曲线。该图的横坐标为切削时间,纵坐标为后刀面磨损值 VB(或前刀面月牙洼磨损深度 KT)。刀具磨损过程可分为三个阶段:

1. 初期磨损阶段

初期磨损阶段磨损曲线斜率较大,即刀具磨损较快。这是因为新刃磨的刀具表面存在着粗糙不平及微裂纹、氧化或脱碳层等缺陷,且刃口较锋利,后(刀)面与加工表面接触面积较小,压应力较大,故很快在后(刀)面上磨出一窄棱面。一般初期磨损值为 0.05 ~ 0.1 mm,其大小与刀具的刃磨质量有关。实践证明,经过仔细研磨的刀具初期磨损值较小。

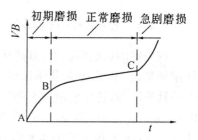

图 6.7　刀具磨损曲线

2. 正常磨损阶段

经过初期磨损阶段后,刀具的粗糙不平表面已经磨平,进入正常磨损阶段。这个阶段的磨损比较缓慢均匀,后(刀)面的磨损量随切削时间的增长而近似成比例增加。该阶段是刀具的有效工作阶段,该阶段时间较长,刀具使用不应超过这阶段。

3. 急剧磨损阶段

当刀具后刀面磨损值增加到一定限度时,加工表面粗糙度值加大,切削力迅速增大,切削温度迅速升高,刀具磨损速度也急剧加快,以致失去切削能力。这样的刀具刃磨也很困难,刀具材料消耗量加大,成本增高。为了合理使用刀具,保证加工质量,应避免刀具磨损进入该阶段。

6.3.2　刀具的磨钝标准

刀具磨损到一定限度就不能继续使用,否则将降低工件的尺寸精度和表面质量,增加刀具材料的消耗及加工成本。刀具的这个磨损限度称为刀具的磨钝标准。

在生产实践中,经常中断切削过程测量刀具的磨损值会影响生产的正常进行,只能根据切削中发生的一些现象来判断刀具是否已经磨钝。例如,粗加工时,加工表面出现亮带,切屑颜色和形状发生变化,还会出现振动及不正常的声音等;精加工时,加工表面粗糙度值增大,工件尺寸精度和形状精度降低。这些异常现象的产生均说明刀具已磨损,应及时换刀。

在评定刀具材料的切削性能时,常以刀具后(刀)面磨损值作为衡量刀具磨损程度的磨钝标准。因为一般刀具后(刀)面都会发生磨损,且测量也较方便。因此国际标准 ISO 统一规定以 1/2 背吃刀量处的后(刀)面磨损带宽度 VB 作为刀具的磨钝标准(图 6.2)。

自动化生产中的刀具,常以刀具径向磨损量 NB 作为刀具的磨钝标准(图 6.8)。

制订磨钝标准时,既要考虑刀具的合理使用,又要考虑工件表面粗糙度和尺寸精度。因此,不同加工条件下,刀具磨钝标准也不相同。例如,精加工时磨钝标准要制订低些,而粗加工磨钝标准要制订高些;工艺系统刚度较低时,应考虑在磨钝标准内是否会产生振动,即磨钝标准要制订低些;此外,工件材料的切削加工性、刀具制造及刃磨的难易程度等都是确定磨钝标准时应予考虑的因素。具体数值可参考有关手册确定。

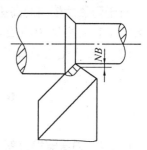

图 6.8　刀具的径向磨损量

国际标准 ISO 推荐的车刀使用寿命试验的磨钝标准如下:

(1) 高速钢或陶瓷刀具,可以是下列任何一种:

① 破损。

② 如果后刀面在 B 区内(图 6.2)是有规则的磨损,取 $VB = 0.3$ mm。

③ 如果后刀面在 B 区内是无规则的磨损、划伤、剥落或严重的沟痕,取 $VB_{max} = 0.6$ mm。

(2) 硬质合金刀具,可以是下列任何一种:

① $VB = 0.3$ mm。

② 如果后刀面是无规则的磨损,取 $VB_{max} = 0.6$ mm。

③ 前刀面磨损量 $KT = 0.06 + 0.3f$,其中 f 为进给量。

6.4　刀具使用寿命及与切削用量的关系

6.4.1　刀具使用寿命

1. 刀具使用寿命的定义

一把新刀从开始切削直到磨损值达到磨钝标准为止总的切削时间,或者说刀具两次刃磨之间总的切削时间,称刀具使用寿命(旧称刀具耐用度),以 T 表示。

在一些情况下,刀具使用寿命也可用达到磨钝标准时总切削路程 l_m 来表示;精加工时,也可用加工完的工件数量或走刀次数来表示。

2. 刀具使用寿命与刀具总寿命关系

刀具使用寿命与刀具总寿命是两个完全不同的概念。刀具的总寿命是指一把新刀从投入切削直到报废为止总的切削时间。由于通常一把新刀可刃磨多次才报废,因此刀具的总寿命应等于刀具使用寿命与刃磨次数的乘积。

刀具使用寿命是一个表征刀具材料切削性能优劣的综合指标。在相同切削条件下,使用寿命越长,表明刀具材料的耐磨性越好。在比较不同工件材料的切削加工性时,刀具使用寿命也是一个重要指标,刀具使用寿命越长,表明工件材料的切削加工性越好。

6.4.2　切削用量与刀具使用寿命关系

切削用量与刀具使用寿命有着密切关系,后者直接影响加工生产效率和加工成本。由第 5 章可知,切削用量三要素对切削温度的影响程度不同,故切削用量三要素对刀具使用寿命的影响也不同。

1. 切削速度与刀具使用寿命的关系

工件材料、刀具材料和刀具几何参数确定后,切削速度是影响刀具使用寿命的最主要因素。提高切削速度,刀具使用寿命就降低,其关系可通过刀具磨损实验求得。与切削力的实验一样,本实验也采用单因素法,数据处理也采用图解法。

实验前先制订磨钝标准。按照 ISO 标准对车刀使用寿命试验的规定:当切削刃磨损均匀时,取 $VB = 0.3$ mm;磨损不均匀,则取 $VB_{max} = 0.6$ mm。具体步骤如下:在固定其他切削条件的前提下,在常用切削速度范围内,选取不同的切削速度 v_{c1}、v_{c2}、v_{c3}、v_{c4}…进行刀具磨损试验,得到几条与之对应的刀具磨损值 VB 随切削时间 t_m 的变化曲线(图6.9)。根据制订的磨钝标准,可以求出不同切削速度所对应的刀具使用寿命 T_1、T_2、T_3、T_4…为了找出切削速度 v_c 与刀具使用寿命 T 的关系,可用图解法在双对数坐标纸上画出 (T_1, v_{c1}),(T_2, v_{c2}),(T_3, v_{c3}),(T_4, v_{c4})…各点,在一定的切削速度范围内,可发现这些点基本在一条直线上(图

6.10)。写出其直线方程为

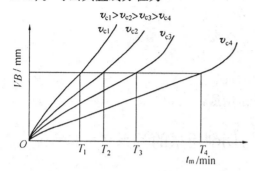

图 6.9　不同切削速度下的刀具磨损曲线

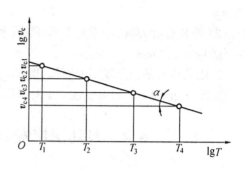

图 6.10　在双对数坐标上的 $v_c - T$ 曲线

$$\lg v_c = -m\lg T + \lg C_0 \tag{6.1}$$

式中　　v_c——切削速度(m/min);

　　　　T——刀具使用寿命(min);

　　　　m——直线的斜率($m = \tan \alpha$),表示 v_c 对 T 的影响程度,与刀具材料有关;

　　　　C_0——系数,与工件材料及切削条件有关。

式中的指数 m 和系数 C_0 均可在双对数坐标图上求得。将直线方程式写成指数形式,则有

$$v_c T^m = C_0 \tag{6.2}$$

式(6.2)为切削速度与刀具使用寿命的关系式,亦称泰勒(Taylor)公式,是选择切削速度的重要依据。指数 m 是 $v_c - T$ 直线的斜率,其大小表示切削速度对刀具使用寿命的影响程度:耐热性越差的刀具材料,m 值越小,直线斜率越小,说明切削速度对刀具使用寿命的影响越大,亦即切削速度稍改变一点,就会造成刀具使用寿命有较大的变化。如高速钢刀具的耐热性较差,一般 $m = 0.1 \sim 0.125$;硬质合金和陶瓷刀具的耐热性较好,直线斜率较大,硬质合金刀具的 $m = 0.2 \sim 0.3$,陶瓷刀具的 $m = 0.3 \sim 0.4$。

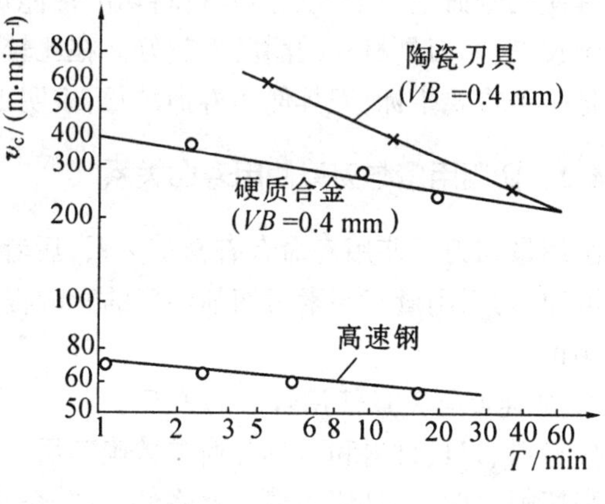

图 6.11 给出了三种不同刀具材料切削同一种工件材料(镍铬钼合金钢)时的使用寿命比较。

图 6.11　切削镍铬钼钢时不同刀具材料的使用寿命比较

必须指出,式(6.2)的使用是有一定限制的:

① 该公式是以刀具正常磨损为基础得到的,对于脆性大的刀具材料,在断续切削时经常发生破损,这个关系式不适用;② 在较宽的切削速度范围内进行实验,$v_c - T$ 关系不是单调函数,原因在于积屑瘤的作用,式(6.2)也不再适用;③ m 近似为常数,v_c 越高,m 有减小趋势。

2. 进给量和背吃刀量与刀具使用寿命的关系

为了求出进给量和背吃刀量与刀具使用寿命的关系,也可参照求 $v_c - T$ 关系的实验方

法步骤,固定其他切削条件,只改变 f 或 a_p,即可分别获得 $f-T$ 和 a_p-T 的关系式,即

$$f T^{m_1} = C_1 (C_1 \text{与式}(3.8)\text{中的} C_1 \text{无关}) \tag{6.3}$$

$$a_p T^{m_2} = C_2 \tag{6.4}$$

综合式(6.2)~(6.4),可以得到切削用量三要素与刀具使用寿命的关系式

$$T = \frac{C_T}{v_c^{\frac{1}{m}} f^{\frac{1}{m_1}} a_p^{\frac{1}{m_2}}}$$

如令 $x = \dfrac{1}{m}, y = \dfrac{1}{m_1}, z = \dfrac{1}{m_2}$,则有

$$T = \frac{C_T}{v_c^x f^y a_p^z} \tag{6.5}$$

式中　C_T——刀具使用寿命系数,与刀具材料、工件材料和切削条件有关;

　　　x、y、z——指数,分别表示 v_c、f、a_p 对刀具使用寿命的影响程度,一般 $x > y > z$。

当用 YT15 硬质合金车刀切削 $R_m = 0.598$ GPa 的正火中碳钢时($f > 0.70$ mm/r),切削用量与刀具使用寿命的关系式为

$$T = \frac{C_T}{v_c^5 f^{2.25} a_p^{0.75}} \tag{6.6}$$

或

$$v_c = \frac{C_v}{T^{0.2} f^{0.44} a_p^{1.33}} \tag{6.7}$$

式中　C_v——切削速度系数,与切削条件有关,可查阅切削用量手册。

由式(6.6)可知:

(1) 如果其他切削条件不变,切削速度 v_c 提高 1 倍,刀具使用寿命 T 将降低到原来的 3%。

(2) 如果其他切削条件不变,进给量 f 提高 1 倍时,刀具使用寿命将降低到原来的 21%。

(3) 同样,其他切削条件不变,背吃刀量 a_p 提高 1 倍,刀具使用寿命仅降低到原来的 59%。

不难看出,在切削用量三要素中,切削速度 v_c 对刀具使用寿命的影响最大,进给量 f 次之,背吃刀量 a_p 的影响最小,这与三者对切削温度的影响顺序完全一致。

从减少刀具磨损的角度,为提高生产效率而优选切削用量的次序应为:首先选取大的背吃刀量 a_p;其次根据加工条件和加工要求选取尽可能大的进给量 f;最后在刀具使用寿命或机床功率允许的情况下选取合理的切削速度 v_c。

由于切削温度对刀具磨损有决定性的影响,因此凡是影响切削温度的因素都影响刀具磨损,因而也影响刀具使用寿命。

6.5　刀具合理使用寿命的制订

如前所述,刀具使用寿命与切削用量有密切关系,所以刀具使用寿命直接影响生产效率和加工成本。从生产效率考虑,刀具使用寿命制订过高,切削速度就会过低,加工工时增加,生产效率因而降低;刀具使用寿命制订过低,这时切削速度虽然可以很高,加工工时会减少,但换刀次数增多,所以总工时不但不会减少,反而会增加,即生产效率反会下降。这样就存

在一个生产效率为最大时的刀具使用寿命和相应的切削速度（图 6.12）。

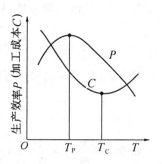

同样，从加工成本考虑，若刀具使用寿命制订过长，则切削速度必然很低，加工时间增长，使得机床费用和人工费用增加，因而成本提高；反之，虽然切削速度提高，但与此相应的换刀次数增多，刀具消耗及与刃磨有关的费用也增加，加工成本也提高。由此可见，也存在一个加工成本为最低时的刀具使用寿命及与之相应的切削速度。

不难看出，合理的刀具使用寿命应根据优化目标来确定。一般可分为最大生产率使用寿命和最低成本使用寿命两种，前者根据单件工时最少的目标确定，后者根据工序成本最低的目标确定。

图 6.12　刀具使用寿命对生产效率与加工成本的影响

1. 最大生产率使用寿命

最大生产率使用寿命是指单件工时最少或单位时间加工零件最多的刀具使用寿命，以 T_p 表示。

设单件的工序工时为 t_w，则

$$t_w = t_m + t_{ct}\frac{t_m}{T} + t_{ot} \tag{6.8}$$

式中　t_m——单件工序的切削时间（机动时间）；

t_{ct}——换刀一次所消耗的时间；

t_m/T——换刀次数；

t_{ot}——除换刀时间外的其他辅助时间。

设工件切削部分长度为 l_w，工件转数为 n_w，工件直径为 d_w，加工余量为 h，则工序的切削时间 t_m 为

$$t_m = \frac{l_w h}{n_w a_p f} = \frac{\pi d_w l_w h}{10^3 v_c a_p f} \tag{6.9}$$

将式（6.2）代入式（6.9）中，可得

$$t_m = \frac{\pi d_w l_w h}{10^3 C_0 a_p f} T^m \tag{6.10}$$

因为 a_p 及 f 均已选定，故式（6.10）中除 T^m 外均为常数，设该常数项为 A，则有

$$t_m = AT^m \tag{6.11}$$

将式（6.11）代入式（6.8）中，得

$$t_w = AT^m + t_{ct}AT^{m-1} + t_{ot} \tag{6.12}$$

要使单件工时最少，可令 $dt_w/dT = 0$，即

$$\frac{dt_w}{dT} = mAT^{m-1} + t_{ct}(m-1)AT^{m-2} = 0$$

故　　　　　　　　$$T = (\frac{1-m}{m})t_{ct} = T_p \tag{6.13}$$

由式（6.13）可知，当刀具耐热性较差（m 值较小）以及换刀时间 t_{ct} 较长时，为了保证最

大生产率,刀具使用寿命必须取得长些。

2. 最低成本使用寿命(经济使用寿命)

最低成本使用寿命是指单件(或工序)成本最低时的使用寿命,以 T_c 表示。

设单件的工序成本为 C(与式(4.17)中的 C 无关),则

$$C = t_m M + t_{ct}\frac{t_m}{T}M + \frac{t_m}{T}C_t + t_{ot}M \tag{6.14}$$

式中　M——该工序单位时间分担的全厂开支;

　　　C_t——磨刀费用(包括刀具成本及折旧费)。

令 $\mathrm{d}C/\mathrm{d}T = 0$,即得最低成本使用寿命

$$T = \frac{1-m}{m}(t_{ct} + \frac{C_t}{M}) = T_c \tag{6.15}$$

比较式(6.13)和式(6.15)可知,最大生产率使用寿命 T_p 比最低成本使用寿命 T_c 短。在实际生产中,究竟采用哪种使用寿命,需综合考虑生产任务和生产能力而定。一般情况下,从节省开支的角度,多采用最低成本使用寿命;只有当生产任务紧迫或生产中出现节拍不平衡时,才选用最大生产率使用寿命。

上述分析表明,在一定切削条件下,并不是刀具使用寿命越长越好。因为使用寿命越长,势必要选择较小的切削用量与之相适应,使生产效率降低;反之,若使用寿命太短时,虽然切削用量可选择大些,但同时导致刀具磨损加快,增加了刀具材料的消耗和换刀、磨刀等辅助工时,同样使成本提高。因此,合理使用寿命数值的确定,要综合考虑各种因素的影响,不可一概而论。一般使用寿命的制订可遵循以下原则:

(1) 根据刀具的复杂程度、制造和磨刀成本的高低来选择。铣刀、齿轮刀具、拉刀等结构复杂,制造、刃磨成本高,换刀时间也长,因而使用寿命应制订长些(例如,硬质合金端铣刀 $T = 120 \sim 180$ min,齿轮刀具 $T = 200 \sim 300$ min);反之,普通机床上使用的车刀、钻头等简单刀具,因刃磨简便及成本低,使用寿命可制订短些。例如,硬质合金车刀的 $T = 60$ min,高速钢钻头的 $T = 80 \sim 120$ min。可转位车刀因不需刃磨、换刀时间又短,为充分发挥其切削性能,T 可制订更短些,如 $T = 15 \sim 30$ min。

(2) 多刀机床上的车刀、组合机床上的钻头、丝锥、铣刀以及数控机床和加工中心上的刀具,使用寿命应制订长些。

(3) 精加工大型工件时,为避免切削同一表面时中途换刀,使用寿命应制订得至少能完成一次走刀。

(4) 车间内某一工序的生产效率限制了整个车间的生产效率提高时,该工序的使用寿命要制订短些;当某工序单位时间内分担的全厂开支 M 较大时,刀具使用寿命也应制订短些。

复习思考题

6.1 刀具磨损形态有哪几种? 各有什么特征?

6.2 试分析刀具磨损原因有哪些?

6.3 刀具磨损过程可分为哪几个阶段? 各阶段有什么特点?

6.4 何谓刀具磨钝标准? 它与刀具使用寿命有何关系? 磨钝标准制订的原则是什么?

6.5 何谓刀具使用寿命? 它与刀具总寿命有何关系?

6.6 如何用实验方法建立 $v_c - T$ 关系式? $v_c - T$ 关系式中的指数 m 的物理意义是什么?

6.7 切削用量三要素对刀具使用寿命的影响有何不同? 为什么?

6.8 何谓最大生产率使用寿命和最低成本使用寿命? 制订刀具使用寿命的原则有哪些?

第7章 切削用量的选择

切削用量的选择就是要确定具体工序的背吃刀量 a_p、进给量 f 和切削速度 v_c。

切削用量的选择是否合理,直接关系到生产效率、加工成本、加工精度和表面质量,因而切削用量的选择合理与否是金属切削研究的重要内容之一,也是机械制造企业重要的工艺课题。

7.1 切削用量选择的基本原则

切削用量选择得合理,亦即合理切削用量,是指在保证加工质量的前提下,充分利用刀具和机床的性能,获得高生产效率和低加工成本的切削用量三要素的最佳组合。

切削用量三要素 a_p、f、v_c 虽然对加工质量、刀具使用寿命和生产效率均有直接影响,但影响程度却不相同,且它们之间又是互相联系、互相制约的,不可能同时都选择得很大。因此,就存在着从不同角度出发,优先将哪个要素选择得最大才合理的问题。

在选择合理切削用量时,必须考虑加工性质。由于粗加工和精加工要完成的加工任务和追求的目标不同,因而切削用量选择的基本原则也不完全相同。

7.1.1 粗加工时切削用量选择的基本原则

粗加工时高生产效率是追求的基本目标。这个目标常用单件机动工时最少或单位时间切除金属体积最多来表示。下面以外圆纵车为例加以说明(图7.1)。

单件机动工时为 t_m

$$t_m = \frac{L\,h}{n_w a_p f} = \frac{\pi d_w L\,h}{10^3 v_c a_p f} \qquad (7.1)$$

式中
L——走刀长度($= l_w + \Delta + y$)(mm);

l_w——工件切削部分长度(mm);

y——切入长度(mm);

Δ——切出长度(mm);

d_w——工件毛坯直径(mm);

n_w——工件转速(r/min);

h——加工余量(mm)。

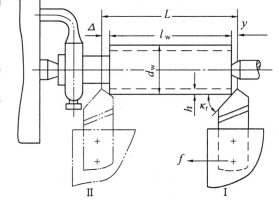

图7.1 外圆纵车机动工时的计算

对某工序,式(7.1)中的 d_w、l_w、h 均为常数。若令 $A_0 = \pi d_w L\,h/10^3$,则

$$t_m = \frac{A_0}{v_c a_p f} \qquad (7.2)$$

由式(7.2)可知,若想提高生产效率,就必须使 $v_c a_p f$ 的乘积最大。

在机床和刀具满足要求的情况下,限制粗加工切削用量提高的主要约束条件是刀具使用寿命。虽然增大切削用量三要素 v_c、a_p、f 中的任何一项,都可以使 t_m 成比例减小,但如

果使 v_c 提高 1 倍,刀具使用寿命 T 则要降低很多(6.4 节),从而使换刀次数增多,辅助工时大大增加,生产效率反而降低。

由式(6.6)可知,对刀具使用寿命影响最大的是切削速度 v_c,其次是进给量 f,影响最小的是背吃刀量 a_p。因此,为了保证合理的刀具使用寿命,在选择切削用量时:应首先选择最大的 a_p,其次要在机床动力和刚度允许的前提下,选用较大的 f,最后再根据式(6.7)选择合理的 v_c 值。

当刀具使用寿命为一定值时,可用下例说明切削用量对生产效率的影响。

用高速钢车刀切钢时,切削用量之间有式(7.3)关系

$$v_c = \frac{C_v}{a_p^{1/3} f^{2/3}} \tag{7.3}$$

式(7.3)表明,为保证刀具的合理使用寿命,增大 a_p 或 f 时,必须相应地降低 v_c。

(1)如果进给量 f 保持不变,背吃刀量由 a_p 增至 $3a_p$ 时,则

$$v_{c3a_p} = \frac{C_v}{(3a_p)^{1/3} f^{2/3}} \approx 0.7 \frac{C_v}{a_p^{1/3} f^{2/3}} = 0.7 v_c$$

此时单位时间切除金属体积 Q_{3a_p} 为

$$Q_{3a_p} = 0.7 v_c \times 3 a_p \times f \times 10^3 = 2.1 Q$$

(Q 为 a_p 时的单位时间切除金属体积,$Q = v_c a_p f \times 10^3 \text{ mm}^3/\text{s}$)

即生产效率可提高 1.1 倍($Q_{3a_p} - Q = 2.1Q - Q$)。

如果背吃刀量 a_p 不变,进给量由 f 增至 $3f$ 时,则

$$v_{c3f} = \frac{C_v}{a_p^{1/3} (3f)^{2/3}} \approx 0.5 \frac{C_v}{a_p^{1/3} f^{2/3}} = 0.5 v_c$$

此时单位时间切除金属体积 Q_{3f} 为

$$Q_{3f} = 0.5 v_c \times a_p \times 3f \times 10^3 = 1.5 Q$$

即生产效率只提高 50%($Q_{3f} - Q = 1.5Q - Q$)。

由上述计算可知,在刀具使用寿命为一定值时,增大 a_p 比增大 f 更有利于提高生产效率。

7.1.2　精加工时切削用量选择的基本原则

精加工时切削用量的选择首先要保证加工精度和表面质量,同时兼顾必要的刀具使用寿命和生产效率。

精加工时应采用较小的背吃刀量 a_p 和进给量 f,以减小切削力及工艺系统弹性变形,减小已加工表面残留面积高度。a_p 通常根据加工余量而定,f 的提高则主要受表面粗糙度的制约。在 a_p 和 f 确定之后,在保证合理刀具使用寿命的前提下,确定合理的切削速度 v_c。

7.2　合理切削用量的选择方法

合理切削用量的选择可按下列方法进行:

1. 确定背吃刀量 a_p

a_p 一般根据加工性质与加工余量来确定。

切削加工一般分为粗加工(表面粗糙度值 $Ra50 \sim 12.5\ \mu m$)、半精加工($Ra6.3 \sim 3.2\ \mu m$)

和精加工($Ra1.6 \sim 0.8 \, \mu m$)。粗加工时,在保留半精与精加工余量的前提下,若机床刚度允许,加工余量应尽可能一次切掉,以减少走刀次数。在中等功率机床上采用硬质合金刀具车外圆时,粗车取 $a_p = 2 \sim 6 \, mm$,半精车取 $a_p = 0.3 \sim 2 \, mm$,精车取 $a_p = 0.1 \sim 0.3 \, mm$。

在下列情况下,粗车要分多次走刀:

(1) 工艺系统刚度较低,或加工余量极不均匀,会引起很大振动时,如加工细长轴和薄壁工件。

(2) 加工余量太大,一次走刀会使切削力过大,以致机床功率不足或刀具强度不够。

(3) 断续切削,刀具会受到很大冲击而造成打刀时。

即使是在上述情况下,也应当把第一次或头几次走刀的 a_p 取得尽量大些,若为两次走刀,则第一次的 a_p 一般取加工余量的 2/3 ~ 3/4。

2. 确定进给量 f

(1) 粗加工时,对加工表面质量要求不高,这时切削力较大,进给量 f 的选择主要受切削力的限制。在刀杆、工件刚度、刀片与机床走刀机构强度允许的情况下,选取较大的进给量。

(2) 半精加工和精加工时,因背吃刀量 a_p 较小,产生的切削力不大,进给量的选择主要受加工表面质量的限制。当刀具有合理的过渡刃、修光刃且采用较高的切削速度时,进给量 f 可适当选小些,以提高生产效率。但 f 不可选得太小,否则不但生产效率低,而且因切削厚度太薄而切不下切屑,影响加工质量。

在生产中,进给量常常根据经验通过查表来选取。

粗加工时,进给量可根据工件材料、车刀刀杆尺寸、工件直径及已确定的背吃刀量 a_p 来选择。表 7.1 给出了硬质合金刀具粗车外圆的进给量。

表 7.1　硬质合金刀具粗车外圆的进给量

工件材料	车刀刀杆尺寸 $B \times H/mm$	工件直径 d_w/mm	背吃刀量 a_p/mm				
			≤3	>3 ~ 5	>5 ~ 8	>8 ~ 12	> 12
			进　给　量　$f/(mm \cdot r^{-1})$				
碳素结构钢、合金结构钢及高温合金	16 × 25	20	0.3 ~ 0.4	—	—	—	—
		40	0.4 ~ 0.5	0.3 ~ 0.4	—	—	—
		60	0.5 ~ 0.7	0.4 ~ 0.6	0.3 ~ 0.5	—	—
		100	0.6 ~ 0.9	0.5 ~ 0.7	0.5 ~ 0.6	0.4 ~ 0.5	—
		400	0.8 ~ 1.2	0.7 ~ 1.0	0.6 ~ 0.8	0.5 ~ 0.6	—
	20 × 30 25 × 25	20	0.3 ~ 0.4	—	—	—	—
		40	0.4 ~ 0.5	0.3 ~ 0.4	—	—	—
		60	0.6 ~ 0.7	0.5 ~ 0.7	0.4 ~ 0.6	—	—
		100	0.8 ~ 1.0	0.7 ~ 0.9	0.5 ~ 0.7	0.4 ~ 0.7	—
		400	1.2 ~ 1.4	1.0 ~ 1.2	0.8 ~ 1.0	0.6 ~ 0.9	0.4 ~ 0.6
铸铁及铜合金	16 × 25	40	0.4 ~ 0.5	—	—	—	—
		60	0.6 ~ 0.8	0.5 ~ 0.8	0.4 ~ 0.6	—	—
		100	0.8 ~ 1.2	0.7 ~ 1.0	0.6 ~ 0.8	0.5 ~ 0.7	—
		400	1.0 ~ 1.4	1.0 ~ 1.2	0.8 ~ 1.0	0.6 ~ 0.8	—
	20 × 30 25 × 25	40	0.4 ~ 0.5	—	—	—	—
		60	0.6 ~ 0.9	0.5 ~ 0.8	0.4 ~ 0.7	—	—
		100	0.9 ~ 1.3	0.8 ~ 1.2	0.7 ~ 1.0	0.5 ~ 0.8	—
		400	1.2 ~ 1.8	1.2 ~ 1.6	1.0 ~ 1.3	0.9 ~ 1.1	0.7 ~ 0.9

注:① 加工断续表面及有冲击的工件时,表内进给量应乘系数 $K = 0.75 \sim 0.85$。

② 无外皮加工时,表内进给量应乘系数 $K = 1.1$。

③ 加工高温合金时,进给量不大于 1 mm/r。

④ 加工淬硬钢时,进给量应减小。当钢的硬度为 44 ~ 56HRC 时,乘系数 0.8;当钢的硬度为 57 ~ 62HRC 时,乘系数 0.5。

在半精加工和精加工时,应按加工表面粗糙度值的大小,根据工件材料和预先估计的切削速度 v_c 与刀尖圆弧半径 r_ε 来选取 f(表 7.2)。

表 7.2 硬质合金车刀半精车外圆时的进给量

工件材料	表面粗糙度/μm	切削速度 v_c/(m·min^{-1})	刀尖圆弧半径 r_ε/mm		
			0.5	1.0	2.0
			进给量 f/(mm·r^{-1})		
铸铁、青铜、铝合金	$Ra10\sim5$	不限	0.25~0.40	0.40~0.50	0.50~0.60
	$Ra5\sim2.5$		0.15~0.25	0.25~0.40	0.40~0.60
	$Ra2.5\sim1.25$		0.10~0.15	0.15~0.20	0.20~0.35
碳钢及合金钢	$Ra10\sim5$	<50	0.30~0.50	0.45~0.60	0.55~0.70
		>50	0.40~0.55	0.55~0.65	0.65~0.70
	$Ra5\sim2.5$	<50	0.18~0.25	0.25~0.40	0.30~0.40
		>50	0.25~0.30	0.30~0.35	0.35~0.50
	$Ra2.5\sim1.25$	<50	0.10	0.11~0.15	0.15~0.22
		50~100	0.11~0.16	0.16~0.25	0.25~0.35
		>100	0.16~0.20	0.20~0.25	0.25~0.35

但是,按经验确定的粗车进给量 f 在某些特殊情况下(如切削力很大、工件长径比很大、刀杆伸出长度很大(车内孔)时),有时还需要进行刀杆强度和刚度、刀片强度、机床进给机构强度、工件刚度等方面的校验(视具体情况校验一项或几项)。最后,应按机床说明书来确定进给量。

3. 确定切削速度 v_c

当刀具使用寿命 T、背吃刀量 a_p 与进给量 f 确定后,即可按式(7.4)计算切削速度 v_c

$$v_c = \frac{C_v}{60^{(1-m)}T^m a_p^x f_v^y} K_{v_c} \quad \text{m/s} \tag{7.4}$$

式中 K_{v_c}——切削速度修正系数,与刀具材料和几何参数、工件材料等有关。

C_v、x_v、y_v、m 及 K_{v_c} 值见表 7.3。加工其他工件材料时的系数及指数可查切削用量手册。

切削速度确定之后,即可算出机床转速 n

$$n = 1\,000\, v_c / \pi d_w \quad \text{r/s} \tag{7.5}$$

式中 d_w——毛坯直径(mm)。

选定的转速应根据机床说明书确定(取相近较低的转速 n),最后再根据选定的转速来计算出实际切削速度。

在确定切削速度时,还应考虑以下几点:

(1)精加工时,应尽量避开积屑瘤和鳞刺的生成区。

(2)断续切削时,宜适当降低切削速度,以减小冲击和热应力。

(3)加工大型、细长、薄壁工件时,应选用较低切削速度;端面车削应比外圆车削的速度高些,以获得较高的平均切削速度,提高生产效率。

(4)在易发生振动的情况下,切削速度应避开自激振动的临界速度。

表 7.3　车削时切削速度公式中的系数和指数

工 件 材 料	加工形式	刀 具 材 料	进给量 $f/(\text{mm·r}^{-1})$	系 数 与 指 数			
				C_v	x_v	y_v	m
碳素结构钢 $R_m = 0.637\,\text{GPa}$	外圆纵车	YT15(不用切削液)	≤0.30	291	0.15	0.20	0.20
			≤0.70	242		0.35	
			>0.70	235		0.45	
		W18Cr4V(用切削液)	≤0.25	67.2	0.25	0.33	0.125
			>0.25	43		0.66	
	切断及切槽	YT15(不用切削液)	—	38	—	0.80	0.20
		W18Cr4V(用切削液)		21		0.66	0.25
不 锈 钢 1Cr18Ni9Ti	外圆纵车	YG8(不用切削液)	—	110	0.20	0.45	0.15
		W18Cr4V(用切削液)		31		0.55	
灰 铸 铁 190 HBS	外圆纵车	YG6(不用切削液)	≤0.40	189.8	0.15	0.20	0.20
			>0.40	158		0.40	
		W18Cr4V(不用切削液)	≤0.25	24	0.15	0.30	0.10
			0.25	22.7		0.40	
	切断及切槽	YG6(不用切削液)	—	68.5	—	0.40	0.20
		W18Cr4V(不用切削液)		18			0.15
可 锻 铸 铁 150 HBS	外圆纵车	YG6(不用切削液)	≤0.40	317	0.15	0.20	0.20
			>0.40	215		0.45	
		W18Cr4V(用切削液)	≤0.25	68.9	0.20	0.25	0.125
			>0.25	48.8		0.50	
	切断与切槽	YG8(不用切削液)	—	86		0.40	0.20
		W18Cr4V(用切削液)		37.6		0.50	0.25
铜合金(中等硬度 非均质) 100 ~ 140 HBS	外圆纵车	W18Cr4V(不用切削液)	≤0.20	216	0.12	0.25	0.23
			>0.20	145.6		0.50	
铝硅合金及 铸造铝合金 $R_m = 0.098 \sim 0.196\,\text{GPa}$, ≤65 HBS 硬铝 $R_m = 0.294 \sim 0.392\,\text{GPa}$, ≤100 HBS	外圆纵车	W18Cr4V(不用切削液)	≤0.20	485	0.12	0.25	0.28
			>0.20	328		0.50	

注：下列加工应对计算出的 v_c 乘修正系数：
① 镗孔加工：$K_{v_c} = 0.9$。
② 用高速钢车刀加工不锈钢、铸钢且不用切削液时，$K_{v_c} = 0.8$。

4. 校验机床功率

首先根据所选定的切削用量,按式(7.6)计算出切削功率 P_c

$$P_c = F_c v_c \times 10^{-3} \text{ kW} \tag{7.6}$$

然后根据机床说明书查出机床电动机功率 P_E,校验是否满足式(7.7)

$$P_c < P_E \eta_m \tag{7.7}$$

如不能满足,就要进行分析,适当减小所选切削用量。

5. 计算机动时间 t_m

车削时的机动时间 t_m 按式(7.8)计算

$$t_m = \frac{l_w + y + \Delta}{n f} \text{ s} \tag{7.8}$$

7.3　切削用量优化简介

前面所介绍切削用量的选择方法是根据生产中的一些经验数据,辅以必要的计算,所获得的切削用量并不是最优选择。计算机技术的发展和应用,取代了人工进行的繁琐运算,从而使用优化法寻求最佳切削用量成为可能。

所谓切削用量优化,就是在一些约束条件下选择可实现预定目标的最佳切削用量。

进行切削用量优化时,首先要确定优化目标,然后建立优化目标与切削用量间关系的目标函数,并根据工艺系统、加工条件及加工要求的限制,建立起各约束方程,联立求解目标函数方程和约束方程,即可求出所需的最优解。

1. 目标函数

切削加工中常用的优化目标是:

(1) 单件成本最低。

(2) 生产效率最高(单件加工时间最短)。

(3) 单件利润最大。

一般常以单件成本最低为优化切削用量目标。

在切削用量三要素中,背吃刀量 a_p 主要取决于加工余量的大小,选择余地较小,一般都已事先选定,不参与优化。因此,切削用量的优化主要是指切削速度 v_c 与进给量 f 的优化组合。

以单件成本最低为目标的优化目标函数的建立过程如下:

当 a_p 一定时,由式(7.1)得

$$t_m = \frac{\pi d_w L h}{10^3 v_c a_p f} = \frac{C_1}{v_c f} (C_1 \text{ 与式(3.8)、(6.3)中的 } C_1 \text{ 无关})$$

式中

$$C_1 = \frac{\pi d_w L h}{10^3 a_p} = A_0$$

由式(6.5)得

$$T = \frac{C_T}{v_c^x f^y a_p^z} = \frac{C_2}{v_c^x f^y}$$

式中
$$C_2 = \frac{C_T}{a_p^z}$$

将 t_m、T 值代入式(6.14),得

$$C = \frac{B_1}{v_c f} + B_2 v_c^{x-1} f^{y-1} + t_{ot} M \tag{7.9}$$

式中
$$B_1 = \frac{\pi d_w L h}{1\,000\,a_p} M, \quad B_2 = \frac{\pi d_w L h}{1\,000\,a_p} \frac{a_p^z}{C_T}(t_{ct} M + C_t)$$

式(7.9)即为所建立的单件成本最低的目标函数。求该函数的极值,得

$$\begin{cases} \dfrac{\partial C}{\partial v_c} = 0 \\[2mm] \dfrac{\partial C}{\partial f} = 0 \end{cases} \tag{7.10}$$

解方程组(7.10),即可求得无约束时单件成本最低时的切削速度 v_c 和进给量 f 值。

2. 约束条件

所谓约束条件是为了保证加工质量、机床和刀具的安全,对切削用量的最大值设定的限制。

约束条件主要来自工艺系统(如机床、刀具等)和工件的技术要求(如加工精度与表面质量)两个方面。其中包括:

(1) 机床方面。如机床功率、走刀机构强度、切削速度(转速)和进给量的范围等。

(2) 刀具方面。刀具和刀杆的强度及刚度、刀具使用寿命等。

(3) 工件方面。如工件刚度、尺寸和形状精度、加工表面粗糙度等。

(4) 切削条件方面。如积屑瘤、断屑情况等。

加工方法和加工性质不同,主要约束条件也不同。粗加工时,切削力大,主要约束条件是工艺系统刚度、机床进给机构及刀具的强度等;精加工时,应以保证加工精度与表面质量为主,主要约束条件是加工表面粗糙度及尺寸精度与形状精度。

以车削为例,粗加工时进给量 f 的约束条件有:

① 由于机床进给机构强度的约束,所选用的进给量 f 应满足式(7.11)

$$f \leqslant \left(\frac{F_{gmax}}{C_{F_f} a_p^{x_{F_f}}} \right)^{\frac{1}{y_{F_f}}} \text{ mm/r} \tag{7.11}$$

式中 F_{gmax}——机床进给机构所允许的最大力。

② 由于工件刚度的约束,所选用的进给量 f 应满足式(7.12)

$$f \leqslant \left(\frac{0.05 K E_w d_w^4 \Delta}{C_{F_c} \sqrt{1 + \eta^2}\, a_p^{x_{F_c}} l_w} \right)^{\frac{1}{y_{F_c}}} \text{ mm/r} \tag{7.12}$$

式中 K——工件不同装夹方式所决定的系数;

E_w——工件材料的弹性模量;

Δ_y——工件加工精度所允许的工件变形量;

η——切削力比例系数, $\eta = F_p / F_c$。

③ 由于机床有效功率的约束,所选用的进给量 f 应满足式(7.13)

$$f \leqslant \left(\frac{195 \times 10^4 P_E \eta_m}{C_{F_c} d_w n_w a_p^{x_{F_c}}} \right)^{\frac{1}{y_{F_c}}} \text{mm/r} \tag{7.13}$$

④ 由于刀杆刚度的约束,所选用的进给量 f 应满足式(7.14)

$$f \leqslant \left(\frac{E_t B H^3 \Delta_g}{4 C_{F_c} a_p^{x_{F_c}} l_g^3} \right)^{\frac{1}{y_{F_c}}} \text{mm/r} \tag{7.14}$$

式中　E_t——刀杆材料的弹性模量;

　　　B——刀杆截面宽度;

　　　H——刀杆截面高度;

　　　Δ_g——工件加工精度所允许的刀杆弯曲变形量;

　　　l_g——刀杆伸出长度。

由式(7.10)求解的切削用量极值 v_c、f 还需进行约束检验。可采用线性规划来求解目标函数及约束方程。有时,同时满足这两个方程的解是不存在的。这时可在机床进给机构强度、工艺系统刚度等允许的范围内选尽量大的 f,再根据选定的 f 值确定使单件成本最低时的最佳切削速度 v_c。

复 习 思 考 题

7.1　何谓合理切削用量? 加工性质不同,切削用量的选择原则是否相同?

7.2　粗加工时切削用量的选择原则是什么? 为什么?

7.3　粗加工时进给量的选择受哪些因素的限制?

7.4　切削用量选完后,如果发现机床功率不足,应如何解决?

7.5　试述切削用量优化的概念和优化的基本方法。

第8章 工件材料的切削加工性与切削冷却润滑剂

8.1 工件材料的切削加工性

8.1.1 切削加工性的相对性

工件材料的切削加工性是指在一定切削条件下,工件材料切削加工的难易程度。这种难易程度是相对的,是相对于某种工件材料而言,而且随着加工方式、加工性质和具体加工条件的不同而不同。比如:纯铁的粗加工可算容易,但精加工时表面粗糙度很难达到要求;钛合金车削加工不算很困难,但小螺孔攻丝因扭矩太大常使丝锥折断,显得很困难;不锈钢在普通机床上加工问题并不大,但在自动化生产时因不断屑会使生产中断等等。显然,上述各种情况下的切削加工性是不同的,其相应的衡量指标也各不相同。

8.1.2 切削加工性的衡量指标

衡量切削加工性的指标因加工情况的不同而不尽相同,可归纳为以下几种:

1. 以刀具使用寿命衡量切削加工性

在相同的切削条件下,刀具使用寿命长,工件材料的切削加工性好。

2. 以切削速度衡量切削加工性

在刀具使用寿命 T 相同的前提下,切削某种材料允许的切削速度 v_T 高,切削加工性好;反之 v_T 小,切削加工性差。如取刀具使用寿命 $T = 60$ min,则 v_T 可写作 v_{60}。

生产中常用相对加工性 K_v 来衡量,K_v 是以强度 $R_m = 0.598$ GPa 的45钢(正火)的 v_{60} 为基准[写作 $(v_{60})_j$],其他被切削材料的 v_{60} 与之相比的数值,即

$$K_v = v_{60}/(v_{60})_j$$

K_v 越大,切削加工性越好;反之 K_v 越小,切削加工性越差。常用材料的相对加工性分为8级,如表8.1所示。

3. 以切削力和切削温度衡量切削加工性

在相同的切削条件下,切削力大或切削温度高,则切削加工性差。机床动力不足时,常用此指标。

4. 以加工表面质量衡量切削加工性

易获得好的加工表面质量,则切削加工性好。精加工时常用此指标。

5. 以断屑性能衡量切削加工性

在自动机床、组合机床及自动生产线上,或者对断屑性能有很高要求的工序(如深孔钻削、盲孔镗削)常用该指标。

表 8.1　工件材料相对切削加工性等级

加工性等级	名 称 及 种 类		相对加工性 K_v	代 表 性 工 件 材 料
1	很容易切削材料	一般有色金属	> 3.0	5 - 5 - 5 铜铅合金、9 - 4 铝铜合金、铝镁合金
2	容易切削	易 削 钢	2.5 ~ 3.0	退火 15Cr $R_m = 0.373 ~ 0.441$ GPa 自动机钢 $R_m = 0.392 ~ 0.490$ GPa
3	材　　料	较 易 削 钢	1.6 ~ 2.5	正火 30 钢 $R_m = 0.441 ~ 0.549$ GPa
4	普通材料	一般钢及铸铁	1.0 ~ 1.6	45 钢、灰铸铁、结构钢
5		稍难切削材料	0.65 ~ 1.0	2Cr13 调质 $R_m = 0.834$ GPa 85 钢轧制　　$R_m = 0.883$ GPa
6		较难切削材料	0.5 ~ 0.65	45Cr 调质 $R_m = 1.03$ GPa 65Mn 调质 $R_m = 0.932 ~ 0.981$ GPa
7	难切削材料	难 削 削 材料	0.15 ~ 0.5	50CrV 调质,1Cr18Ni9Ti 未淬火,α 相钛合金
8		很难切削材料	< 0.15	β 相钛合金,镍基高温合金

8.2　影响工件材料切削加工性的因素及改善途径

8.2.1　影响工件材料切削加工性的因素

影响工件材料切削加工性的因素很多,下面仅就工件材料的物理力学性能、化学成分、金相组织对切削加工性的影响加以说明。

1. 材料物理力学性能的影响

(1) 材料硬度。材料的硬度包括常温硬度、高温硬度、硬质点及加工硬化。

一般情况下,同类材料中硬度高的切削加工性差。这是因为材料硬度高时,切屑与前刀面的接触长度减小,前刀面上应力增大,摩擦热量集中在较小的刀 - 屑接触面上,切削温度增高,刀具磨损加剧。如冷硬铸铁的硬度(50HRC 以上)较灰铸铁的硬度(21HRC)高,所以前者比后者难加工。

工件材料的高温硬度高,切削过程中工件材料的硬度下降很少。这样刀具与工件的硬度差就小,切削加工性不好。如高温合金的切削加工性差,这是重要原因。

此外,工件材料中的硬质点多、加工硬化严重,则切削加工性也差。

但是,也不能简单地说材料的硬度越低越好加工,例如纯铁、钝铜的硬度虽然很低,但塑性很大,切削加工性并不好。

(2) 材料强度。工件材料的强度包括常温强度和高温强度。

工件材料的常温强度高,切削力大,切削温度就高,刀具磨损大。所以一般情况下,工件材料的强度越高,切削加工性越差。

工件材料的高温强度越高,切削加工性越差。如 20CrMo 合金钢室温时的 R_m 比 45 钢

(598 MPa)稍低,但 600℃时的 R_m 反比 45 钢(180 MPa)高,仍达 400 MPa,因此它的切削加工性较 45 钢差。

(3) 材料的塑性与韧性。材料的塑性以延伸率 A_z(原符号为 δ_s)表示,A_z 值越大,塑性越大。材料的韧性以冲击韧度 a_k 表示,a_k 值越大,表示材料在破断之前吸收的能量越多。

工件材料强度相同时,塑性变形大,切削变形越大,消耗的变形功越多,切削力越大,切削温度也高,且易与刀具发生粘结,刀具磨损大,已加工表面粗糙。因此,工件材料塑性越大,切削加工性越差。一般来讲,纯金属的塑性高于合金,切削加工性差。

但塑性过小,刀具与切屑的接触长度短,切削力和切削热均集中在刀具刃口附近,也将使刀具磨损加剧。由此可知,塑性过大或过小(或脆性)都使切削加工性变差。

材料的韧性越大,消耗切削功越多,切削力大,且韧性对断屑影响较大,故韧性越大,切削加工性越差。

(4) 材料的导热系数。工件材料的导热系数越大,由切屑带走的和由工件传导出的热量越多,越有利于降低切削区温度,因此切削加工性好。不锈钢及高温合金的导热系数很小,仅为 45 钢的 1/3 ~ 1/4,故这类材料的切削加工性差。但导热系数大的材料,切削温度较高,给尺寸精度的控制造成一定困难。

另外,材料的线膨胀系数、弹性模量也影响切削加工性。

2. 材料化学成分的影响

(1) 对钢来说,材料的化学成分是通过对材料的物理力学性能的影响而影响切削加工性的。

① 碳。钢的强度与硬度一般随含碳质量分数的增加而增高,而塑性和韧性随含碳质量分数的增加而降低。高碳钢($w(C) > 0.5\%$)的强度、硬度较高,切削力较大,刀具易磨损;低碳钢($w(C) < 0.15\%$)的塑性、韧性较高,不易断屑,加工表面粗糙度值大,均给切削加工带来困难。中碳钢($w(C)0.35\% ~ 0.45\%$)介于二者之间,其切削加工性较好。

② 合金元素。为了改善钢的性能,可加入一些合金元素,如铬(Cr)、镍(Ni)、钒(V)、钼(Mo)、钨(W)、锰(Mn)、硅(Si)和铝(Al)等。

其中 Cr、Ni、V、Mo、W、Mn 等元素大都能提高钢的强度和硬度;Si 和 Al 等元素容易形成氧化铝和氧化硅等硬质点而使刀具磨损加剧。这些元素含量较低时(一般以质量分数0.3%为限),对钢的切削加工性影响不大,超过这个含量时,对钢的切削加工性不利。

在钢中加入微量的硫(S)、硒(Se)、铅(Pb)、铋(Bi)、钙(Ca)等元素会在钢中形成夹杂物,常使钢脆化,或起润滑作用(如 MnS),减轻刀具磨损,改善材料的切削加工性。加入磷(P)虽然使钢的强度、硬度有所提高,但可使韧性、塑性显著下降,有利于断屑。

图 8.1 是各种元素对结构钢切削加工性的影响关系。

(2)对铸铁来说,材料的化学成分,即合金元素是以促进还是阻碍碳的石墨化来影响切削加工性的。铸铁中的碳元素常以两种形态存在:或与铁结合成高硬度的碳化铁(Fe,C),或作为硬度低且润滑性能好的游离石墨。当碳以石墨形态存在时,刀具磨损较小;而以碳化铁形态存在时,因其硬度高,刀具磨损加剧。因此应按碳化铁的含量来衡量铸铁的加工性。合金元素 Si、Al、Ni、Cu、Ti 等能促进碳的石墨化,故都能提高铸铁的切削加工性;反之,Cr、V、Mn、Mo、P、Co、S 等是阻碍碳石墨化的,故都会降低工件材料的切削加工性。

3. 材料金相组织的影响

金相组织是决定工件材料物理力学性能的重要因素之一。化学成分相同的材料,若其金相组织不同,其切削加工性也必然不同。

(1)金相组织对钢切削加工性的影响。图8.2为各种金相组织的 $v_c - T$ 关系。从图可知,金相组织对切削加工性有直接影响。一般情况下,钢中铁素体与珠光体的比例影响钢的切削加工性。铁素体塑性大,珠光体硬度较高,马氏体比珠光体更硬,故珠光体含量越少者,允许的 v_c 越高、T 越长、切削加工性越好;而马氏体含量越高者,切削加工性越差。

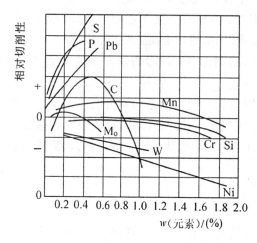

图8.1 各元素对结构钢切削加工性的影响
+表示切削加工性改善; - 表示切削加工性变差

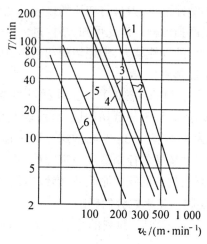

图8.2 钢中各种金相组织的 $v_c - T$ 关系
1—10%珠光体;2—30%珠光体;3—50%珠光体;
4—100%珠光体;5—回火马氏体(300HBS);
6—回火马氏体(400HBS)

另外,金相组织的形状和大小也影响切削加工性。如:珠光体有球状、片状和针状之分,球状硬度较低,易加工;而针状硬度高,不易加工,即切削加工性差。

(2)金相组织对铸铁切削加工性的影响。按金相组织的不同,铸铁可分为白口铁、麻口铁、灰铸铁和球墨铸铁。它们的硬度依次递减,塑性依次增高,其切削加工性依次变好。各种铸铁组织及其相对加工性见表8.2。

表8.2 铸铁组织及相对加工性

铸铁种类	铸铁组织	硬　度 HBS	延伸率 A_z(%)	相对加工性 K_v
白口铁	细粒珠光体+碳化铁等碳化物	600	—	难切削
麻口铁	粗粒珠光体+少量碳化铁	263	—	0.4
珠光体灰铸铁	珠光体+石墨	225	—	0.85
灰铸铁	粗粒珠光体+石墨+铁素体	190	—	1.0
铁素体灰铸铁	铁素体+石墨	100	—	3.0
球墨铸铁 (或可锻铸铁)	石墨为球状 (白口铁经长时间退火后变为可锻铸铁,碳化物析出球状石墨)	265	2	0.6
		215	4	0.9
		207	17.5	1.3
		180	20	1.8
		170	22	3.0

8.2.2　改善工件材料切削加工性的途径

从以上分析不难看出,化学成分和金相组织对工件材料切削加工性影响很大,故应从这两个方面着手改善工件材料切削加工性。

1. 调整材料的化学成分

在不影响材料使用性能的前提下,可在钢中适当添加一种或几种合金元素(如 S、Pb、Ca、P 等)而获得易切钢。易切钢的良好切削加工性表现在:切削力小、易断屑、刀具使用寿命长,加工表面质量好。

例如,硫易切钢是以碳钢为基材,加入 $w(S) = 0.1\% \sim 0.35\%$。因 FeS 在晶界上析出会引起热脆性,故应同时加入少量 Mn 以避免热脆性。硫与锰形成的 MnS 及硫与铁形成的 FeS 质地软,可成为切削时塑性变形区的应力集中源,从而减小切削力,使切屑易于折断,减小积屑瘤,减小刀具磨损,减小表面粗糙度值。

此外,还有铅易切钢和钙易切钢等,都是通过调整化学成分获得的易切材料。

2. 通过热处理改变材料的金相组织

如前述,金相组织不同,切削加工性也不同,因此可通过热处理来改变金相组织,达到改善工件材料切削加工性的目的。

材料的硬度过高或过低,切削加工性均不好。生产中常采用预先热处理,目的在于通过改变硬度来改善切削加工性。例如:低碳钢经正火处理或冷拔处理,使塑性减小,硬度略有提高,从而改善切削加工性;高碳钢通过球化退火使硬度降低,有利于切削加工;中碳钢常采用退火处理,以降低硬度,改善切削加工性。白口铁在 950 ~ 1 000℃下经长期退火处理,使其硬度大大降低,变成可锻铸铁,从而改善了切削加工性。

8.3　切削冷却润滑剂及其合理选用

在切削过程中,合理地使用切削冷却润滑剂(或称冷却润滑剂),可以减小刀具与切屑、刀具与加工表面的摩擦,降低切削力和切削温度、减小刀具磨损、提高加工表面质量。那么,作为切削冷却润滑剂,应具备哪些基本性能呢?

8.3.1　切削冷却润滑剂应具备的基本性能及种类

1. 切削冷却润滑剂应具备的基本性能

(1) 冷却性能。作为切削冷却润滑剂首先应具备良好的冷却性能,以把切削过程中生成的热量最大限度地带走,降低切削区的温度。

切削冷却润滑剂冷却性能的好坏,主要取决于它的导热系数、比热容、汽化热、汽化速度、使用的流量和流速等。一般水溶液的冷却性能最好,油类最差(表 8.3)。

表 8.3　水、油性能比较

切削液种类	导热系数/ $(W \cdot m^{-1} \cdot ℃^{-1})$	比热容/ $(J \cdot kg^{-1} \cdot ℃^{-1})$	汽化热/ $(J \cdot g^{-1})$
水	0.628	4 190	2 260
油	0.126 ~ 0.210	1 670 ~ 2 090	167 ~ 314

（2）润滑性能。切削冷却润滑剂的润滑性能是指它减小前（刀）面与切屑、后（刀）面与工件表面间摩擦的能力。

　　两种金属表面间的摩擦通常有三种状态：一种为干摩擦，它只发生在绝对清洁的两表面间；第二种是流体润滑摩擦，它由油膜把两个摩擦表面完全分隔开来；第三种是介于前两种之间的边界摩擦，即两摩擦表面没有完全被油膜分开，而在部分凸出点处直接接触。在金属切削过程中，刀具前（刀）面与切屑、后（刀）面与加工表面间的摩擦大多属于边界润滑摩擦。这时摩擦是由两组粗糙金属的表面相互剪切和切削冷却润滑剂粘性剪切共同造成的，如图8.3所示。

　　在边界润滑摩擦条件下，切削冷却润滑剂主要由刀具与切屑侧面渗入到前（刀）面。这是因为：在刀具的前（刀）面逆着切屑流动方向上，切削冷却润滑剂很难渗入刀－屑接触界面，而后（刀）面上存在较大的正应力，若想让切削冷却润滑剂沿着后（刀）面且绕过切削刃渗入到前（刀）面接触区也是极为困难

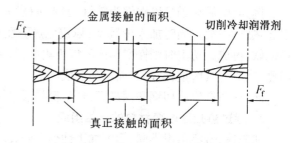

图8.3　金属间的边界润滑摩擦

的；而侧面则可依靠切屑与前（刀）面间存在的微小间隙所形成的毛细管作用及刀－屑间相对振动产生的泵吸作用而渗进切削冷却润滑剂。

　　由此可见，切削冷却润滑剂润滑性能的好坏，主要取决于本身的渗透性、成膜能力和所形成润滑膜的强度。

　　切削冷却润滑剂的渗透性取决于流体的表面张力、黏度及与金属的化学亲和力。一般地说，表面张力和黏度越大，渗透性能越差，润滑性能也越差。

　　润滑膜的强度取决于切削冷却润滑剂的油性。在切削过程中，润滑膜是由物理吸附和化学吸附两种方式形成的。物理吸附主要靠切削冷却润滑剂中加入油性添加剂来加强。但油性添加剂与金属形成的吸附膜只能在低温下（200℃以内）起到较好的润滑作用，高温下油膜将被破坏。而化学吸附主要靠硫、氯等元素的极压添加剂与金属表面起化学反应，从而形成化学润滑薄膜。这种润滑膜在高温下（如切削难加工材料和高速切削时），仍具有良好的润滑效果。

　　（3）清洗性能。切削加工中产生细碎切屑（如切铸铁）或磨料微粉（如磨削）时，要求切削冷却润滑剂具有良好的清洗性能，以清除粘附的碎屑和磨粉，减少刀具和砂轮的磨损，防止划伤工件的已加工表面和机床导轨面。

　　清洗性能的好坏，主要取决于切削冷却润滑剂的渗透性、流动性和使用压力与流量。加入剂量较大的表面活性剂和少量矿物油，且采用大稀释比（水占95%～98%），可增强切削冷却润滑剂的渗透性和流动性。

　　（4）防锈性能。切削冷却润滑剂应具备一定的防锈性能，以减小周围介质对机床、刀具、工件的腐蚀，在气候潮湿地区，这一性能更为重要。防锈性能的好坏，主要取决于切削冷却润滑剂本身的成分。为提高防锈能力，常加入防锈添加剂。

2. 切削冷却润滑剂的种类

切削冷却润滑剂包括：液体、气体和润滑脂三类。液体是最常用的切削冷却润滑剂，称

为切削液。但在难加工材料和难加工工序及粉尘条件下切削时,不宜使用切削液,而改用射流气体和负压吸尘。攻丝等低速切削时,也常用润滑脂。

(1) 切削液的种类。常用的切削液可分为水溶液、切削油、乳化液三大类。

① 水溶液。水溶液的主要成分是水,冷却性能好,若配成透明状液体,还便于操作者观察。但钝水易使金属生锈、润滑性能也差,故使用时常加入适当的添加剂,使其既保持冷却性能又有良好的防锈性能和一定的润滑性能。

② 切削油。切削油的主要成分是矿物油(如机油、轻柴油、煤油)、动植物油(猪油、豆油等)和混合油,这类切削液的润滑性能较好。

纯矿物油难以在摩擦界面上形成坚固的润滑膜,润滑效果一般。实际使用时,常加入油性、极压和防锈添加剂,以提高润滑和防锈性能。

动植物油适于低速精加工,但因其是食用油且易变质,最好不用或少用。

③ 乳化液。乳化液是用95% ~ 98%的水将由矿物油、乳化剂和添加剂配制成的乳化油膏稀释而成,外观呈乳白色或半透明,具有良好的冷却性能。因含水量大,润滑、防锈性能较差,常加入一定量的油性、极压添加剂和防锈添加剂,配制成极压乳化液或防锈乳化液。

在配制乳化油膏时,为使油与水均匀稳定地混合在一起,须加入表面活性剂(乳化剂)。表面活性剂的分子是由亲水的极性基团和亲油的非极性基团两部分组成。油水本是互不相溶的,加入表面活性剂后,它能定向地排列在油水界面上,极性端朝水、非极性端朝油,把水和油连接起来,降低了油水界面的张力,使油以微小颗粒稳定地分散在水中,形成稳定的水包油(O/W)乳化液(图8.4)。这时水为连续相或外相,油为不连续相或内相。反之就是油包水(W/O)乳化液(图8.5)。在切削加工中应用的是水包油乳化液。

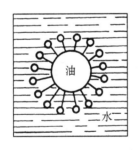

图 8.4　水包油乳化液示意图　　　　　　图 8.5　油包水乳化液示意图

为了改善切削液的性能所加入的化学物质,称为添加剂,常用添加剂见表8.4。

也可将切削液分为水溶性和非水溶性两大类。

(2) 气体冷却润滑剂。包括压缩空气(常温、低温)、电离空气、CO_2、O_2、N_2、Ar 过热水蒸气及其中的两种、三种的混合气,均可以射流形式冷却润滑切削区,效果明显。

(3) 润滑脂冷却润滑剂。

8.3.2　切削冷却润滑剂的合理选用和使用方法

1. 切削冷却润滑剂的合理选用

切削冷却润滑剂的种类很多,性能各异,应根据工件材料、刀具材料、加工方法和加工要求合理选用。一般选用原则如下:

(1) 粗加工。粗加工时切削用量较大,产生大量的切削热,容易导致高速钢刀具迅速磨损。这时宜选用冷却性能为主的切削液(如质量分数为 3% ~ 5% 的乳化液),以降低切削温度。

硬质合金刀具耐热性好,一般不用切削液。在重型切削或切削特殊材料时,为防止高温下刀具发生粘结磨损和扩散磨损,可选用低浓度的乳化液或水溶液,但必须连续充分地浇注,切不可断断续续,以免因冷热不均产生很大热应力,使刀具因热裂而损坏。

在低速切削时,刀具以硬质点磨损为主,宜选用以润滑性能为主的切削油;在较高速度下切削时,刀具主要是热磨损,要求切削液有良好的冷却性能,宜选用水溶液和乳化液。

表 8.4　切削液中的添加剂

分　类		添　加　剂
油 性 添 加 剂		动植物油,脂肪酸及其皂,脂肪醇、酯类、酮类、胺类等化合物
极 压 添 加 剂		硫、磷、氯、碘等有机化合物,如氯化石蜡、二烷基二硫代磷酸锌等
防锈添加剂	水溶性	亚硝酸钠、磷酸三钠、磷酸氢二钠、苯甲酸钠、苯甲酸胺、三乙醇胺等
	油溶性	石油磺酸钡、石油磺酸钠、环烷酸锌、二千基萘磺酸钡等
防 霉 添 加 剂		苯酚、五氯酚、硫柳汞等化合物
抗 泡 沫 添 加 剂		二甲基硅油
助 溶 添 加 剂		乙醇、正丁醇、苯二甲酸酯、乙二醇醚等
乳化剂 (表面活性剂)	阴离子型	石油磺酸钠、油酸钠皂、松香酸钠皂、高碳酸钠皂、磺化蓖麻油、油酸三乙醇胺等
	非离子型	平平加(聚氧乙烯脂肪醇醚)、司本(山梨糖醇油酯)、吐温(聚氧乙烯山梨糖醇油酸酯)
乳 化 稳 定 剂		乙二醇、乙醇、正丁醇、二乙二醇单正丁基醚、二甘醇、高碳醇、苯乙醇胺、三乙醇胺

(2) 精加工。精加工以减小工件表面粗糙度值和提高加工精度为目的,因此应选用润滑性能好的切削液。

加工一般钢件时,切削液应具有良好的润滑性能和一定的冷却性能。高速钢刀具在中、低速下(包括铰削、拉削、螺纹加工、插齿、滚齿加工等),应选用极压切削油或高浓度极压乳化液。硬质合金刀具精加工时,采用的切削液与粗加工时基本相同,但应适当提高其润滑性能。

加工铜、铝及其合金和铸铁时,可选用高浓度的乳化液。但应注意,因硫对铜有腐蚀作用,因此切削铜及其合金时不能选用含硫切削液。铸铁床身导轨加工时,用煤油作切削液效果不错,但浪费能源。

(3) 难加工材料的加工。切削高强度钢、高温合金等难加工材料时,由于材料中所含的硬质点多、导热系数小,加工均处于高温高压的边界摩擦润滑状态,因此宜选用润滑和冷却性能均好的极压切削油或极压乳化液。也可采用过热水蒸气等射流气体和液体作冷却润滑剂。

（4）磨削加工。磨削速度高、温度高,热应力会使工件变形,甚至产生表面裂纹,且磨削产生的碎屑会划伤已加工表面和机床滑动表面。所以宜选用冷却和清洗性能好的水溶液或乳化液。但磨削难加工材料时,宜选用润滑性好的极压乳化液和极压切削油。

（5）封闭或半封闭容屑加工。钻削、攻丝、铰孔和拉削等加工的容屑为封闭或半封闭方式,需要切削液有较好的冷却、润滑及清洗性能,以减小刀–屑摩擦生热并带走切屑,宜选用乳化液、极压乳化液和极压切削油。

常用切削液的选用可参考表 8.5。

（6）产生粉末状切屑时,不宜用切削液,而应采用气体或负压吸尘办法及时排屑。

表 8.5　常用切削液的选用

工件材料		碳钢、合金钢		不 锈 钢		高 温 合 金		铸　铁		铜及其合金		铝及其合金	
刀具材料		高速钢	硬质合金	高速钢	硬质合金	高速钢	硬质合金	高速钢	硬质合金	高速钢	硬质合金	高速钢	硬质合金
加工方法	车 粗加工	3,1,7	0,3,1	4,2,7	0,4,2	2,4,7	0,2,4	0,3,1	0,3,1	3	0,3	0,3	0,3
	车 精加工	3,7	0,3,2	4,2,8,7	0,4,2	2,8,4	0,4,2,8	0,6	0,6	3	0,3	0,3	0,3
	铣 粗加工	3,1,7	0,3	4,2,7	0,4,2	2,4,7	0,2,4	0,3,1	0,3,1	3	0,3	0,3	0,3
	铣 精加工	4,2,7	0,4	4,2,8,7	0,4,2	2,8,4	0,2,4,8	0,6	0,6	3	0,3	0,3	0,3
钻　孔		3,1	3,1	8,7	8,7	2,8,4	2,8,4	0,3,1	0,3,1	3	0,3	0,3	0,3
铰　孔		7,8,4	7,8,4	8,7,4	8,7,4	8,7	8,7	0,6	0,6	5,7	0,5,7	0,5,7	0,5,7
攻　丝		7,8,4	—	8,7,4	—	8,7	—	0,6	—	5,7	—	0,5,7	—
拉　削		7,8,4	—	8,7,4	—	8,7	—	0,3	—	3,5	—	0,3,5	—
滚齿、插齿		7,8	—	8,7	—	8,7	—	0,3	—	5,7	—	0,5,7	—

工件材料			碳钢、合金钢	不 锈 钢	高 温 合 金	铸　铁	铜及其合金	铝及其合金
刀具材料			普通砂轮	普通砂轮	普通砂轮	普通砂轮	普通砂轮	普通砂轮
加工方法	外圆磨	粗磨	1,3	4,2	4,2	1,3	1	1
	平面磨	精磨	1,3	4,2	4,2	1,3	1	1

注:① 本表中数字的意义如下:

0—干切削;1—润滑性不强的水溶液;2—润滑性较好的水溶液;3—普通乳化液;4—极压乳化液;5—普通矿物油;6—煤油;7—含硫、含氯的极压切削油,或动植物油与矿物油的复合油;8—含硫氯、氯磷或硫氯磷的极压切削油。

② 常用切削液的配方可参考《机械工程手册》第 46 篇。

2. 切削冷却润滑剂的使用方法

（1）切削液的使用方法。

常见的切削液使用方法有:浇注法、高压冷却法、喷雾冷却法。

浇注法是应用最多的方法。使用时应注意保证流量充足,浇注位置尽量接近切削区;此外还应根据刀具的形状和切削刃数目,相应地改变浇注口的形式和数目。切削液的浇注方法见图 8.6。

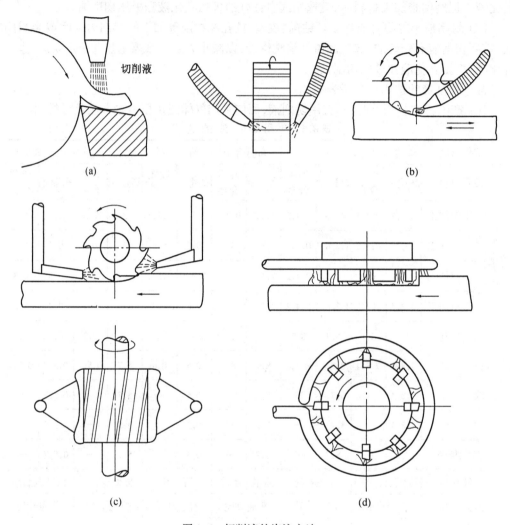

图 8.6　切削液的浇注方法

　　高压冷却法是将切削液以高压力(1～10 MPa)、大流量(0.8～2.5 L·s^{-1})喷向切削区,常用于深孔加工。该方法的冷却、润滑和清洗、排屑效果均较好,但切削液飞溅严重,需加防护罩。

　　喷雾冷却法是利用压力为 0.3～0.6 MPa 的压缩空气使切削液雾化,并高速喷向切削区,其装置原理见图 8.7。雾化成微小液滴的切削液在高温下迅速汽化,吸收大量热量,从而能有效地降低切削温度。该方法适于切削难加工材料,但需要专门装置,且噪音较大。

　　此法已被最小量润滑技术 MQL(Minimol Quantity of Lubrication)或低温(-50～60 ℃)MQL 技术所取代,加工中心上已有较广泛应用。

　　(2) 气体冷却润滑剂的使用方法。气体冷却润滑剂多采用小口径(ϕ2 mm)锥形喷嘴在大于 0.2 MPa 下以射流喷向切削区。

　　(3) 润滑脂的使用方法。润滑脂作冷却润滑剂时,将其涂抹刀具相应切削部位即可。

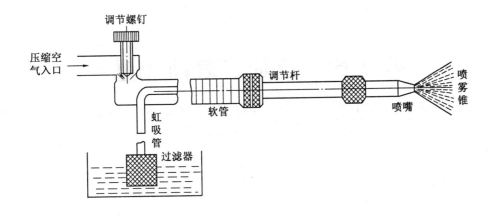

图 8.7   喷雾冷却装置原理图

复习思考题

8.1 工件材料切削加工性的含义是什么？为什么说它是相对的？

8.2 常用的切削加工性衡量指标有哪些？各用于何种场合？何谓相对加工性？

8.3 影响工件材料切削加工性的主要因素有哪些？如何影响？

8.4 改善工件材料切削加工性的途径有哪些？

8.5 切削冷却润滑剂应具备哪些基本性能？如何分类？

8.6 切削冷却润滑剂的选用原则是什么？

8.7 切削液有几种常用浇注方法？各适用于何种场合？

第9章 已加工表面质量

切削加工的目的在于获得精度和表面质量都合乎要求的工件。要保证工件的表面质量,必须研究已加工表面的形成过程及影响表面质量的因素。

9.1 已加工表面的形成过程

在第3章已讲述了切削层金属经过第一、二变形区变形后流出变成了切屑,经过第三变形区则形成了已加工表面。但此时把刀具过于理想化了,认为刀具切削刃绝对尖锐且无磨损,实际上:

(1) 刀具再尖锐,切削刃也会有钝圆半径 r_n 存在,如图9.1所示。其 r_n 值由刀具材料的晶粒结构和刀具的刃磨质量决定。高速钢的 r_n 约为 $10\sim18~\mu m$,最小可达 $5~\mu m$;硬质合金的 r_n 约为 $18\sim32~\mu m$,如用细粒度金刚石砂轮刃磨,最小可达 $3\sim6~\mu m$。刀具的前角 γ_o 和后角 α_o 越大、刃磨质量越好, r_n 值越小。刀具磨损后 r_n 将增大。

(2) 在毗邻刃口的后刀面部分,经切削后要磨损,会形成宽度为 VB 的窄棱面,该处后角变为零度,这样就使得第三变形区的变形变得复杂了。

如图9.1所示,由于有 r_n 的存在,刀具则不能把切削层厚度 h_D 全部切下来,而留下了一薄层 Δh_D,即当切削层 h_D 经点 O 时,点 O 之上部分沿前刀面流动变成了切屑,之下部分则在切削刃钝圆半径作用下被挤压摩擦产生塑性变形,基体深部则产生弹性变形,直到与后刀面完全脱离接触又弹性恢复了 Δh,便留在已加工表面上。

在此过程中,与后刀面的接触长度则由 VB 变成了 $VB+CD$,从而增大了后刀面与已

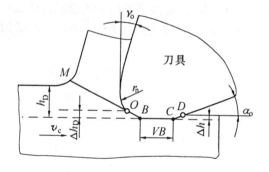

图9.1 已加工表面的形成过程

加工表面间的摩擦与挤压,增大了已加工表面的粗糙度,加剧了已加工表面的变形,甚至引起已加工表面层的非晶质化、纤维化与硬化等。此时可把点 O 看成是切削层金属的分流点,点 O 以上部分变成切屑,点 O 以下部分形成已加工表面。

9.2 已加工表面质量概述

9.2.1 已加工表面质量的衡量指标

已加工表面质量也称表面完整性。主要包括两方面内容:

1. 几何方面的质量

已加工表面几何方面的质量是指工件最外层表面与周围环境之间界面的几何形状,通常以表面粗糙度表示。

2. 材料特性方面的质量

已加工表面在一定深度层的性能与基体不同,常称加工变质层。加工变质层包括如表9.1所示的内容,可用图9.2的模型来表示。

表 9.1 加工变质层的构成

吸附层(外界因素作用引起)	① 污染层② 吸附层(物理吸附、化学吸附)③ 化合物层④ 异物嵌入层
压缩区(组织变化层)	① 非晶质层② 微细结晶层③ 位错密度升高层④ 孪晶生成层⑤ 表层合金化层⑥ 组织纤维化层⑦ 研磨相变层⑧ 加工结晶应变层⑨ 摩擦热再结晶层
应力变质层	残余应力层

除了不施加力和热的电解研磨法外,任何机械加工,甚至电火花、激光、电子束等局部加热法加工都会生成加工变质层。

由表9.1和图9.2不难看出,已加工表面质量可用下述四项内容表述:

(1) 表面粗糙度。

(2) 表面层的加工硬化程度及硬化层深度。

(3) 表面层结晶组织变化情况。

(4) 表面层及一定深度层的残余应力情况。

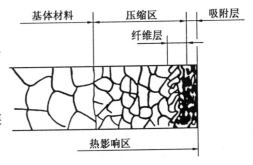

图 9.2 加工变质层模型

由于表面层结晶组织变化,如:晶格扭曲、拉长、破碎及纤维化、硬化、非晶质化等,均反映在表层的加工硬化及残余应力上了,因此第3项内容无需单独研究。故表面粗糙度、加工硬化程度及硬化深度、残余应力即为已加工表面质量的三项衡量指标。

9.2.2 表面质量对产品使用性能的影响

加工变质层虽只发生在很薄的表面层,但实践证明它会对机械零件的使用性能,进而对整台机器的性能和寿命产生很大影响。

1. 影响耐磨性

表面粗糙度大的零件,由于实际接触面积小,单位压力大,易磨损、耐磨性差。这样的零件装配后,由于接触刚度低,会影响整台机器的工作精度甚至不能正常工作。一般认为,粗糙度值越小,实际接触面积越大,耐磨性越好,但并非粗糙度值越小越好,因过小反会破坏润滑油膜而造成剧烈磨损。如机床导轨面一般以 $Ra1.6 \sim 0.8 \mu m$ 为宜。

2. 影响疲劳强度

交变载荷作用时,表面粗糙度、划痕、微细裂纹等均会引起应力集中,从而降低疲劳强度。如经精细抛光或研磨过的粗糙度值很小表面的疲劳强度为 100% 的话,精车后的表面为 90%,粗车表面仅为 80%。

残余应力为压应力,可阻碍和延缓裂纹的产生或扩大,从而提高疲劳强度。但为拉应力时,易产生微裂纹,大大降低疲劳强度。有些加工方法,如滚压加工,就可减小粗糙度值,强化表面层,防止产生微裂纹,提高疲劳强度。

如:中碳钢零件经滚压加工后可比精车提高疲劳强度 30% ~ 80%。

3. 影响耐蚀性

表面粗糙度值大时容易使腐蚀性物质(气体或液体)渗透到表面的凸凹不平处,从而产生化学或电化学作用而被腐蚀。如表面呈残余拉应力,微裂纹处也同样容易被腐蚀;呈压应力时,会阻碍侵蚀作用的扩展,提高抗蚀能力。

4. 影响配合性质

各种配合性质的机械零件,如粗糙度值超过规定值,经"跑合"后,动配合者的间隙加大,过盈配合者变成过渡配合或间隙配合,从而影响了配合的性质及可靠性。

此外,还将对运动平稳性和噪声产生影响等。

9.3　表面粗糙度

9.3.1　概述

经过切削(或磨削)加工后的表面总会有微观几何形不平度,不平度的高度称粗糙度。粗糙度包括进给方向的和切削速度方向的(图 9.3),通常所说的粗糙度是指进给方向的。

粗糙度分为理论(想)粗糙度和实际粗糙度。一般后者比前者大得多。

加工表面实际粗糙度大约由五部分组成:

(1)理论粗糙度。由刀具切削刃形状、进给量及运动关系按几何关系求得的 H_1。

(2)伴随积屑瘤的生长、脱落形成的 H_2。

(3)由切削机理本身的不稳定因素、材料隆起等产生的 H_3。

(4)由切削刃与工件的相对位置变动(振动)产生的 H_4。

(5)切削刃磨损、损坏造成的 H_5。

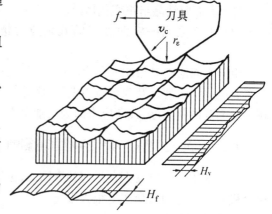

图 9.3　加工表面粗糙度

9.3.2　减小实际粗糙度的措施

1. 减小理论粗糙度

把切削刃看成纯几何线时,相对于工件运动所形成的已加工表面微观不平度称理论

(想)粗糙度。其数值取决于残留面积的高度。

实际上,只有高速切削塑性材料时,已加工表面的实际粗糙度才比较接近理论粗糙度。因为积屑瘤、鳞刺、振动等因素的影响结果都会叠加在理论粗糙度的基础之上,使实际粗糙度加大。但无论如何,理论粗糙度仍是实际粗糙度的基本构成因素。

下面以外圆车削为例研究理论粗糙度的大小及影响因素。图 9.4 给出了外圆车削表面残留面积的高度。

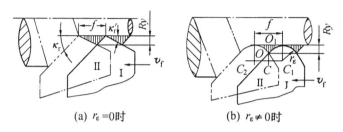

(a) $r_\varepsilon = 0$ 时　　　　　　(b) $r_\varepsilon \neq 0$ 时

图 9.4　残留面积高度 Ry

(1) 当 $r_\varepsilon = 0$ 时,残留面积最大高度 Ry 值为

$$Ry = \frac{f}{\cot \kappa_r + \cot \kappa_r'} \tag{9.1}$$

(2) 当 $r_\varepsilon \neq 0$ 时,则有

$$Ry = O_1 O = O_1 C - OC = r_\varepsilon - \sqrt{r_\varepsilon^2 - \left(\frac{f}{2}\right)^2}$$

因为 　　　　　　　　　　　　$Ry \ll r_\varepsilon$

所以 　　　　　　　　　　　　$$Ry \approx \frac{f^2}{8 r_\varepsilon} \tag{9.2}$$

由式(9.1)和式(9.2)不难看出,要减小理论粗糙度 Ry 值,可减小 f、κ_r、κ_r' 或增大 r_ε。

2. 抑制积屑瘤

积屑瘤的概念曾在第 3 章提及,下面将就积屑瘤的形成条件、形成过程、对切削过程的影响及抑制措施加以讲述。

(1) 积屑瘤的形成条件。积屑瘤形成的基本条件包括三个方面:

① 工件方面。切削塑性材料且呈带状切屑时。

② 刀具方面。刀具前角 $\gamma_o = 0°$ 或不大以及为负值时,刀具刃磨质量不佳,如:刃口附近的前后刀面粗糙度值较大、切削刃不平整时。

③ 切削条件方面。切削速度 v_c 中等、进给量 f(或切削厚度 h_D)较大、不用切削液或切削液不起润滑减摩作用时。

(2) 形成过程。积屑瘤形成的主要原因在于切屑底层与前刀面发生“冷焊”(粘结),再加之很高的压力和适当的温度作用。

切屑在前刀面上流动时,与其发生强烈摩擦,其结果是把前刀面上的氧化膜、吸附膜完全擦干带走,为“冷焊”创造了条件。这样,一方面新鲜金属表面与擦抹干净的前刀面接触面积逐渐加大,另一方面切削温度越来越高,在较高温度和压力作用下,切屑底层金属有可能“冷焊”到前刀面上,这就是积屑瘤即将形成的基础。随着切屑的连续流出,切屑底层就与上层产生了相对滑动,切屑底层就产生了滞流现象;随着切削过程的进行,滞流层越来越厚,最后形成了积屑瘤。积屑瘤高度达最大后,顶部要逐渐脱落,之后再长大。

虽然"冷焊"是积屑瘤形成的主要原因,但也必须有适当温度。因为适当温度能保持切屑底层的加工硬化和强化。如钢在 300 ℃时切削底层的强度最高,此时积屑瘤高度也最大;超过 500 ℃,积屑瘤因切屑底层重新结晶而不再形成。

不难看出,要防止积屑瘤产生必须破坏"冷焊"条件,不在该温度范围内切削,即不在产生积屑瘤的切削速度范围内切削。

(3) 积屑瘤的特点。

① 积屑瘤呈周期性地生成—长大—脱落—再生成—再长大。

② 切削速度 v_c 不同,生成的积屑瘤高度 H_b 不同,如图 9.5 所示。

(4) 对切削过程的影响。

① 由图 9.6 不难看出,积屑瘤包围了刀具刃口并覆盖了部分前刀面,从而代替了刀具切削,客观上似乎起到了保护刀具的作用。

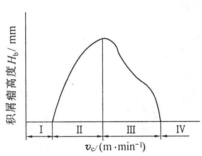

图 9.5　$H_b - v_c$ 关系曲线　　　　　图 9.6　积屑瘤前角 γ_b 与过切量 Δh_D

② 积屑瘤前角 γ_b 可达 30°,使得工作前角 γ_{oe} 增大了,变形 Λ_h 减小,从而减小了 F_c。

③ 由于过切量 Δh_D 的存在,使得实际切削厚度在 h_D 与 $(h_D + \Delta h_D)$ 之间变化,从而在切削速度方向刻画出深浅不同的犁沟,影响了表面粗糙度。

④ 积屑瘤作为整体,虽底部相对稳定,但顶部常周期性地生成与脱落,脱落的一部分附在切屑底部排出,另一部分碎片镶嵌在已加工表面上,影响表面质量。

⑤ γ_b 的变化引起 γ_{oe} 的变化,使得切削力产生波动,将引起加工过程的振动。

⑥ 因为积屑瘤的硬度比刀具高,因此积屑瘤的脱落会加剧刀具的粘结磨损。

可见,积屑瘤对加工过程的影响弊大于利,特别是精加工时对表面质量影响更严重,必须设法减小和抑制积屑瘤的产生。

(5) 抑制措施。

抑制积屑瘤的根本措施在于破坏切屑底层与前刀面产生"冷焊"的条件,降低冷焊物的强度和硬度。具体措施是:

① 通过热处理减小工件材料的塑性。

② 增大刀具前角 $\gamma_o \geqslant 35°$,使积屑瘤基础不能形成。

③ 减小进给量 f(或切削厚度 h_D),从而减小对前刀面的正压力,使"冷焊"不易产生。

④ 改变切削速度 v_c。硬质合金刀具切削中碳钢时,选择 $v_c < 5$ m/min 或 $v_c > 30$ m/min,以使切削温度低于 300 ℃或高于 500 ℃。

⑤ 采用加热切削或低温切削。

⑥ 提高刀具刃磨质量,破坏"冷焊"条件。

⑦ 使用润滑性能好的切削液,破坏"冷焊"条件。

3. 抑制鳞刺生成

已加工表面上在切削速度方向出现的如鱼鳞片状的毛刺称鳞刺(图 9.7)。

高速钢、硬质合金或陶瓷刀具在切削低碳钢、中碳钢、铬钢、不锈钢、铝合金、紫铜等塑性金属时,无论是车、刨、插、钻、拉、滚齿、插齿和螺纹加工工序中都可能产生鳞刺。它在各种切削速度 v_c 时,甚至在很低速度($v_c = 1.7$ m/min)切钢时也产生,使表面粗糙度值加大,因此它是加工塑性金属材料获得良好表面质量的一大障碍。

其抑制措施与抑制积屑瘤的措施差不多。如:

① 改变工件材料热处理状态,使其减小塑性。

② 改变刀具前角 γ_o。

③ 改变切削速度 v_c。

④ 减小进给量 f。

⑤ 使用润滑性能好的切削液。

 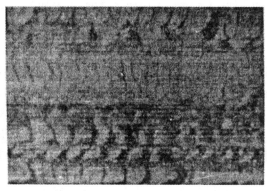

　　(a) 圆孔拉削 40 Cr　　　　　　　　　　(b)插齿 20 Cr

图 9.7　带有鳞刺的表面显微照片

4. 控制振动产生

切削过程中振动是不可避免的。振动会使切削刃－工件间的相对位置发生变化,使得加工表面在微观不平度基础上又产生了波纹。强迫振动往往是影响表面粗糙度的重要因素。因此,要解决振动问题,必须首先找出振源是机内的还是机外的。

所谓强迫振动,是由周期作用力,如电动机、齿轮、皮带轮、转轴、联轴节等机件的质量不平衡引起的。

切削力的周期变化,多由积屑瘤、鳞刺、切屑折断等现象造成,不连续切削、多刀切削均产生此力。

要控制振动产生就是要对机内的传动零件作好动平衡。

另外,自激振动(颤振)是刀具与工件间在无外力作用时产生的,它会在加工表面上生成节距一定的振纹。其控制措施是:除改善机床动态特性外,还必须正确选择工件支承、刀具形状及固定形式、切削用量以及采用消振装置。

综上所述,减小实际粗糙度的措施可归纳为两条:

一条是从切削用量、刀具方面减小理论粗糙度,如:减小进给量 f、刀具主偏角 κ_r 和副偏角 κ_r' 或增大刀尖圆弧半径 r_ε 等;

另一条是抑制积屑瘤、鳞刺及振动的产生,凡是能抑制它们产生的因素均可减小实际粗糙度。

9.4　加工硬化

9.4.1　概述

1. 概念

经切(磨)削过的表面,其硬度往往高出基体硬度 $1\sim2$ 倍,即表面硬化了,硬化深度从几十微米至几百微米,这种不经热处理而由切(磨)削加工造成的硬化现象称加工硬化或冷作硬化。

表面层的加工硬化,可使零件耐磨性提高,但脆性增加了,抗冲击性能下降,硬化了的表面层给后续工序加工增加了难度,也增加了刀具磨损,因此必须给予重视。

2. 产生的原因

由第一、第三变形区的变形可知,切削层以上的金属经受塑性变形时,表面层以下的一部分金属也将产生塑性变形;再加上刃口钝圆半径 r_n 的存在,点 O 以下部分 Δh_D 未被切下,而是经受钝圆半径 r_n 的挤压产生了很大的附加塑性变形。由于基体的弹性恢复,刀具后刀面继续与已加工表面接触摩擦,使已加工表面再次产生剪切变形。

经过以上几次变形,使得金属晶格发生了扭曲,晶粒被拉长、破碎,阻碍了金属进一步变形而使金属强化,硬度显著提高。另一方面,已加工表面除了上述的受力变形过程外,还受到切削温度的影响,如果切削温度低于相变点 A_{c1} 时,将使金属弱化,即硬度降低;更高的温度还将引起相变。因此,已加工表面的硬度是这种强化、弱化及相变综合作用的结果:当塑性变形为主时,要产生表面硬化;当切削温度起主导作用时,要视相变情况而定。

从切削层剖面的显微照片中可看出:在已加工表面形成过程中,塑性变形已达到了表面层以下相当大的深度,越接近已加工表面,变形硬化越严重。最表层为非晶质层,塑性变形非常剧烈,晶格均遭破坏。往下依次是塑性变形层、弹性变形层与基体。

3. 表示方法

加工硬化通常以硬化程度 N 和硬化层深度 Δh_d 来表示。

(1) 硬化程度 N 为

$$N = \frac{H}{H_0} \times 100\% \quad 或 \quad N = \frac{H - H_0}{H_0} \times 100\% \tag{9.3}$$

式中　H_0——基体的显微硬度值(HV);

　　　　H——硬化层显微硬度值(HV);

(2) 硬化层深度 Δh_d,即硬化层深入基体的距离,以 μm 计。

一般 N 和 Δh_d 与工件材料及加工方法有关,见表 9.2。

表 9.2 钢件表面的硬化层深度 Δh_d 和硬化程度 N

加工方法	平均硬化深度 $\Delta h_d/\mu m$	平均硬化程度 $N/\%$
高速车削	30 ~ 50	120 ~ 150
精　　车	20 ~ 60	140 ~ 180
钻　　孔	180 ~ 200	160 ~ 170
拉　　削	20 ~ 75	150 ~ 200
滚(插)齿	120 ~ 150	160 ~ 200
外圆磨削(未淬火)	30 ~ 60	140 ~ 160
研　　磨	3 ~ 7	110 ~ 117

9.4.2 影响因素及其控制

1. 工件材料

研究结果表明：

工件材料的硬度越低、塑性越大，强化越严重，加工硬化程度 N 和硬化深度 Δh_d 越大。就结构钢而言，含 C 量少、塑性变形大，硬化严重。如：软钢 $N = 140\% \sim 150\%$，硬钢 $120\% \sim 130\%$；高锰钢，由于强化指数大，硬化程度 N 可达 200% 以上；有色金属熔点低，容易弱化，因而硬化情况比结构钢小得多，如 Al 比钢的 N 值小 75%。

2. 刀具几何参数及磨损量 VB

（1）前角 γ_o 越大，Δh_d 越小（图 9.8）。

（2）后角 α_o 越大，Δh_d 越小。

（3）切削刃钝圆半径 r_n 越大，挤压摩擦严重，Δh_d 及 N 越大（图 9.9）。

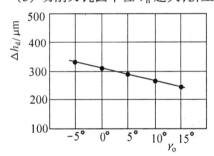

图 9.8　$\Delta h_d - \gamma_o$ 关系曲线

刀具：YG6X 面铣刀；工件：1Cr18Ni9Ti；切削用量：
$v_c = 51.7$ m/min，$a_p = 0.5 \sim 3$ mm，$f_Z = 0.5$ mm/Z

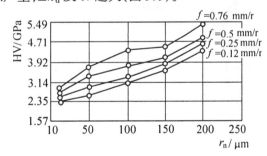

图 9.9　$HV - r_n$ 关系曲线

工件：45 钢

（4）VB 越大，Δh_d 越大（图 9.10）。

3. 切削用量与切削液

（1）切削速度 v_c。v_c 对加工硬化的影响是多方面的。工件材料和切削条件不同，影响则不同。一般认为，v_c 越高，硬化深度越小，但 v_c 到一定值后，硬化深度又增大（图 9.11）。

（2）进给量 f。研究表明，f 增加将使硬化深度 Δh_d 增加（图 9.9 和图 9.12）。

（3）背吃刀量 a_p。研究也表明，a_p 增加对硬化深度 Δh_d 无显著影响（图 9.13）。

（4）切削液。使用切削液，能减轻加工硬化，切削液性能越好，硬化越减轻。

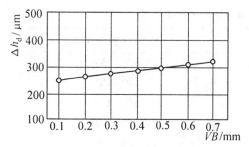

图 9.10 Δh_d – VB 的关系曲线

刀具、工件及切削用量与图9.8相同

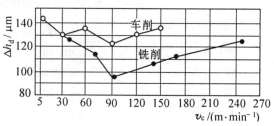

图 9.11 Δh_d – v_c 关系曲线

刀具:硬质合金;工件:45钢;切削用量:车削时 $a_p = 0.5$ mm,

$f = 0.14$ mm/r;铣削时 $a_p = 3$ mm, $f_Z = 0.04$ mm/Z

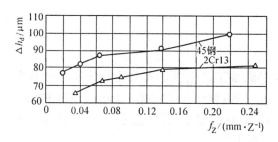

图 9.12 Δh_d – f_Z 关系曲线

刀具:单齿硬质合金面铣刀;切削用量:$a_p = 2.5$ mm,

$v_c = 320$ m/min(45钢),$v_c = 180$ m/min(2Cr13)

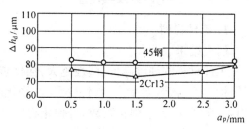

图 9.13 Δh_d – a_p 关系曲线

刀具:单齿硬质合金面铣刀;切削用量:对于 45 钢 $v_c =$
320 m/min, $f_Z = 0.075$ mm/Z;对于 2Cr13 钢 $v_c = 180$ m/
min, $f_Z = 0.07$ mm/Z

4.减小加工硬化的措施

(1)选择较大的 γ_o、α_o 及较小的 r_n。

(2)确定合理 VB 值。

(3)合理选择切削用量:v_c 尽量高,f 尽量小。

(4)使用有效切削液。

9.5 残余应力

9.5.1 概述

1. 概念

当切削力的作用取消后,工件表面保持平衡而存在的应力称残余应力。残余应力有大小和方向之分。残余应力对精密零件的正常工作极为不利,压应力有时能提高零件的疲劳强度,但拉应力则会产生裂纹,使疲劳强度降低;另外,应力分布不均匀会使零件产生变形,从而影响零件精度,甚至影响正常工作。

2. 残余应力产生的原因

切(磨)削加工后残余应力产生的机理,目前尚不能用作定量解释。但产生残余应力的原因可归纳为下述三条:

(1) 塑性变形引起的应力。金属经塑性变形后体积将胀大,由于受到里层未变形金属的牵制,故表层呈残余压应力,里层呈残余拉应力。

已加工表面形成过程中,位于刀具刃口前方工件材料的晶粒一部分随切屑流出,另一部分留在已加工表面上。晶粒在刃口分离处的水平方向受压,在垂直方向受拉。表层金属与后刀面挤压摩擦时产生拉伸塑性变形,与刀具脱离接触后,在里层金属的弹性恢复作用下,表层呈残余压应力。

(2) 切削温度引起的热应力。切削时,由于强烈摩擦与塑性变形,使已加工表面层温度很高,而里层温度很低,因而形成不均匀的温度分布。温度高的表层,体积膨胀将受到里层金属的阻碍,使表层金属产生热应力;当热应力超过材料屈服极限时,将使表层金属产生压缩塑性变形。切削后冷却至室温时,表层金属体积的收缩又受到里层金属的牵制,故而表层金属产生残余拉应力。

(3) 相变引起的体积应力。切削时,若表层温度高于相变温度,则表层组织可能发生相变;由于各种金相组织的体积不同,从而产生残余应力。如高速切削碳钢时,刀具与工件表面接触区温度可达 $600 \sim 800℃$,而碳钢的相变温度在 $720℃$,此时表层就可能发生相变,由珠光体转变成奥氏体,冷却后又转变为马氏体。而马氏体的体积比奥氏体大,故而表层金属膨胀,但要受到里层金属的阻碍,才使得表层金属受压,即产生压应力,里层金属受拉,即产生拉压力。当加工淬火钢时,若表层金属产生烧伤退火,马氏体转变为屈氏体或索氏体,此两种金相组织体积也比马氏体小,因而表层金属体积减小,但受到里层金属的牵制,从而表层会呈现残余拉应力。

已加工表面呈现的残余应力,是上述诸因素综合作用的结果,最终结果则由起主导作用的因素所决定。

还需指出,已加工表面不仅沿切削速度 v_c 方向会产生残余应力 σ_v,在进给方向也会产生残余应力 σ_f,但往往表现为 $\sigma_v > \sigma_f$。

切削碳钢时,无论是切削速度方向还是进给方向,一般在已加工表面常呈残余拉应力。

9.4.2 影响因素及控制措施

研究表明,凡能影响塑性变形、降低切削温度的因素,均影响残余应力。

1. 工件材料

塑性大的材料,通常会产生残余拉应力,塑性越大,拉应力越大。切削灰铸铁等脆性材料时,会产生压应力(图 9.14)。

2. 刀具

(1)前角 γ_o,图 9.15 给出了硬质合金刀具切削 45 钢时,刀具前角 γ_o 对残余应力的影响。

当 γ_o 由正变为负值时,表层残余应力逐渐减小,但距表层深度加大(图 9.15)。原因在于 γ_o 小,

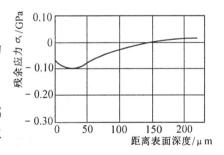

图 9.14 刨削铸铁时加工表面的残余应力
刀具:$\gamma_o = 12°$,$\kappa_\tau = 53°$,$r_\varepsilon = 1$ mm;
切削条件:$v_c = 36$ m/min,$a_p = 2.5$ mm,
$f_a = 0.21$ mm/str,不加切削液

楔角 β_o 加大,对加工表面挤压摩擦作用加大,使残余拉应力减小。在一定的切削用量下,采用绝对值较大的负前角时,会使已加工表面呈现残余压应力(图 9.15、9.16)。

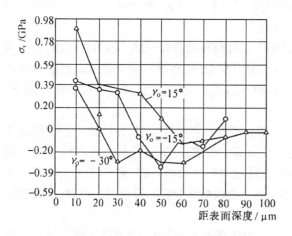

图 9.15　前角对残余应力的影响

刀具:硬质合金;工件:45 钢;切削用量:

$v_c = 150$ m/min, $a_p = 0.5$ mm, $f = 0.05$ mm/r

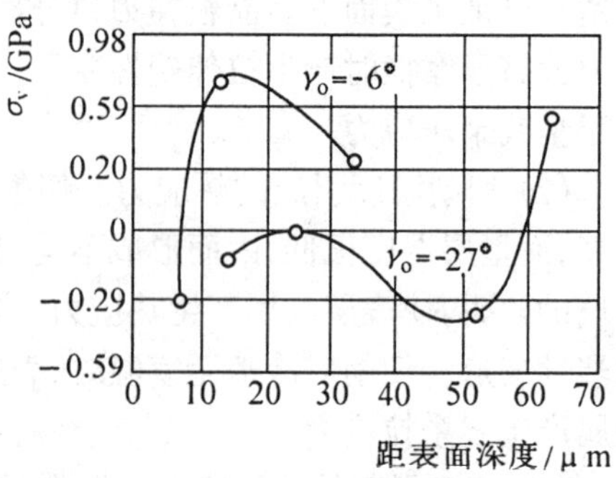

图 9.16　面铣时前角对残余应力的影响

刀具:硬质合金;工件:45 钢;切削用量:

$v_c = 320$ m/min, $a_p = 2.5$ mm, $f_Z = 0.08$ mm/Z

(2)后刀面磨损量 VB。VB 值增加,残余应力值加大,深度也加大(图 9.17)。原因在于:一方面是增加了后刀面的摩擦;另一方面使切削温度升高,从而使由热应力引起的残余应力影响程度加大,使已加工表面的残余拉应力加大,相应残余应力层深度也随之加大。

3. 切削用量

(1)切削速度 v_c。v_c 越高,残余拉应力越大。因为 v_c 高,切削温度高,由热应力引起的残余拉应力起主导作用,故残余拉应力增大(图 9.18),但深度减小,是由塑性变形随 v_c 增加而减小所致。但当切削温度超过金属相变温度时,则残余应力大小及方向取决于表层金属金相组织的变化。

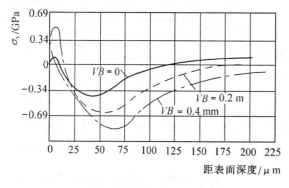

图 9.17　刀具磨损量 VB 对残余应力的影响

刀具:单齿硬质合金面铣刀, $\gamma_p = 0°$, $\gamma_f = -15°$, $\alpha_o = 8°$, $\kappa_r = 45°$, $\kappa_r' = 5°$;工件:合金钢;切削条件: $v_c = 55$ m/min, $a_p = 1$ mm, $f_Z = 0.13$ mm/Z,不加切削液

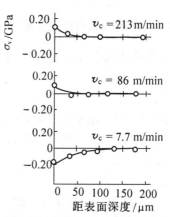

图 9.18　切削速度对残余应力的影响

刀具:可转位硬质合金刀具, $\gamma_o = -5°$, $\alpha_o = 5°$, $\alpha_o' = 5°$, $\lambda_s = -5°$, $\kappa_r = 75°$, $\kappa_r' = 15°$, $r_\varepsilon = 0.8$ mm;工件:45 钢(退火);切削条件: $a_p = 0.3$ mm, $f = 0.05$ mm/r,不加切削液

（2）进给量 f。f 增大，热应力引起的残余应力占优势，故呈拉应力增大的趋势，且应力层加深（图 9.19）。

（3）背吃刀量 a_p。加工退火钢时，a_p 对残余应力影响不大（图 9.20）；而加工淬火后再回火的 45 钢时，a_p 若增加，拉应力稍有减小。

不难看出，凡是能减小塑性变形、降低切削温度的诸因素都能减小残余应力。粗加工和半精加工后采用热处理方法，采用超声振动切削，都可显著减小残余应力。

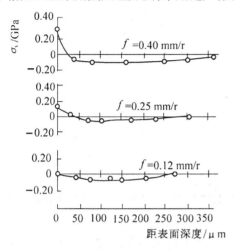

图 9.19 进给量对残余应力的影响

刀具、工件与图 9.18 相同，切削条件：$v_c = 86$ m/min，$a_p = 2$ mm，不加切削液

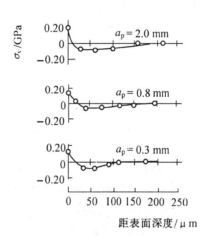

图 9.20 背吃刀量对残余应力的影响

刀具、工件与图 9.18 相同，切削条件：$v_c = 160$ m/min，$f = 0.12$ m/r，不加切削液

复习思考题

9.1 试述已加工表面的形成过程。

9.2 已加工表面质量用什么衡量？

9.3 已加工表面质量对产品使用性能有何影响？

9.4 何谓理论粗糙度？如何减小其值？

9.5 何谓积屑瘤？形成的基本条件是什么？有何特点？对切削过程有何影响？如何抑制？

9.6 何谓加工硬化？如何表示？如何减小？

9.7 何谓残余应力？产生原因有哪些？如何控制？

第 10 章 刀具合理几何参数的选择

刀具合理几何参数的选择是刀具设计与使用的重要课题,是提高刀具切削性能、加工质量和生产效率的有效途径。

10.1 概 述

10.1.1 刀具几何参数

刀具几何参数,包括刀具几何角度、切削刃形状、刃区剖面及其参数和刀面及其参数四个方面。

1. 刀具几何角度

刀具几何角度包括前角 γ_0、后角 α_0、主偏角 κ_r、副偏角 κ_r'、刃倾角 λ_s 和副后角 α_0' 等。

2. 切削刃形状(简称刃形)

刀具切削刃的形状可能为直线、折线、圆弧、月牙弧形与波浪形等。

3. 切削刃刃区剖面及其参数(简称刃区)

图 10.1 为常见的五种刃区剖面形式。

锋刃　　　负倒棱　　　消振棱　　　倒圆棱　　　刃带

图 10.1 五种刃区形式

4. 刀面及其参数(简称刀面)

刀面指前刀面与后刀面的形式。为改善切削条件,刀面可制成多种多样(如平面型前刀面与带卷屑槽、断屑槽的前刀面,平面型后刀面、铲背后刀面、双重后刀面等。

10.1.2 刀具合理几何参数及其选择的一般原则

刀具合理几何参数是指在保证加工质量前提下,能使刀具使用寿命最长、生产效率提高或生产成本降低的刀具几何参数。

刀具合理几何参数选择的一般原则是:

1. 要考虑工件材料、刀具材料及刀具类型等

主要考虑工件、刀具材料的化学成分、物理力学性能、工件毛坯表层情况及工件的加工精度和表面质量要求、刀具类型(焊接式、整体式、可转位式与机夹式)等。

2. 要考虑刀具各几何参数间的相互联系

刀具的各几何参数之间是相互联系的,不能孤立地选择某一参数,而应该综合统一考虑它们之间的相互作用和影响。例如,选择前角时,至少要考虑卷屑槽型、有无负倒棱及刃倾角正负和大小等的影响,在此基础上,优选出合理的前角值。

3. 要考虑具体加工条件

主要是指要考虑加工所用机床、夹具类型、工艺系统刚度及机床功率、切削用量和切削液性能、连续或断续切削等。一般来讲,粗加工时,主要考虑保证刀具使用寿命要最长;精加工时,主要保证加工精度和表面质量要求;对加工中心、自动化生产用刀具,主要考虑刀具工作的稳定性及断屑情况;机床刚性或动力不足时,刀具应力求锋利,以减小切削力。

4. 要考虑刀具锋利性与强度的关系

刀具锋利性与强度是相互矛盾的,要全面考虑,不可顾此失彼。应在保证刀具强度的前提下,力求刀具锋利;在提高切削刃锋利性的同时,采取强化措施保证刀尖和刃区有足够的强度。

10.2　刀具合理几何角度及其选择

刀具几何角度是几何参数中最重要的内容,在此主要研究前角、后角、主偏角与刃倾角及其合理值的选择原则。

10.2.1　前角

1. 前角的功用

前角是刀具的重要几何角度之一,其数值的大小、正负对切削变形、切削力、切削温度、刀具磨损和加工表面质量均有很大影响。

(1) 影响切削变形。增大前角,可减小切削变形,从而减小切削力、切削热和切削功率。

(2) 影响切削刃强度及散热情况。增大前角,会使楔角减小,切削刃强度降低、散热体积减小;过分加大前角,可能导致切削刃处出现弯曲应力,造成崩刃。

(3) 影响切屑形态和断屑效果。减小前角,可以增大切削变形,使切屑易于脆化断裂。

(4) 影响加工表面质量(参见第 9 章)。

可见,前角的大小及正负不能随意确定,通常存在一个使刀具使用寿命为最长的前角,该前角称合理前角,记为 γ_{opt}。

2. 选择原则

刀具合理前角主要取决于刀具材料和工件材料的性能,即:

(1)刀具材料的抗弯强度及冲击韧度较高时,可选择较大前角。

例如,高速钢的抗弯强度及冲击韧度较高,而硬质合金脆性大,怕冲击、易崩刃,故前者的合理前角可比后者选得大些,一般可大 $5° \sim 10°$(图 10.2)。陶瓷刀具的脆性更大,故合理前角选得比硬质合金刀具还要小些。

(2) 工件材料的强度或硬度较大时,宜选用较小前角,以保证刀具刃口强度;反之,宜选用较大前角。

这是因为当工件材料强度和硬度较高时,切削力较大,切削温度高,为了增加刃口强度和散热体积,宜选用较小前角;当强度或硬度较小时,切削力较小,刀具不易崩刃,对切削刃的强度要求不高,为使切削刃锋利,应选取较大前角。例如,加工中硬钢时,$\gamma_o = 10^\circ \sim 20^\circ$;加工软钢时,$\gamma_o = 20^\circ \sim 30^\circ$;加工铝合金时,$\gamma_o = 30^\circ \sim 35^\circ$。

用硬质合金车刀加工强度很高的钢($R_m \geqslant 0.8 \sim 1.2$ GPa)或硬度很高的淬硬钢,有时需要采用负前角($\gamma_o = -5^\circ \sim -20^\circ$)。工件材料的强度和硬度越高,负前角的绝对值应越大。但负前角会增大切削力(特别是 F_p 力),易引起机床的振动,因此只有在采用正前角时产生崩刃,而工艺系统刚性很好时,才采用负前角。

加工塑性较大材料时,应选较大前角;加工脆性材料(如铸铁、青铜)时,宜选较小前角(图 10.3)。

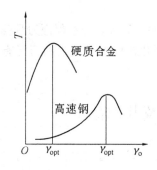

图 10.2　不同刀具材料的合理前角

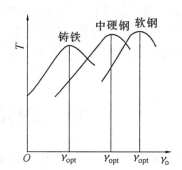

图 10.3　加工不同工件材料的合理前角

切削钢料时,切削变形较大,切屑与前(刀)面的接触长度较长,刀 - 屑间的压力和摩擦力均较大,为了减小切削变形和摩擦,宜选较大的前角。工件材料的塑性越大,前角应选得越大。用硬质合金刀具加工一般钢料时,前角可选为 $10^\circ \sim 20^\circ$。

切削灰铸铁等脆性材料时,塑性变形很小,切屑呈崩碎状,只是在刃口附近与前(刀)面接触,且不沿前(刀)面流动,因而与前(刀)面的摩擦不大,切削力集中在刃口附近。为了保护切削刃不致损坏,宜选较小前角。加工一般灰铸铁,前角可选 $5^\circ \sim 15^\circ$。

(3) 还要考虑其他具体加工条件。

例如,粗加工时,特别是断续切削时,切削力和冲击较大,为保证刃口强度,宜取较小前角;精加工时,为减小切削变形,提高加工质量,宜取较大前角。

在工艺系统刚度较差或机床动力不足时,宜取较大前角以减小切削力。在自动机床上加工时,考虑到刀具使用寿命及工作稳定性,宜取较小前角。具体数值见表 10.1。

3. 采用负倒棱强化切削刃

刀具前角增大,虽然可减小切削变形和切削力,但往往受到刃口强度的限制。在正前角的前(刀)面上磨出倒棱(图 10.4)是较好的解决办法。倒棱面可为负前角、零前角或小正前角,但实际多为负倒棱(图 10.4(a))。

倒棱的主要作用是增强刃口,减少刀具破损。这对脆性较大的刀具材料(如硬质合金和陶瓷)进行粗加工或断续切削时,对减少崩刃和提高刀具使用寿命有很明显的效果(使用寿命可提高 1 ~ 5 倍)。用陶瓷刀具铣削淬硬钢时,没有倒棱的刃口是不能用来加工的。此外,刀具倒棱处的楔角较大,使散热条件也得到改善。

表 10.1　硬质合金车刀合理前角参考值

工件材料	合理前角 γ_{opt}	
	粗　车	精　车
低碳钢　Q235(A3)	$20° \sim 25°$	$25° \sim 30°$
中碳钢　45(正火)	$15° \sim 20°$	$20° \sim 25°$
合金钢　40Cr(正火)	$13° \sim 18°$	$15° \sim 20°$
淬火钢　45 钢(45 ~ 50HRC)	$-15° \sim -5°$	
不锈钢(奥氏体 1Cr18Ni9Ti)	$15° \sim 20°$	$20° \sim 25°$
灰铸铁(连续切削)	$10° \sim 15°$	$5° \sim 10°$
铜及铜合金(脆,连续切削)	$10° \sim 15°$	$5° \sim 10°$
铝及铝合金	$30° \sim 35°$	$35° \sim 40°$
钛合金　$R_m \leqslant 1.17$ GPa	$5° \sim 10°$	

注:① 粗加工用硬质合金车刀,通常都磨有负倒棱及刃倾角;

② 高速钢车刀的前角,一般可比上表数值大些。

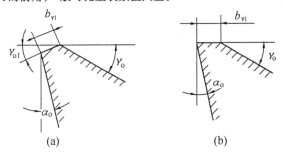

图 10.4　前刀面上的倒棱

10.2.2　后角

1. 后角的功用

后角的主要功用就是减小后(刀)面与加工表面间的摩擦,影响加工表面质量和刀具使用寿命。

(1) 增大后角,可减小加工表面的弹性恢复层与后(刀)面的接触长度,从而减小后(刀)面的摩擦与磨损。

(2) 增大后角,楔角减小,刃口钝圆半径 r_n 减小,刃口锋利。

(3) 后(刀)面磨钝标准 VB 相同时,后角大的刀具磨损掉的金属体积比后角小的大,刀具使用寿命长,但径向磨损量 NB 大(图 10.5(a))。

但后角太大时,楔角减小太多,会降低刃口强度和散热能力,使刀具使用寿命缩短。同前角一样,使刀具使用寿命最长时的后角值,称为合理

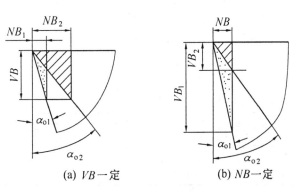

图 10.5　后角对刀具材料磨去体积的影响

后角,记为 α_{opt}。

2. 选择原则

合理后角的大小主要取决于加工性质(粗加工或精加工),还与一些具体切削条件有关。选择原则如下:

(1) 精加工时切削厚度较小,宜取较大后角;反之,粗加工时切削厚度较大,宜取较小后角(图10.6)。

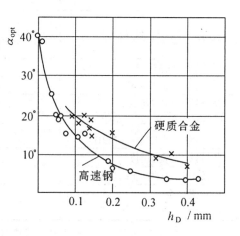

这是因为当切削厚度很小时,刀具的磨损主要发生在后(刀)面上,为了减小后(刀)面磨损和增加切削刃锋利程度,宜取较大后角;当切削厚度较大时,前(刀)面的负荷大,前(刀)面的月牙洼磨损比后(刀)面磨损显著,宜取较小后角,以增强刃口及改善散热条件。

图 10.6　刀具合理后角与切削厚度的关系

(2) 与工件材料性能有关。工件材料塑性与韧性大,容易产生加工硬化,为了减少后(刀)面磨损,应选用较大后角;加工钛合金时,由于它的弹性恢复较大,加工硬化又严重,宜取较大后角。

(3) 工艺系统刚度差、易产生振动时,应选用较小后角,以增大后(刀)面与加工表面的接触面积,增强刀具的阻尼作用;还可在后(刀)面上磨出刃带或消振棱(图10.7),以对加工表面起一定熨压作用,提高加工表面质量。

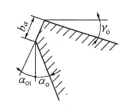

(4) 对定尺寸刀具(如圆孔拉刀、铰刀),宜取较小后角,可延长刀具使用寿命。具体数值见表10.2。

图 10.7　车刀的消振棱

表 10.2　硬质合金车刀合理后角参考值

工件材料	合理后角	
	粗　车	精　车
低碳钢　Q235(A3)	8° ~ 10°	10° ~ 12°
中碳钢　45(正火)	5° ~ 7°	6° ~ 8°
合金钢　40Cr(正火)	5° ~ 7°	6° ~ 8°
淬火钢　45 钢(45 ~ 50 HRC)	12° ~ 15°	
不锈钢(奥氏体 1Cr18Ni9Ti)	6° ~ 8°	8° ~ 10°
灰铸铁(连续切削)	4° ~ 6°	6° ~ 8°
铜及铜合金(脆,连续切削)	4° ~ 6°	6° ~ 8°
铝及铝合金	8° ~ 10°	10° ~ 12°
钛合金($R_m \leqslant 1.17$ GPa)	10° ~ 15°	

副后角 α_o' 的作用是减少副后(刀)面与已加工表面的摩擦。一般车刀的 $\alpha_o' = \alpha_o$；切断刀和切槽刀的副后角,由于受结构强度和刃磨后尺寸变化的影响,只能取得很小,一般取 $\alpha_o' = 1° \sim 2°$(图 10.8)。

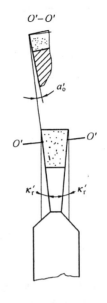

10.2.3　主(副)偏角

1. 主偏角的功用

(1) 影响残留面积高度(第 9 章)。增大主偏角和副偏角,使加工表面粗糙度值增大。

(2) 影响切削层尺寸和刀尖强度及断屑效果。在背吃刀量和进给量一定时,减小主偏角将使切削厚度减小($h_D = f \cdot \sin \kappa_r$),切削宽度增大($b_D = a_p/\sin \kappa_r$),从而使切削刃单位长度上的负荷减轻;同时,主偏角或副偏角减小,使刀尖角 ε_r 增大,刀尖强度增加,散热条件得到改善,提高了刀具使用寿命;反之,增大主偏角,使切屑变得窄而厚,有利于断屑。

(3) 影响各切削分力比值。减小主偏角,则背向力 F_p 增大($F_p = F_D\cos \kappa_r$),进给力 F_f 减小($F_f = F_D \cdot \sin \kappa_r$)。

图 10.8　切断刀副后角和副偏角

2. 主偏角的选择原则

如前所述,从刀具使用寿命出发,主偏角选小为宜;选取小主偏角还可以减小残留面积高度,即减小表面粗糙度值。但主偏角太小,会导致背向力 F_p 增大,甚至引起振动。因此,也存在一个使刀具使用寿命最长时的合理主偏角。(图 10.9 中硬质合金刀具的合理主偏角为 60°)

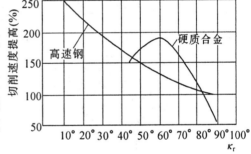

图 10.9　主偏角对刀具使用寿命的影响

由此可知,合理主偏角选择的原则主要应根据工艺系统刚度、兼顾工件材料硬度和工件形状等要求。

(1) 当工艺系统刚度足够时,应选用较小主偏角,以提高刀具使用寿命和加工表面质量;当系统刚度较差时,则应选用较大主偏角,以减小背向力 F_p。

(2) 加工很硬的工件材料(如冷硬铸铁、淬硬钢)时,宜取较小主偏角,以减轻单位长度切削刃上的负荷,改善刀尖散热条件,提高刀具使用寿命。

(3) 还应考虑工件形状和具体条件。例如,车阶梯轴时,必须取 $\kappa_r = 90°$;要用同一把车刀加工外圆、端面和倒角时,宜取 $\kappa_r = 45°$;需要从中间切入或仿形加工用车刀,可取 $\kappa_r = 45° \sim 60°$。具体数值参见表 10.3。

3. 副偏角的选择

副切削刃的主要功用是形成已加工表面,因此,副偏角的选取应首先考虑已加工表面质量要求,还要考虑刀尖强度、散热与振动等。

表 10.3　硬质合金车刀合理主偏角、副偏角参考值

加　工　情　况		偏角数值/(°)	
		主偏角 κ_r	副偏角 κ_r'
粗车,无中间切入	工艺系统刚度好	45,60,75	5 ~ 10
	工艺系统刚度差	60,75,90	10 ~ 15
车削细长轴、薄壁件		90,93	6 ~ 10
精车,无中间切入	工艺系统刚度好	45	0 ~ 5
	工艺系统刚度差	60,75	0 ~ 5
车削冷硬铸铁、淬火钢		10 ~ 30	4 ~ 10
从工件中间切入		45 ~ 60	30 ~ 45
切断刀、切槽刀		60 ~ 90	1 ~ 2

与主偏角一样,副偏角也存在某一合理值,其基本选择原则如下:

(1) 在工艺系统刚度好、不产生振动的条件下,应取较小副偏角(如车刀、面铣刀可取 $\kappa_r' = 5° \sim 10°$),以减小已加工表面粗糙度值。

(2) 精加工时,副偏角比粗加工选得小些;必要时,可磨出一段 $\kappa_r' = 0°$ 的修光刃(图 10.10),用来进行大走刀的光整加工,注意使修光刃长度 b_ε' 略大于进给量 f,一般 $b_\varepsilon' = (1.2 \sim 1.5)f$。

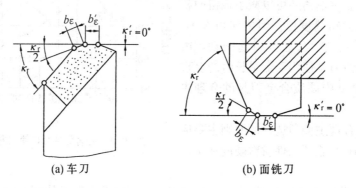

(a) 车刀　　　　　　　　　　(b) 面铣刀

图 10.10　带修光刃($\kappa_r' = 0°$)的刀具

(3) 加工高强度、高硬度工件材料或断续切削时,为提高刀尖强度,宜取较小副偏角 ($\kappa_r' = 4° \sim 6°$)。

(4) 切断(槽)刀、锯片铣刀、钻头、铰刀等由于受结构强度或加工尺寸精度的限制,只能取很小副偏角,即 $\kappa_r' = 1° \sim 2°$(图 10.8)。具体数值见表 10.3。

4. 过渡刃的选择

主切削刃和副切削刃连接处称为过渡刃或刀尖。刀尖处的强度与散热性能均较差,主、副偏角较大时尤为严重。生产中,需采取强化刀尖措施。

刀尖强化方法是磨过渡刃,过渡刃型式如图 10.11 所示。

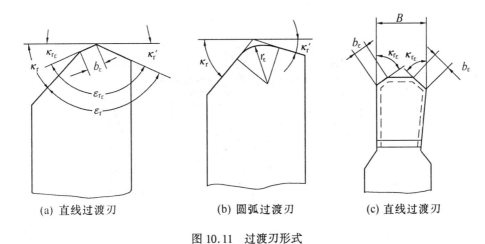

(a) 直线过渡刃　　　　　　(b) 圆弧过渡刃　　　　　　(c) 直线过渡刃

图 10.11　过渡刃形式

10.2.4　刃倾角

1. 斜角切削

斜角切削是指 $\lambda_s \neq 0°$ 时的切削,此时切削速度方向与主切削刃不垂直。必须指出,不要将工件的斜置切削误认为就是斜角切削,必须从切削刃与主运动的关系来区别。

斜角切削有以下特点:

(1) 斜角切削会产生切与割的综合效果。斜角切削时,切削速度可分解为平行于切削刃方向的速度分量 v_t ($v_t = v_c \sin \lambda_s$) 和垂直于切削刃方向的速度分量 v_n ($v_n = v_c \cos \lambda_s$)(图 10.12)。垂直于切削刃方向的分量有切的作用,平行于切削刃方向的分量有"割"的效果。

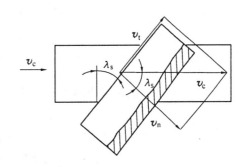

图 10.12　斜角切削的速度分解

图 10.13 给出了斜角切削时的流屑角。斜角切削时,切屑流出方向不再沿着切削刃的法线方向,而是与法线方向偏离了一个角度 ψ_λ,该角 ψ_λ 称为流屑角。

实验表明,低速不加切削液切钢时,流屑角近似等于刀具的刃倾角,即 $\psi_\lambda \approx \lambda_s$。

包含流屑方向和切削速度方向的剖面,称为流屑剖面。在该剖面内测量的刀具前角 γ_{oe}、后角 α_{oe} 才是在切削过程中真正起作用的角度,称为刀具工作角度。

(2) 斜角切削时,工作前角增大,工作后角将减小。如前所述,斜角切削时切屑的流出方向发生了改变,刀具的工作前角已不再是正交平面内的前角 γ_o 或法平面内的前角 γ_n,而是在流屑剖面内测量的前角 γ_{oe}(图 10.13),其计算公式为

$$\sin \gamma_{oe} = \sin \lambda_s \sin \psi_\lambda + \cos \lambda_s \cos \psi_\lambda \sin \gamma_n \qquad (10.1)$$

当 $\psi_\lambda \approx \lambda_s$ 时,则

$$\sin \gamma_{oe} = \sin^2 \lambda_s + \cos^2 \lambda_s \sin \gamma_n \qquad (10.2)$$

表 10.4 是当 $\gamma_n = 10°$ 时,λ_s 对 γ_{oe} 的影响情况。不难看出,当 λ_s 绝对值增大时,工作前角 γ_{oe} 将增大。

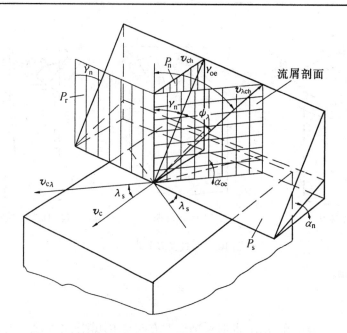

图 10.13　斜角切削时的流屑角 ψ_λ 与工作前角 γ_{oe}

表 10.4　刃倾角 λ_s 对工作前角 γ_{oe} 的影响($\gamma_n = 10°$)

λ_s	0°	15°	30°	45°	60°	75°
γ_{oe}	10°	13°11′	22°22′	35°37′	52°31′	70°

工作后角 α_{oe} 也应在流屑剖面中测量。α_{oe} 的计算公式为

$$\cos \alpha_{oe} = \sin^2 \lambda_s + \cos^2 \lambda_s \cos \alpha_n \tag{10.3}$$

λ_s 对 α_{oe} 的影响见表 10.5。

表 10.5　刃倾角对工作后角的影响($\alpha_n = 8°$)

λ_s	0°	15°	30°	45°	60°	75°
α_{oe}	8°	7°42′	6°54′	5°40′	4°01′	2°05′

（3）切削刃的实际钝圆半径 r_e 减小。刃倾角 λ_s 对切削刃的实际钝圆半径 r_e 有直接影响。在流屑剖面内，切削刃将是椭圆的一部分（图10.14）。其长轴的曲率半径就是切削刃的实际钝圆半径 r_e，可按式(10.4)计算

$$r_e = r_n \cos \lambda_s \tag{10.4}$$

可知，增大 λ_s 的绝对值，可减小刀具切削刃实际钝圆半径，这样大大提高了切削刃的锋利程度。

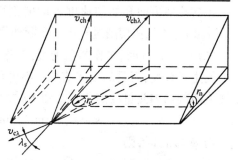

图 10.14　斜角切削时的切削刃实际钝圆半径 r_e

综上所述,采用斜角切削(如螺旋齿圆柱铣刀、立铣刀、钻头等),可在刀具前角不变的情况下,加大工作前角,减小切削刃钝圆半径,从而使切削变形减小,切削过程变得轻快、平稳。

2. 刃倾角的功用及其选择

(1) 刃倾角的功用。

① 影响切屑的流出方向。刃倾角 λ_s 的大小和正负,直接影响流屑角 ψ_λ,即直接影响切屑的卷曲和流出方向(图 10.15)。当 λ_s 为负值时,切屑流向已加工表面,易划伤已加工表面;λ_s 为正值时,切屑流向待加工表面。因此精加工常取正刃倾角。

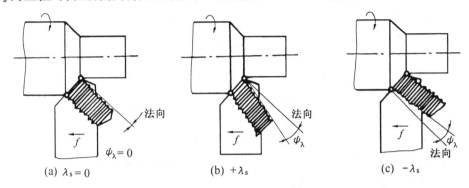

图 10.15　刃倾角对切屑流出方向的影响

② 影响刀尖强度及断续切削时切削刃上的冲击位置。图 10.16 表示 $\kappa_r = 90°$ 刨刀加工情况。$\lambda_s = 0°$ 时,切削刃同时接触工件,因而冲击较大;$\lambda_s > 0°$ 时,刀尖首先接触工件,容易崩尖;$\lambda_s < 0°$ 时,远离刀尖的切削刃部分首先接触工件,从而保护了刀尖,切削过程也比较平稳,大大减少了冲击和崩刃现象。

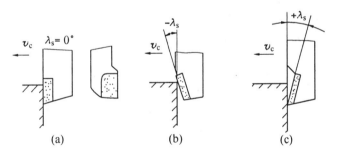

图 10.16　刨削时刃倾角对切削刃冲击位置的影响

③ 影响切削刃的锋利程度,具有斜角切削的特点。

④ 影响切削分力的比值。以外圆车削为例,当 λ_s 由 0° 变化到 $-45°$ 时,F_p 约增大 1 倍,F_f 减小到 1/3,F_c 基本不变。F_p 的增大,将导致工件变形甚至引起振动,从而影响加工精度和表面质量。因此,非自由切削时不宜选用绝对值过大的负刃倾角。

⑤ 影响切削刃实际工作长度。刃倾角的绝对值越大,斜角切削时切削刃的工作长度 l_{se} 越长($l_{se} = a_p/(\sin \kappa_r \cos \lambda_s)$),切削刃单位长度上的负荷越小,有利于提高刀具使用寿命。

(2) 刃倾角的选择。

切削实践表明,刃倾角并非越大越好,也存在合理刃倾角。选择原则如下:

① 主要根据加工性质来选取。例如,加工一般钢料或铸铁,为了避免切屑划伤已加工

表面,精车时常取 $\lambda_s = 0° \sim 5°$;粗车时取 $\lambda_s = 0° \sim -5°$,以提高刀具刀刃强度;有冲击载荷时,为了保护刀尖,常取 $\lambda_s = -5° \sim -15°$。

② 根据工艺系统刚度选取。工艺系统刚度不足时,不宜采用负刃倾角。

③ 根据刀具材料来选取。

脆性大的刀具材料,为保证刀刃强度,不宜选用正刃倾角。如金刚石和 CBN 车刀,取 $\lambda_s = 0° \sim -5°$。

④ 根据工件材料来选取。

加工高硬度工件材料时,宜取 $\lambda_s < 0°$。如车削淬硬钢,$\lambda_s = -5° \sim -12°$。

复习思考题

10.1 刀具合理几何参数的含义是什么? 包括哪些内容? 一般选择原则是什么?

10.2 前角的功用是什么? 合理前角的概念和选用原则是什么?

10.3 后角的功用是什么? 选择合理后角的原则是什么?

10.4 负倒棱和消振棱有何区别? 在何种条件下不宜采用负倒棱?

10.5 主偏角与副偏角的功用是什么? 合理主偏角选择原则是什么?

10.6 何谓斜角切削? 有什么特点?

10.7 刃倾角的功用及合理刃倾角选择原则是什么?

10.8 加工灰铸铁和碳素结构钢时,刀具合理几何参数的选择有何不同? 为什么?

第11章 磨 削

磨削是一种历史悠久、应用广泛的加工方法。过去磨削一般常用于半精加工和精加工,加工精度可达 IT5～IT6,加工表面粗糙度达 $Ra1.25～0.01\ \mu m$。磨削常用于加工淬硬钢、高温合金、硬质合金及其他硬脆材料,既加工各种内、外表面和平面,也可加工螺纹、花键、齿轮等复杂成形表面。

目前在工业发达国家,磨床约占机床总数的 30%～40%,在轴承制造业中则高达 60% 左右。

随着磨削技术的发展,近年来,磨削加工不仅广泛用于精加工,而且还用于粗加工和毛坯的去硬皮加工。在重型磨床上,磨除余量可达 6 mm 以上,每小时金属切除量达 250～360 kg,可获得较高的生产效率和良好的经济性。

11.1 砂轮的特性要素及其选择

砂轮是一种用结合剂把磨料粘结起来,经压坯、干燥、焙烧和车整而成的用磨粒进行切削的工具(图 11.1)。砂轮经磨削钝化后,需修整后再用。

砂轮的特性主要由磨料、粒度、结合剂、硬度和组织等五要素所决定。

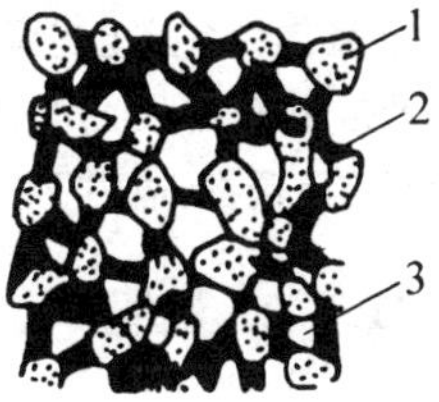

11.1.1 磨料

生产中常用的磨料有氧化物系、碳化物系和超硬磨料系三种。其性能和适用范围见表 11.1。

图 11.1 砂轮的结构
1—磨粒;2—结合剂;3—气孔

氧化物系磨料的主要成分是 Al_2O_3,根据 Al_2O_3 的纯度和加入金属元素的不同,可分成不同品种。由于其强度高、韧性大、与钢铁不发生反应,因此主要用于磨削钢类零件。

碳化物系磨料主要以碳化硅(SiC)、碳化硼(B_4C)等为基体,也因纯度不同而分为不同品种。由于其硬度高、强度低、韧性差,故不宜磨削钢类材料,主要适用于磨削铸铁、硬质合金、宝石等硬脆材料。

超硬磨料系磨料主要有人造金刚石和立方氮化硼(代号为 JLD,国外简称 CBN)。人造金刚石磨料的硬度最高,适用于磨削除钢铁以外的所有材料,特别适用于磨削硬而脆的硬质合金、陶瓷、宝石、光学玻璃等。立方氮化硼是硬度仅次于金刚石的人造材料,其耐热性(1 400 ℃)高于金刚石(700 ℃～800 ℃),对铁族金属的化学惰性大,特别适合于磨削硬而韧的钢材。在磨削高速钢、模具钢、高温合金时,CBN 磨料的切削刃锋利,可减小磨削时的塑性变形,磨削表面质量较好,表面层为残余压应力,故所磨工件的使用寿命较长。

表 11.1 常用磨料性能和适用范围

类别	名称及代号[①]	主要成分	显微硬度(HV)	极限抗弯强度/GPa	与铁的反应性能	热稳定性	磨削能力(以金刚石为1)	适用磨削范围
氧化物系	棕刚玉 A(GZ)	$w(Al_2O_3) > 95\%$ $w(SiO_2) < 2\%$	1 800 ~ 2 200	0.368	稳定	2 100℃ 熔融	0.1	碳钢、合金钢、铸铁
	白刚玉 WA(GB)	$w(Al_2O_3) > 99\%$	2 200 ~ 2 400	0.60	稳定	〃	0.12	淬火钢、高速钢
碳化物系	黑碳化硅 C(TH)	$w(SiC) > 98\%$	3 100 ~ 3 280	0.155	与铁有反应	>1 500℃ 氧化	0.25	铸铁、黄铜、非金属材料
	绿碳化硅 GC(TL)	$w(SiC) > 99\%$	3 200 ~ 3 400	0.155	与铁有反应	>1 500℃ 氧化	0.28	硬质合金等
高硬磨料系	立方氮化硼 JLD(CBN)	CBN	7 300 ~ 8 000	1.155	稳定高温与水有反应	<1 300℃ 稳定	0.80	淬火钢、高速钢
	人造金刚石 JR	碳结晶体	10 600 ~ 11 000	0.33 ~ 3.38	与铁有反应	>700℃ 石墨化	1.0	硬质合金、宝石、非金属材料

① 磨料代号中,( )中为旧标准规定的代号。

② 氧化物系除上述两种外,还有铬刚玉 PA(GG)、单晶刚玉 SA(GD)、微晶刚玉 MA(GW)、锆钕刚玉 NA(GP)及锆刚玉 ZA(GA)等,性能皆高于白刚玉 WA。PA、SA 适用于磨削淬火钢、高速钢和不锈钢。MA、NA 有较好的自锐性,适用于磨削不锈钢和各种铸铁。ZA 适用于磨削高温合金。

11.1.2 粒度

粒度是用来表示磨料颗粒大小的。新国标 GB/T 2481.1,2—2006 将磨料粒度分为两种:一种是固结磨具、研磨与抛光用磨料粒度,用 F + 粒度号表示;另一种是涂附用的磨料粒度,用 P + 粒度号表示。粒度号即是磨料颗粒能通过的筛网号,1 英寸(25.4 mm)长度上的筛孔数目。颗粒尺寸大于 63 μm 用筛分法生产,小于 63 μm 多用水选法生产,称为微粉。F4 ~ F24 为粗粒度,F30 ~ F220 为中粒度,F230 ~ F1200 为微粉。计有 37 个粒度号(微粉 11 个号)。

磨料的粒度号和基本尺寸如表 11.2 所示。

磨料的粒度直接影响到磨削表面质量和生产效率。砂轮粒度选择的原则是:

(1)精磨时,应选用粒度号较大,即细粒度的砂轮,以减小已加工表面粗糙度值。

(2)粗磨时,应选用粒度号较小,即粗粒度的砂轮,以提高磨削生产效率。

(3)砂轮速度较高或与工件接触面积较大时,宜选用粗粒度砂轮,以减少同时参加磨削的磨粒数,避免发热过多引起工件表面烧伤。

(4)磨削软而韧金属时,选用较粗粒度砂轮,以增大容屑空间,避免砂轮过早堵塞;磨削硬而脆金属时,选用较细粒度砂轮,以增加同时参加磨削的磨粒数,提高生产效率。

表 11.2　磨料的粒度号及其基本尺寸(GB/T 2481.1,2—2006)

粒度号	基本尺寸/μm	粒度号	基本尺寸/μm
F4	5 600~4 750	F80(80#)	~180
F5	4 750~4 000	F90	~150
F6	4 000~3 350	F100(100#)	~125
F7	~2 800	F120(120#)	~106
F8(8#)	~2 360	F150(150#)	150~75
F10(10#)	~2 000	F180(180#)	90~63
F12(12#)	~1 700	F220	75~53
F14(14#)	~1 400	F230	82~34
F16(16#)	~1 180	F240	70~28
F20(20#)	~1 000	F280	59~22
F22	~850	F320	49~16.5
F24(24#)	~710	F360	40~12
F30(30#)	~600	F400	32~8
F36(36#)	~500	F500	25~5
F40(40#)	~425	F600	19~3
F46(46#)	~355	F800	14~2
F54	~300	F1000	10~1
F60(60#)	~250	F1200	7~1
F70(70#)	~212		

11.1.3　结合剂

结合剂的作用在于将磨料粘结起来,使砂轮具有一定的形状和强度。常用的结合剂有：① 陶瓷结合剂(Vitrified),代号 V(旧代号 A);② 树脂结合剂(Bakelite),代号 B(旧代号 S);③ 橡胶结合剂(Rubber),代号 R(旧代号 X);④ 金属结合剂(Metal),代号 M(旧代号 Q)。

常用结合剂的性能和适用范围见表 11.3。

表 11.3　结合剂的性能和适用范围

结合剂	代　号	性　能	适 用 范 围
陶　瓷	V(A)	耐热、耐蚀、气孔率大、易保持廓形,弹性差	最常用,适用于各类磨削加工
树　脂	B(S)	强度较 V 高,弹性好,耐热性差	适用于高速磨削、切断、开槽等
橡　胶	R(X)	强度较 B 高,更富有弹性,气孔率小,耐热性差	适用于切断、开槽及作无心磨导轮
金　属	M(Q)	常用青铜(Q),其强度最高,导电性好,磨耗少,自锐性差	适用于金刚石砂轮

金刚石砂轮常用青铜(Q)作结合剂,一般由基体、非金刚石层和金刚石层三部分组成。金刚石层内每 1 cm³ 体积中的金刚石含量称为浓度。浓度有 25%、50%、75%、100%、150%

五个等级,金刚石含量以克拉表示,依次为 1.1、2.2、3.3、4.4 和 6.6 Ct/cm³(1 克拉 Ct = 0.2 g)。

11.1.4　硬度

砂轮硬度是指砂轮上的磨粒受力后自砂轮表面脱落的难易程度,也反映磨料与结合剂的粘结强度。砂轮硬,表示磨粒难于脱落;砂轮软,则表示磨粒容易脱落。

砂轮硬度与磨料的硬度是两个不同的概念,切不可混淆。砂轮的硬度是由结合剂粘结强度和砂轮制造工艺决定的,与磨料本身的硬度无关。砂轮硬度可用喷砂法或刻划法测定。用微粉制造的砂轮可用洛氏硬度计测定其硬度。

砂轮硬度等级见表 11.4。

表 11.4　砂轮硬度等级名称和代号

硬　度　等　级		旧　代　号 (汉语拼音字母)	新　代　号 (英文字母)
大　级	小　级		
超　软	超　软	CR	D、E、F
软	软 1	R_1	G
	软 2	R_2	H
	软 3	R_3	J
中　软	中软 1	ZR_1	K
	中软 2	ZR_2	L
中	中　1	Z_1	M
	中　2	Z_2	N
中　硬	中硬 1	ZY_1	P
	中硬 2	ZY_2	Q
	中硬 3	ZY_3	R
硬	硬　1	Y_1	S
	硬　2	Y_2	T
超　硬	超　硬	CY	Y

砂轮硬度的选择原则如下:

(1) 工件材料越硬,应选用越软的砂轮。这是因为硬材料易使磨粒磨损,使用较软砂轮可使磨钝的磨粒及时脱落,使砂轮经常保持磨粒的锐利,避免因磨削温度过高而使工件烧伤;同时,软砂轮的孔隙较多较大,容屑性能好。但是,磨削有色金属(铝、黄铜、青铜等)、树脂等软材料,也要用较软的砂轮。因为软材料易使砂轮堵塞。

(2) 砂轮与工件磨削接触面积大时,磨粒参加切削时间较长、易磨损,应选用较软砂轮。如内圆磨削和端面平磨时,因砂轮与工件的接触面积大,故砂轮的硬度应比外圆磨削时低。

（3）精磨和成形磨削时，为了较长时间保持砂轮廓形，保证磨削表面精度，需选用较硬砂轮。

（4）砂轮为细粒度时，应选硬度较软砂轮，以避免砂轮堵塞。

（5）树脂结合剂砂轮由于耐热性差，磨粒容易脱落，其硬度可比陶瓷结合剂砂轮高1～2级。

11.1.5　组织

砂轮的组织反映砂轮中磨料、结合剂、气孔三者间的比例关系。磨料在砂轮中所占比例越大，砂轮的组织越紧密，气孔越少；反之，磨料比例越小，组织越疏松，气孔越多。根据磨料在砂轮总体积中所占比例，将砂轮组织划分为紧密、中等、疏松三级（图11.2），细分为15小级（表11.5）。组织号越小，磨料所占比例越大，组织越紧密，气孔越少；反之，组织号越大，组织越疏松，气孔越多。

紧密　　　　　　　　　　中等　　　　　　　　　　疏松

图 11.2　砂轮的组织

表11.5　砂轮的组织等级及选择

组织分类	紧　密				中　　等				疏　　松						
组织代号	0	1	2	3	4	5	6	7	8	9	10	11	12	13	14
磨粒的体积分数/%	62	60	58	56	54	52	50	48	46	44	42	40	38	36	34
适　用　范　围	用于重压力下的磨削以及表面质量、精度要求较高的磨削；间断加工、成形磨削等				用于一般磨削和淬火钢加工；刀具刃磨、内外圆磨削、砂轮圆周平面磨削				磨削热敏性强的材料或薄壁零件以及较韧的金属；砂轮端面磨平面和大接触面磨削以及压力较小的磨削						

砂轮组织紧密时，气孔率小，容屑空间小，易被磨屑堵塞，磨削效率较低，但可承受较大磨削压力，砂轮廓形精度保持也较久，故适用于重压力下的磨削（如手工磨削）以及精磨、成形磨削。

组织疏松的砂轮一般较软，加工表面粗糙度值较大，但由于气孔多，容屑、排屑条件好，不易发生堵塞，由气孔带入磨削区的切削液较多，发热量少，散热也较好，故适用于粗磨、平面磨、内圆磨等接触面积较大的磨削工序以及热敏感性较强材料（如磁钢、钨银合金等）、软金属和薄壁工件的磨削。

大气孔砂轮的组织号为 10 ~ 14,其气孔体积分数可高达 70%,孔穴直径可达 $\phi2$ ~ 3 mm,适用于磨削热敏感性材料、硬质合金、软金属(如铝)、非金属软材料(如硬橡胶、塑料)等。

中等组织的砂轮适用于一般磨削加工,如淬火钢的磨削和刀具刃磨。一般砂轮若未标明组织号,即为中等组织。

11.1.6 砂轮形状、用途和标志

为了适应在不同类型磨床上磨削各种不同形状和尺寸工件的需要,砂轮需制成不同形状和尺寸。表 11.6 列出了常用砂轮的形状代号和用途。

表 11.6 常用砂轮形状代号和用途

砂轮名称	代号	断面简图	基 本 用 途
平形砂轮	P		根据不同尺寸,分别用于外圆磨、内圆磨、平面磨、无心磨、工具磨、螺纹磨和砂轮机上
双斜边砂轮	PSX		主要用于磨齿轮齿面和磨单线螺纹
双面凹砂轮	PSA		主要用于外圆磨削和刃磨刀具,还用做无心磨的磨轮和导轮
薄片砂轮	PB		主要用于切断和开槽等
筒形砂轮	N		用于立式平面磨床上
杯形砂轮	B		主要用其端面刃磨刀具,也可用圆周磨平面和内孔
碗形砂轮	BW		通常用于刃磨刀具,也可用于导轨磨上磨机床导轨
碟形砂轮	D		适于磨铣刀、铰刀、拉刀等,大尺寸一般用于磨齿轮齿面

砂轮的各种特性代号一般标注在砂轮端面上,其次序是:磨料—粒度—硬度—结合剂—组织—形状及尺寸。如

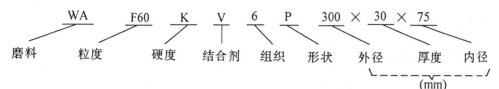

上述标志表明,该砂轮是白刚玉磨料,F60 号粒度,硬度 K,陶瓷结合剂,6 号组织,平形砂轮,外径 300 mm、厚度 30 mm、内径 75 mm。

11.2 磨削加工类型与磨削运动

11.2.1 磨削加工类型

根据砂轮与工件相对位置的不同,磨削可大致分为:内圆磨削、外圆磨削和平面磨削。图 11.3 给出了主要磨削类型。

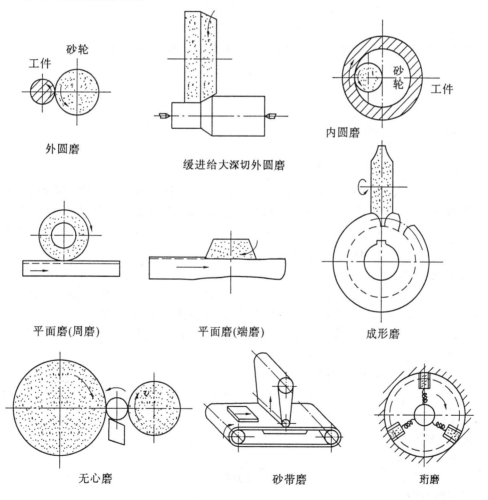

图 11.3 主要磨削类型

11.2.2　磨削运动

磨削类型不同,磨削运动也不同,如图11.4所示。

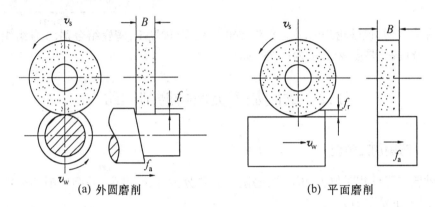

(a) 外圆磨削　　　　　　　　　　　　　　(b) 平面磨削

图11.4　磨削运动

1. 主运动

砂轮的回转运动称为主运动。主运动速度(即砂轮外圆的线速度)称磨削速度,用 v_s 表示为

$$v_s = \frac{\pi d_s n_s}{1\,000} \quad \text{m/s} \tag{11.1}$$

式中　　d_s——砂轮直径(mm);

　　　　n_s——砂轮转速(r/s)。

2. 径向进给运动

砂轮径向切入工件的运动称径向进给运动。工作台每双(单)行程工件相对砂轮径向移动的距离,称径向进给量,以 f_r 表示,单位为 mm/d·str(工作台每单行程进给时,f_r 单位为 mm/str)。当作连续进给时,用径向进给速度 v_r 表示,单位为 mm/s。通常 f_r 又称磨削深度 a_p。一般情况下,$f_r = 0.005 \sim 0.02$ mm/d·str。

3. 轴向进给运动

工件相对于砂轮沿轴向的运动,称轴向进给运动。工件每转一转(平面磨削时为工作台每一行程)工件相对于砂轮的轴向移动距离,称轴向进给量,以 f_a 表示,单位为 mm/r 或 mm/str。有时还用轴向进给速度 v_a 表示,单位为 mm/s。一般情况下,$f_a = (0.2 \sim 0.8)B$,B 为砂轮宽度,单位为 mm。

4. 工件圆周(或直线)进给运动

外(内)圆磨削时,工件的回转运动为工件的进给运动;平面磨削时,工作台的直线往复运动为工件的进给运动。工件进给速度 v_w 是指工件圆周线速度或工作台移动速度。

外圆磨削时

$$v_w = \frac{\pi d_w n_w}{1\,000} \text{ m/s} \tag{11.2}$$

平面磨削时

$$v_w = \frac{2L\,n_{tab}}{1\,000} \text{ m/s} \tag{11.3}$$

式中　　d_w——工件直径(mm);

　　　　n_w——工件转速(r/s);

　　　　L——工件台行程长度(mm);

　　　　n_{tab}——工件台往复运动频率(s^{-1})。

外圆磨削时,若同时具有 v_s、v_w、f_a 连续运动,则为纵向磨削。如无轴向进给运动,即 $f_a=0$,则砂轮相对于工件作连续径向进给,称为切入磨削(或横向磨削)。

平面磨削时,用砂轮圆周面磨削的方式称周边磨削;用砂轮端面磨削称端面磨削。

内圆磨削与外圆磨削运动相同,但因砂轮的直径受工件孔径尺寸的限制,砂轮轴刚度较差,切削液也不易冲刷磨削区,因而磨削用量较小,磨削效率不如外圆磨削高。

常用磨削用量见表 11.7。

表 11.7　常用磨削用量

磨削方法	$v_s/$ $(m\cdot s^{-1})$	$f_r/(mm\cdot(d\cdot str)^{-1})$		$f_a/(mm\cdot r^{-1})$		$v_w/(m\cdot s^{-1})$	
		粗 磨	精 磨	粗 磨	精 磨	粗 磨	精 磨
外圆磨削	25~35	0.015~0.05	0.005~0.01	(0.3~0.7)B	(0.3~0.4)B	0.33~0.5	0.33~1.00
内圆磨削	18~30	0.005~0.02	0.0025~ 0.010	(0.4~0.7)B	(0.25~0.4)B	0.33~0.66	0.33~0.66
平面磨削	25~35	0.015~0.04	0.005~ 0.015	(0.4~0.7)B	(0.2~0.3)B	0.1~0.5	0.25~0.33

注:B—砂轮宽度,mm;d·str—双行程;str—单行程。

11.3　磨 削 过 程

11.3.1　磨削特点

磨削加工的本质也是切削加工,但与切削加工相比,具有如下特点:

1. 磨削速度高

磨削速度很高,一般在 30~50 m/s,是车、铣速度的 10~20 倍。因此磨削层金属变形很大,磨削区温度很高,瞬时温度可达 1 000℃,极易引起加工表面物理力学性能的改变,甚至产生烧伤和裂纹。

2. 冷硬程度及能量消耗大

磨粒切削刃和前后(刀)面形状极不规则,顶角约在 105°左右,前角为很大负值,后角小,切削刃钝圆半径 r_n 较大(图 11.5),磨削层材料会产生强烈的挤压变形。特别当磨粒磨钝后和进给量很小时,金属变形更为严重,因

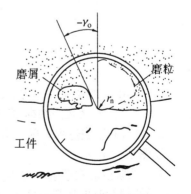

图 11.5　磨屑的形成

而磨削单位体积金属消耗的能量比一般切削加工大得多,约是切削加工的 10～30 倍,冷硬程度也大。

3. 单颗磨粒切削厚度极小而单位磨削力大

磨削时单颗磨粒的切削厚度可小到几个微米,根据切削力的尺寸效应,单位磨削力大,但易于获得较高加工精度和较小表面粗糙度。

4. 背向磨削力大

由于多数磨粒切削刃具有很大的负前角和较大的切削刃钝圆半径 r_n,致使背向(或法向力)磨削力 F_p 远大于切向磨削力 F_c(表 11.8),加剧工艺系统变形,造成实际磨削深度(或径向进给量 f_r)常小于名义磨削深度 a_p,故严重影响加工精度和磨削过程的稳定性。

表 11.8　磨削时 F_p/F_c 的比值

工件材料	钢	淬火钢	铸铁
F_p/F_c	1.6～1.8	1.9～2.6	2.7～3.2

5. 磨粒有自砺性

磨粒在磨削力作用下,会自己产生开裂和脱落,从而形成新的锐利刃,此称为磨粒的自砺性或自锐性,对磨削加工有利。

6. 砂轮表面磨粒分布是随机的

砂轮表面磨粒分布是随机的,有有效磨粒与无效磨粒之分。各磨粒在磨削过程中的作用差别很大,有的磨粒无切削作用,这直接影响磨削表面质量,且使磨削过程复杂化。

11.3.2　磨削过程

砂轮表面的磨粒可近似地看做是一把把微小的铣刀齿,几何形状和几何角度有很大差异,致使不同磨粒的切削情况相差较大。因此,必须研究单个磨粒的磨削过程。

1. 单个磨粒的磨削过程

(1) 磨粒的形状。磨粒一般是用机械方法破碎磨料获得。磨粒具有多种多样的几何形状,如图 11.6 所示,其中以菱形八面体最为普遍。

(a) 磨粒外形　　　　　　　(b) 典型磨粒断面

图 11.6　磨粒的形状

磨粒顶角 β 通常为 90°～120°,切削时为负前角,尖部均有钝圆,其半径 r_n 约在几微米至几十微米。随着磨粒的磨损,负前角和钝圆半径还会增大。

(2) 磨屑的形成过程。单个磨粒的切削过程大致分为滑擦、耕犁(或刻划)和切削三个阶段,如图 11.7 所示。

① 滑擦阶段。在磨削过程中,切削厚度由零逐渐增大。在滑擦阶段,由于磨粒切削刃与工件开始接触时的切削厚度 h_D 极小,当磨粒顶角处的钝圆半径 $r_n > h_D$,磨粒仅在工件表面上滑擦而过,只产生弹性变形,不产生切屑。

② 耕犁阶段。随着磨粒挤入深度的增大,磨粒与工件表面的压力逐步加大,表面层也由弹性变形过渡到塑性变形。此时挤压摩擦剧烈,有大量热产生,当金属被加热到临界点时,法向热应力超过材料的屈服强度,切削刃就开始切入表层。滑移使表层被推向磨粒的前方和两侧,使得磨粒在工件表面刻划出沟痕,沟痕的两侧则产生了隆起。这一阶段的特点是:表层产生塑性流动与隆起,因磨粒的切削厚度未达到形成切屑的临界值,因而不能形成切屑。

③ 切削阶段。当挤入深度增大到临界值时,被切层在磨粒的挤压下明显地沿剪切面滑移,形成的切屑沿前(刀)面流出,称为切削阶段。

由于磨粒的形状、大小和分布各不相同,只有砂轮表面最外层的锋利磨粒才可能连续经过上述滑擦、耕犁和切削三个阶

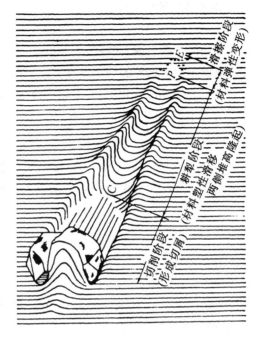

图 11.7 磨粒的切削过程

段。而低于最外层的磨粒,可能只经过滑擦、耕犁阶段而未进入切削阶段,有的磨粒甚至只是在工件表面上滑擦而过或根本未与工件接触。由于磨削速度很高,滑擦作用会产生很高温度,从而引起磨削表面的烧伤、裂纹等缺陷。因此,滑擦作用对磨削表面质量有很不利影响。

耕犁所引起的隆起现象对磨削表面粗糙度有较大影响。工件材料不同或热处理状态不同,隆起凸出量也不同:工件材料的硬度和强度越高,隆起凸出量越小;反之,其隆起凸出量越大。因此,硬度较高的工件,易获得较小的表面粗糙度。

此外,隆起凸出量与磨削速度有关,即随着磨削速度的增加,隆起凸出量成线性下降(图11.8)。这是由于在高速磨削时,工件材料塑性变形的传播速度远小于磨削速度而使磨粒侧面的工件材料来不及变形,这是高速磨削可减小加工表面粗糙度值的原因之一。

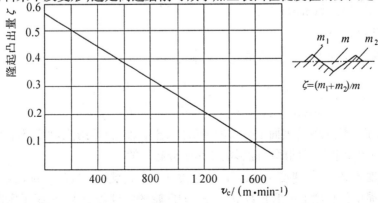

图 11.8 隆起凸出量与磨削速度的关系

2. 单个磨粒的切削厚度

如前述,每个磨粒对切削层的作用各不相同。为便于分析,假设磨粒前后对齐,并均匀分布在砂轮的外圆表面,即将砂轮看成是一多齿铣刀。这样就可以按照铣削切削厚度的计算方法来确定单个磨粒的切削厚度。

如图 11.9 所示,砂轮上点 A 转到点 B 时,工件上点 C 就移到点 B,即工件上有 ABC 这么大面积材料被磨掉了。此时磨削层的最大厚度为 BD,如果参加切削的磨粒数为 $\widehat{AB} \times m$(m 为砂轮圆周单位长度上的磨粒数),单个磨粒的最大切削厚度 h_{Dgmax} 为

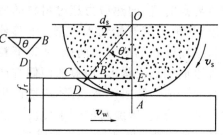

图 11.9　单个磨粒的切削厚度

$$h_{Dgmax} = BD/(\widehat{AB} \times m) \tag{11.4}$$

将 BCD 近似看成一直角三角形,则

$$BD = BC \sin \theta$$

若砂轮以速度 v_s 从点 A 转到点 B(转过 θ 角)所需时间为 t,在这一段时间内,工件以 v_w 的速度移动了 BC 距离,则

$$BC/\widehat{AB} = (v_w t)/(v_s t) = v_w/v_s$$

$$\cos \theta = OE/OB = (d_s/2 - f_r)/(d_s/2) = (d_s - 2f_r)/d_s$$

故有

$$\sin \theta = \sqrt{1 - \cos^2 \theta} = 2\sqrt{f_r/d_s - f_r^2/d_s^2}$$

通常 $d_s \gg f_r$,故可忽略 f_r^2/d_s^2 一项,则得

$$\sin \theta = 2\sqrt{f_r/d_s}$$

代入式(11.4),有

$$h_{Dgmax} = \frac{2v_w}{v_s m}\sqrt{f_r/d_s} \tag{11.5}$$

式中　h_{Dgmax}——单个磨粒最大切削厚度(mm);

　　　v_s、v_w——砂轮、工件的速度(m/s);

　　　f_r——径向进给量(mm);

　　　d_s——砂轮直径(mm)。

如考虑砂轮宽度 B 和轴向进给量 f_a 的影响,式(11.5)变为

$$h_{Dgmax} = [(2v_w f_a)/(v_s mB)]\sqrt{f_r/d_s} \tag{11.6}$$

$$h_{Dgmax} = [(2v_w f_a)/(v_s mB)]\sqrt{f_r/d_s + f_r/d_w} \tag{11.7}$$

实际上,由于磨粒在砂轮表面上分布的随机性,各个磨粒的切削厚度各不相同。但对定性分析各因素对单个磨粒切削厚度的影响还是十分有用的:

① 砂轮速度越高,工件速度越低,即磨削速度比(v_w/v_s)越小时,h_{Dgmax} 越小。

② 砂轮圆周单位长度上的磨粒数 m 越大(即砂轮的粒度号越大、组织紧密时),砂轮直径 d_s、宽度 B 越大,h_{Dgmax} 越小。

③ f_r 与 f_a 增大,均使 h_{Dgmax} 增大,但增大的幅度不一样,h_{Dgmax} 分别与 f_a、$\sqrt{f_r}$ 成正比。

不难看出,h_{Dgmax} 对磨粒的工作负荷、磨削力、磨削温度和加工质量均有较大影响。当 h_{Dgmax} 增大时,单位时间内的金属切除量将增多,即磨削效率提高,但将导致磨粒与砂轮过度磨损和加工表面质量下降。因此,从提高加工效率的角度看,在机床和砂轮允许的情况下,提高砂轮速度 v_s 最有利。因为 v_s 增大,使参加工作的磨粒数增加,从而使每个磨粒的磨削厚度减小,这就是高速磨削能得到广泛应用的主要原因之一。其次,在机床刚度较好的条件下,增大 f_r 可减少往复走刀次数,也是行之有效的措施,这就是生产中的大切深磨削法。

11.4 磨削的其他概念

11.4.1 磨削温度

1. 磨削点温度 θ_{dot}

磨粒磨削点温度是磨粒切削刃与切屑接触点的温度,是磨削中温度最高的部位,可达 1 000 ~ 1 400℃。该温度不但影响磨削表面质量,且与磨粒磨损和切屑熔着现象有密切关系。

2. 磨削区温度 θ_A

砂轮磨削区温度是砂轮与工件接触区的平均温度。它影响工件表面的烧伤、裂纹和加工硬化。

3. 工件平均温升

工件平均温升是磨削热传入工件而引起的温升。它影响工件的形状与尺寸精度。

一般所讲的"磨削温度",是指砂轮磨削区温度 θ_A,可用人工热电偶或半人工热电偶法测量。

11.4.2 砂轮使用寿命、磨削比及磨耗比

1. 砂轮使用寿命 T

砂轮使用寿命 T 是砂轮相邻两次修整间的纯磨削时间,以 s 来表示,也可用磨削工件数目表示。

砂轮常用合理使用寿命数值见表 11.9。

表 11.9 砂轮常用合理使用寿命参考值

磨削种类	外圆磨	内圆磨	平面磨	成形磨
使用寿命 T/s	1 200 ~ 2 400	600	1 500	600

外圆纵磨时,使用寿命 T 与各因素之间关系的经验公式为

$$T = \frac{6.67 \times 10^{-4} d_w^{0.6}}{(v_w f_a f_r)^2} K_m K_s \quad s \tag{11.8}$$

式中 d_w——工件直径(mm);

v_w——工件速度(m/s);

f_a、f_r——轴向进给量和径向进给量(mm/r);

K_s、K_m——砂轮直径和工件材料的修正系数(表 11.10)。

表 11.10　修正系数 K_m 和 K_s 值

工件材料	未淬火钢	淬火钢		铸　铁
修正系数 K_m	1.0	0.9		1.1
砂轮直径	400	500	600	750
修正系数 K_s	0.67	0.83	1.0	1.25

2. 磨削比 G 与磨耗比 G_s

单位时间内磨除金属体积与砂轮消耗体积之比,称为磨削比,以 G 表示,常用来表示砂轮的性能,即

$$G = Q_w / Q_s \tag{11.9}$$

式中　Q_w——每秒金属切除体积(mm^3/s);

Q_s——每秒砂轮消耗体积(mm^3/s)。

磨耗比 G_s 为磨削比 G 的倒数,是切除单位体积金属所消耗的砂轮体积,即

$$G_s = 1/G_c = Q_s / Q_w \tag{11.10}$$

粗磨时,常用磨削比 G 来评价砂轮的切削性能。

11.4.3　磨削表面质量

磨削表面质量包括表面粗糙度、残余应力、磨削烧伤与磨削裂纹等。

1. 磨削表面粗糙度

磨削表面粗糙度一般沿与磨削速度垂直方向测量。若假定磨粒切削刃在砂轮表面呈均匀分布,且高度完全一致,则垂直于磨削速度方向的理论粗糙度 Ry 可用式(11.11)计算

$$Ry = \left(\frac{v_w}{2 v_s m e} \right)^{2/3} \left(\frac{R_w + R_s}{2 R_w R_s} \right)^{1/3} \tag{11.11}$$

式中　R_w、R_s——工件和砂轮的半径;

m——砂轮圆周单位长度上的磨粒数;

e——切削宽度与平均切屑厚度的比值。

由此可知,降低 v_w、增加 v_s、R_w、R_s 以及采用细粒度(m 值大)砂轮,均可使 Ry 减小。

2. 残余应力

与车削加工类似,磨削表面的残余应力是相变引起金相组织的体积变化、温度引起的热胀冷缩及塑性变形的综合结果。

残余压应力可提高零件疲劳强度和使用寿命,残余拉应力易使表面产生裂纹、降低疲劳强度。但不论是残余压应力,还是拉应力都不利于工件几何精度的长期稳定性。

在精磨时,减小进给量和增加光磨次数,可减小残余应力。

3. 磨削烧伤

由磨削热引起的、在加工表层瞬间发生的氧化变色现象,称为磨削烧伤。

不同工件材料的烧伤敏感程度不同。工件材料含碳量或合金元素量越多、导热系数越小,越容易烧伤。

磨削烧伤会损坏工件表层组织,甚至产生裂纹,使加工表面质量恶化,必须加以避免。

4. 磨削裂纹

在磨削过程中,加工表面常因局部瞬时高温和随即急剧冷却所产生的热应力而出现裂纹,它将降低零件的疲劳强度和使用寿命。

磨削烧伤、残余应力和磨削裂纹均与磨削温度有密切关系。凡能降低磨削温度的措施,均有利于提高磨削表面质量。

11.5 先进磨削方法简介

30 多年来,由于科学技术的发展,对工件加工精度和生产效率的要求越来越高,磨削技术也有了较大发展。目前,高效磨削和高精度、小粗糙度磨削是磨削技术的两个主要发展方向。

11.5.1 高效磨削

1. 高速磨削

普通磨削时砂轮的线速度 $v_s = 30 \sim 35$ m/s, $v_s \geqslant 45$ m/s 的磨削称为高速磨削。目前,世界上试验的磨削速度已达 200 ~ 250 m/s,实际应用的速度在 80 ~ 125 m/s,而经济磨削速度是 50 ~ 60 m/s。生产实践证明,高速磨削比普通磨削可提高生产效率 30% ~ 100%。

由于高速磨削时砂轮线速度的提高,单位时间内参与磨削的磨粒数大大增加,与普通磨削相比,高速磨削具有如下特点:

(1) 在保证相同加工质量前提下,生产效率大幅度提高。因为 v_s 提高后,磨粒切削厚度减小,为保持 h_{Dgmax} 不变,进给量就得大大提高,磨削机动时间大为缩短,从而使生产效率提高。

(2) 在保证相同生产效率前提下,加工精度、表面质量和砂轮使用寿命提高。单位时间磨除量一定时,v_s 提高后,单个磨粒切削厚度变小,这不但可减小已加工表面粗糙度值,而且由于磨削背向力也相应减小,可提高加工精度。此外,由于磨粒切削负荷减小,每个磨粒的磨削时间相对延长,从而使砂轮使用寿命有较大幅度提高。

2. 缓进给大切深磨削

缓进给大切深磨削又称缓进给磨削或深磨削(强力磨削)或蠕动磨削,是继高速磨削发展起来的一种新工艺。它是以较大的径向进给量 f_r(可达 30 mm 以上)和很低的工作台进给速度 v_w(3 ~ 300 mm/min)磨削工件,经一个或数个行程即可磨到所要求的尺寸与形状精度,适用于高硬度、高韧性材料(如高温合金、不锈钢、高速钢等)的型面和沟槽磨削。

缓进给大切深磨削有如下特点:

(1) 生产效率高。由于缓进给磨削时的磨削深度(径向进给量)很大,可以一次进给将锻、铸件毛坯直接磨削成所需成品工件,大大减少了工作台往复行程次数,节省了工作台换向时间及空磨时间;同时由于砂轮与工件的接触长度大,接触区内同时工作磨粒数大为增加,使单位时间内的金属磨除量增大,可比普通磨削提高效率 3 ~ 5 倍。

（2）砂轮使用寿命长、磨削质量和精度稳定。普通磨削时，工作台速度较高，砂轮边缘与工件尖角频繁撞击，加速了砂轮破损。缓进给磨削时，工作台进给缓慢且往复次数少，大大减轻了两者的撞击与损伤。此外，由于缓进给磨削时的单个磨粒切削厚度减小，磨粒承受的磨削负荷减轻，使砂轮能在较长时间内保持原有的廓形精度，从而提高了砂轮使用寿命，稳定了磨削精度和质量。

（3）扩大磨削应用范围，能有效地解决一些难加工材料的成形加工。如燃气轮机的叶片材料为高温合金，叶片根圆弧槽铣削加工十分困难，刀具磨损严重。采用缓进给磨削后，生产效率提高了 5 倍，且加工精度和质量均显著提高。

但应用缓进给磨削时应注意以下几点：

（1）必须保证机床功率足够，砂轮主轴承载能力大，工作台低速运动时稳定无爬行。普通磨床只有改装后方可试验。

（2）选择合适的砂轮。缓进给磨削时，金属磨除率大，磨削力和磨削热也相应增多，因此要求砂轮具有足够的容屑空间、良好的自砺性和保持廓形精度的能力。除了根据工件材料选择相应磨料外，应选用硬度软、粗粒度、组织疏松（一般 12 号以上）的陶瓷结合剂砂轮，以利于排屑和冷却。

（3）必须采取措施进行充分有效的冷却。缓进给磨削时，产生的磨削热多而不易散出，易引起工件烧伤，必须采用高压力、大流量的磨削液来冷却冲洗。采用水溶性离子型磨削液，可显著减少砂轮的粘结磨损与扩散磨损，防止工件烧伤。

3. 砂带磨削

砂带磨削是一种很有发展前途的高效磨削方法。其应用范围很广，几乎所有材料（金属和非金属）的各种型面磨削都可以采用。近年来，在某些工业发达国家，砂带磨削已占磨削加工量的一半以上。

砂带磨削所需设备比较简单，一般由砂带、接触轮、张紧轮、支承板与传送带等组成，如图 11.10 所示。接触轮一般用钢或铸铁做芯，其上浇注硬橡胶制成，其作用是控制砂轮磨粒对工件的接触压力和切削角度。张紧轮为铁或钢制滚轮，起张紧砂带作用，张紧力大时，磨削效率较高。支承板为钢制，经过渗碳处理，用来实现工件的进给。

砂带由磨料、基体和粘结剂组成（图 11.11）。制造砂带的磨料多为氧化铝（Al_2O_3）、碳化硅（SiC）或氧化锆（ZrO_2），也可采用金刚石或 CBN。基体材料是布或纸。结合剂可以是动物胶（用于干磨砂带）或树脂胶（用于湿磨砂带）。

由于制造砂带的磨料预先经过精选，粒度均匀性好，并且采用静电植砂装置使磨料在高压静电

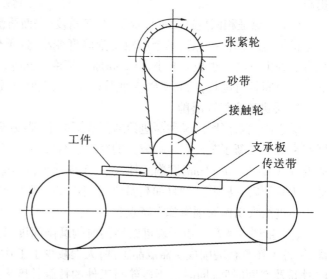

图 11.10　砂带磨削设备示意图

场作用下以均匀的间隔直立在基体上,因此砂带的磨粒分布有一定规律、等高性好、容屑空间大,大量磨粒在加工时能同时发生切削作用,磨削发热少,加工效率高。

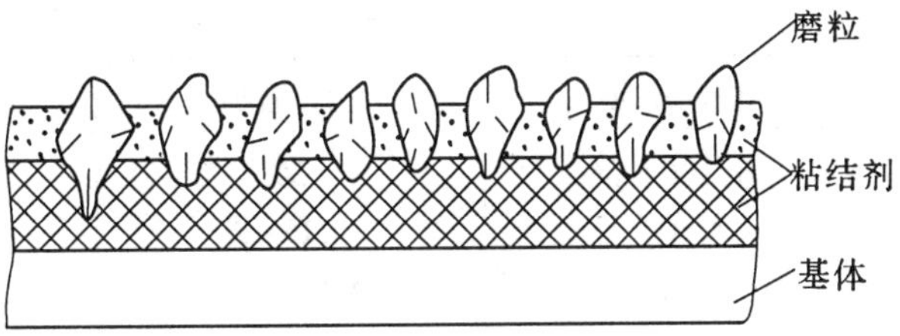

砂带磨削具有如下特点:

(1) 生产效率高。砂带磨削的工时仅为砂轮磨削的 1/5,辅助工时也较少,生产效率高是砂带磨削最主要的优点。

图 11.11 砂带结构示意图

(2) 机床设备简单、通用性好、适应性强、生产成本低。

(3) 应用范围广。可用来粗磨钢锭与钢板,磨削难加工材料与难加工型面,特别是磨削大尺寸薄板、大长径比的外圆与内孔(直径 25 mm 以上)、薄壁件和复杂型面更为优越。

(4) 设备占用空间大,噪音大,砂带磨损后不能修复再用,这是其缺点。

目前,砂带磨削正朝着进一步提高加工精度、自动化程度及延长砂带使用寿命方向发展。

11.5.2 高精度小粗糙度磨削

磨削加工的表面粗糙度是砂轮微观形貌的某种复印。因此,磨床主轴振动和砂轮表面磨粒的微刃性和等高性是影响磨削精度和表面质量的主要因素。

当采用较小的修整量精细修整砂轮时,磨粒将产生细微破碎,形成几个微细切削刃,称微刃。磨削时,在砂轮与工件间振动很小的条件下,如果砂轮表层上磨粒的微刃数多且等高性好(即分布在同一表层上的微刃数多),则磨粒在工件表面上能切下均匀微细切屑;同时在适当的磨削压力下,借助于半钝化状态的微刃对工件表面的摩擦抛光作用,可获得高精度、小粗糙度的磨削表面。

不难看出,高精度、小粗糙度磨削对砂轮、磨床和磨削工艺提出了很高要求。

1. 选择合适的砂轮

所选择的砂轮应保证在精细修整后能形成大量的等高性好的微刃。对超精密磨削($Ra0.01 \sim 0.04\ \mu m$),宜选用刚玉磨料、细粒度($80^{\#} \sim 320^{\#}$)、中软硬度的陶瓷结合剂砂轮;对镜面磨削($Ra < 0.01\ \mu m$),宜选用刚玉磨料、微细粒度(W10 ~ W14)、超软硬度的树脂结合剂加石墨填料砂轮。

2. 砂轮需精细修整

为使砂轮表面的磨粒具有良好的微刃性和等高性,需采用锐利金刚石笔对砂轮进行精细修整。修整深度 t_d 一般为 2.5 ~ 5 μm,修整导程 P_d 可取 0.01 ~ 0.02 mm/r(超精密磨削)或 $P_d = 0.008 \sim 0.012$ mm/r(镜面磨削)。

3. 磨床精度要高

砂轮主轴必须有很高的回转精度和刚度,工作台应保证低速无爬行,往复速度差不超过10%,这是使砂轮表面磨粒切削刃获得良好微刃性和等高性的基本要求。此外,磨削液要经过精细过滤。

4. 选用合理的磨削用量

微刃的切削和抛光作用的充分发挥,还须靠合理的磨削用量来实现。具体参考值见表11.11。

表 11.11　高精度小粗糙度磨削用量

磨削用量	精密磨削	超精磨削	镜面磨削
$v_s/(\text{m·s}^{-1})$	30	12 ~ 30	12 ~ 30
$v_w/(\text{m·s}^{-1})$	0.15 ~ 2	0.1 ~ 0.12	0.1 ~ 0.12
f_r/mm	0.002 5 ~ 0.005	< 0.002 5	< 0.002 5
光磨次数	1 ~ 3	4 ~ 15	20 ~ 30

复习思考题

11.1 常用磨料有哪几类？主要成分是什么？各适宜加工何种材料？

11.2 砂轮硬度与磨料硬度有何异同？如何选择砂轮硬度？

11.3 磨料粒度号是如何制定的？粒度主要根据什么选择？

11.4 砂轮的结合剂有哪几种？各有何特点？如何选用？

11.5 砂轮组织的含义是什么？如何选用？

11.6 外圆、内圆和平面磨削中各有哪些磨削运动？

11.7 与车削相比，磨削有何特点？

11.8 何谓砂轮使用寿命和磨削比？

11.9 磨削表面质量包含哪些内容？

11.10 高效率磨削有哪几种？各有何特点？使用时应注意什么？

11.11 高精度、小粗糙度磨削对砂轮、机床和磨削条件有什么特殊要求？

第 12 章　车　　刀

12.1　车刀的种类与用途

车刀的种类很多,可按用途和结构来分类。

12.1.1　按用途分类

车刀按其用途可分为:外圆车刀、内孔车刀、端面车刀、切断车刀与螺纹车刀等,如图 12.1所示。

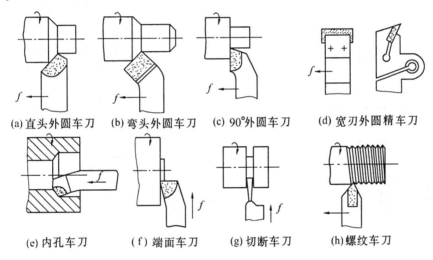

(a)直头外圆车刀　　(b)弯头外圆车刀　　(c) 90°外圆车刀　　(d) 宽刃外圆精车刀

(e) 内孔车刀　　　(f) 端面车刀　　　(g) 切断车刀　　　(h)螺纹车刀

图 12.1　常用车刀种类

外圆车刀有直头和弯头之分,常以主偏角的数值来命名,如 $\kappa_r = 90°$ 称为 90°外圆车刀; $\kappa_r = 45°$ 称为 45°外圆车刀。

12.1.2　按结构分类

车刀按其结构可分为:整体车刀、焊接车刀、装配式车刀、机夹车刀和可转位车刀等。

整体车刀即是做成长条形状的整块高速钢,俗称"白钢刀",已淬硬至 62~66HRC,使用时可视其用途刃磨即可。

焊接车刀是把硬质合金刀片镶焊(钎焊)在优质碳素结构钢(45 钢)或合金结构钢(40Cr)的刀杆刀槽上后经刃磨制得(图 12.2)。

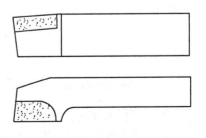

图 12.2　焊接车刀

装配式车刀是将焊有硬质合金刀片的小刀块装配在刀杆上而成（图12.3）。主要用于重型车削,刃磨时只需刃磨小刀块,刀杆能重复使用。

机夹车刀是将硬质合金刀片用机械夹固的方法装夹在刀杆上而成（图12.4）。刀刃位置可以调整,用钝后可重复刃磨。

可转位车刀的刀片也是用机械夹固法装夹的（图12.5）,但刀片为可转位的正多边形,每边都可作切削刃,用钝后只需将夹紧元件松开,刀片转位,即可使新切削刃投入切削。

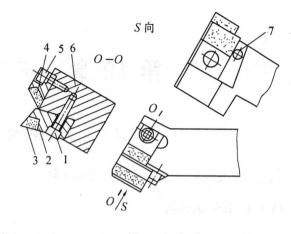

图 12.3　装配式车刀
1、5—螺钉；2—小刀块；3—刀片；
4—断屑器；6—刀杆；7—支承销

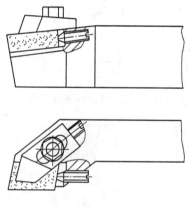

图 12.4　机夹车刀

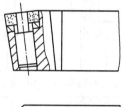
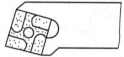

图 12.5　可转位车刀

12.2　焊接车刀

12.2.1　焊接车刀特点

焊接车刀的结构简单、使用可靠、制造方便,可根据使用要求随意刃磨,刀片的利用也较充分,这是其优点。但车刀刀杆不能重复使用,浪费钢材;又由于硬质合金刀片和刀杆材料的线膨胀系数差别较大,焊接时会因热应力引起刀片上表面产生微裂纹,这是焊接车刀的又一大缺点。

12.2.2　焊接车刀结构组成及其选择

1. 刀杆截面形状及选择

车刀刀杆截面形状有矩形、方形和圆形三种,一般用矩形,切削力较大时用方形,圆形多用于内孔车刀。刀杆高度 H 可按车床中心高来选择,见表12.1。

表 12.1　车刀刀杆截面尺寸　　　　　　　　　（mm）

车床中心高	150	180~200	260	300	350~400
刀杆截面 $B \times H$	12×20	12×20 或 16×25	16×25 或 20×30	20×30	25×40

2. 刀槽形状及选择

刀槽形状应根据车刀种类与刀片型号选择。表 12.2 所列为常用焊接车刀刀槽形状。

表 12.2　常用焊接车刀刀槽形状

名　称	简　图	特　点	适用刀具	配用刀片
开 口 槽	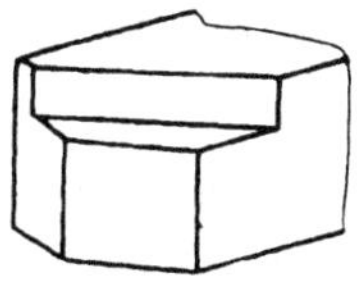	制造简单,焊接面少,焊接应力小	外圆车刀、端面车刀、切槽刀、切断车刀	A1、C3、C4、B1、B2
半封闭槽	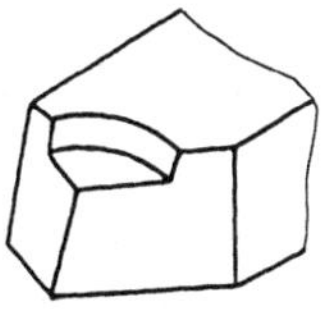	夹持刀片较牢固,焊接面大,容易产生焊接应力	外圆车刀	A2、A3、A4、A5、A6、B3、D1
封 闭 槽	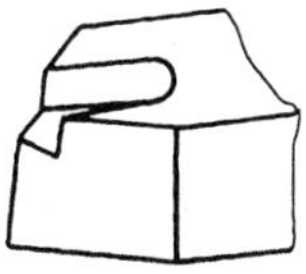	夹持刀片牢固,焊接应力大,易产生裂纹	螺纹车刀	C1
嵌 入 槽	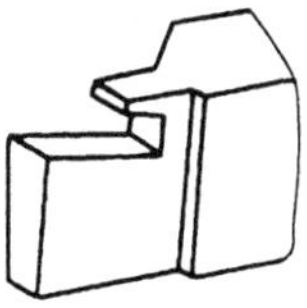	用于底面积较小刀片,可增加焊接面,提高结合强度	切断车刀　　　切槽刀	A1　　　C3
V 型 槽	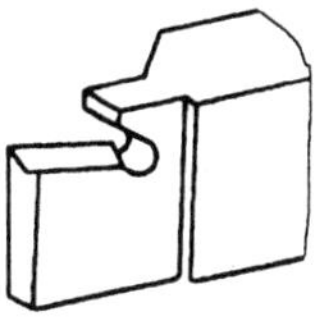			
燕 尾 槽	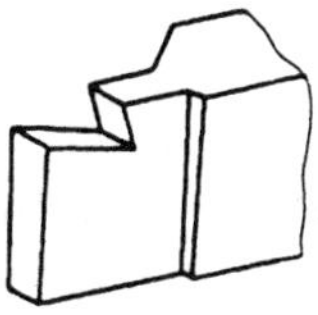			

刀槽形状的选择原则:在保证焊接强度的前提下,尽量减少焊接面数及焊接面面积。目的在于尽量减小焊接应力。

刀杆上支承刀片部分的厚度 H_1 与刀片厚度 C 的比例(图 12.6)对能否出现焊接裂纹有很大影响。原因是碳钢的线膨胀系数大于硬质合金,冷却时由于碳钢比硬质合金收缩多,在焊接面上的碳钢刀体受拉伸,硬质合金刀片受压缩,对刀片来说受偏心压缩,在刀片上表面就会产生拉应力。刀片厚度 C 大时,拉应力也大,易出现裂纹。实践表明,当 $H_1/C > 3$ 时,刀片上表面的拉应力不显著,不易产生裂纹。

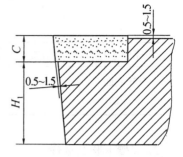

图 12.6　刀片与刀槽关系

3. 硬质合金刀片及选择

刀片的选择包括硬质合金牌号和刀片型号(即刀片形状和尺寸)。

硬质合金牌号的选择参见第 2 章。

刀片型号主要根据车刀种类和用途来选择。刀片尺寸 L、B、C 根据切削刃工作长度选择,除切断刀和切槽刀以外,其它车刀切削刃工作长度一般不超过切削刃长度的 50% ~ 60%。

刀片厚度 C 影响刀片强度及沿前刀面的重磨次数。切削层面积越大、工件材料强度越高,刀片厚度就要相应增大。

刀片型号由一个字母和三位数字组成。字母与第一位数字表示刀片形状,后两位数字表示刀片主要尺寸。刀片形状相同,主要尺寸相同,而其它尺寸不同时,数字后面再加字母 A 或 B、C 以示区别,左偏刀再标以字母 Z,右偏刀不标。例如,A430AZ 型号表示为 A4 型,最大边长 $L = 30$ mm,厚度 $C = 9.5$ mm,左偏刀用。

表 12.3 列出了国家标准(GB 5244—1985、GB 5245—1985)中部分硬质合金焊接刀片常用型号。

表 12.3　部分焊接用硬质合金刀片常用型号规格用途

型　　号	刀片简图	主要尺寸/mm	用途举例
A1		$L = 6 \sim 70$	$\kappa_r < 90°$ 的外圆车刀和内孔车刀、宽刃光刀
A2		$L = 8 \sim 25$	端面车刀、盲孔车刀
A3		$L = 10 \sim 40$	90°外车刀、端面车刀

续表 12.3

型　　号	刀片简图	主要尺寸/mm	用途举例
A4		$L = 6 \sim 50$	端面车刀、直头外圆车刀、内孔车刀
C1		$B = 4 \sim 12$	螺纹车刀
C3		$B = 3.5 \sim 16.5$	切断车刀、切槽刀

4. 刀片镶焊工艺简介

刀片镶焊是采用钎焊工艺方法,如图 12.7 所示。其特点是:靠焊料加热熔化后的扩散渗透或与被焊件发生化学反应的作用,而将被焊件牢固地连接在一起的。

焊接方法以高频焊为最好,也可以使用电阻焊、氧－乙炔焊。对焊料的要求是:其熔点应高于切削温度,工作时能保持刀片的结合强度,同时有较好的润湿性及导热性。焊接时,一般用脱水工业硼砂作熔剂,以保护焊层表面不致氧化。

常用焊料有以下几种:

(1) 铜镍合金或紫铜。它们的熔点是 1 000 ~ 1 200 ℃,可适应切削温度在 700 ~ 900 ℃ 的切削工作或大负荷切削。

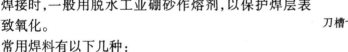
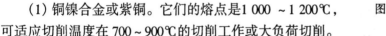
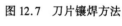

图 12.7　刀片镶焊方法

(2) 铜锌合金(黄铜)或 105# (铜锌锰合金)焊料,它们的熔点在 900 ~ 950 ℃,可适应切削温度 600 ℃ 左右的中负荷切削工作。

(3) 铜银合金或称 106# 焊料,熔点约为 820 ℃,适用于焊接低钴高钛合金。

刀片焊接后,应将车刀放于 220 ~ 250 ℃ 炉中回火 6 h,或放入石灰粉中缓慢冷却,以减少热应力及裂纹。

12.3　机夹车刀

如前述,焊接车刀存在刀杆不能重复使用和焊接应力会使刀片产生裂纹两大缺点,为此进行了刀具结构改进,研制了刀片不用焊接的机夹式车刀。

12.3.1　机夹车刀的特点

机夹车刀刀杆可重复使用,刀片避免了焊接裂纹、崩刃和硬度下降的弊病,提高了刀具使用寿命。

12.3.2　机夹车刀结构

机夹车刀的结构主要是指刀片的夹固方式。

机夹车刀刀片的夹固方式应满足刀片重磨后切削刃位置可调及断屑的要求。

典型的刀片夹固方式有两种:

1. 上压式

上压式(图 12.4、12.8、12.9)是用螺钉和压板从刀片的上表面来夹紧刀片,并用调整螺钉调整切削刃位置。需要时压板前端可镶焊硬质合金作断屑器。一般安装刀片时可留有所需前角,重磨时仅刃磨后刀面即可。

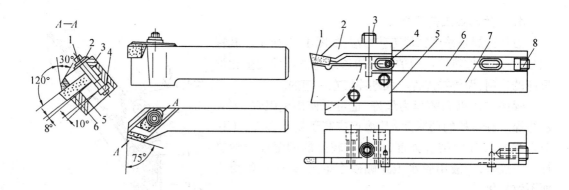

图 12.8　上压式机夹外圆车刀　　　　　图 12.9　上压式机夹切断刀
1—螺钉;2—垫圈;3—压板;4—螺母;　　　1—刀片;2—压板;3、4—螺钉;5—刀板;
5—刀杆;6—刀片　　　　　　　　　　　6—推杆;7—刀杆;8—调整螺钉

图 12.8 所示结构采用长条形刀片,刀片利用率高。由于压板 3 上表面与螺母 4 支承面间有 2° 夹角,刀片夹紧后不会在径向力作用下后退。

图 12.9 所示结构为机夹切断车刀,调整螺钉 8 可使推杆 6 向前移动,从而调整切削刃位置。

2. 侧压式

侧压式(图 12.10 和图 12.11)多利用刀片本身的斜面,用楔块和螺钉从刀片侧面夹紧刀片。侧压式机夹车刀一般刃磨前刀面。

因上述结构车刀的刀片可重磨,故又称机夹重磨式车刀。

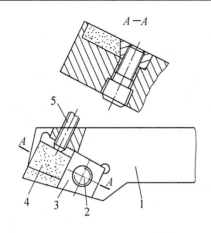

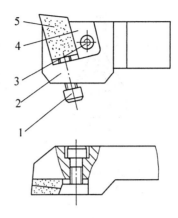

图 12.10　侧压式机夹车刀　　　　　图 12.11　侧压式立装机夹车刀
1—刀杆;2—螺钉;3—楔块;4—刀片;5—调整螺钉　　　1、3—螺钉;2—刀杆;4—楔块;5—刀片

12.4　可转位车刀

可转位车刀是机夹重磨式车刀结构进一步改进的结果。

12.4.1　可转位车刀特点

可转位车刀由刀杆、刀片和夹紧元件组成(图12.12)。

正多边形刀片上压制出断屑槽并经过精磨,可以转位使用;几条切削刃均用钝后,可更换相同规格的刀片,使用起来很方便。

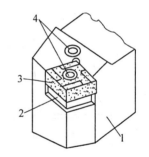

可转位车刀的几何角度由刀片和刀槽的几何角度组合而成。此种车刀切削性能稳定,适合于大批量生产。刀片下可装有高硬度刀垫,以保护刀槽支承面,也允许采用较薄刀片。由于可转位车刀的几何参数是根据已确定

图 12.12　可转位车刀的组成
1—刀杆;2—刀垫;3—刀片;4—夹紧元件

的加工条件(工件材料、加工性质等)设计的,故通用性较差。另外,尺寸小的刀具,由于结构所限也不宜采用。

12.4.2　硬质合金可转位刀片

硬质合金可转位刀片已有国家标准(GB 2076 ~ 2080—87)。刀片形状很多,常用的有三角形、偏 8°三角形、凸三角形、正方形、五角形和圆形等,如图12.13所示。

可转位车刀刀片多数有孔而无后角($\alpha_{nb} = 0°$),在每条切削刃处做有断屑槽并形成刀片前角(γ_{nb}),少数刀片做成带后角而不带前角。刀片尺寸有:内切圆直径 d 或刀片边长 L、检验尺寸 m、刀片厚度 S、孔径 d_1 及刀尖圆弧半径 r_ε,其中 d 和 s 是基本尺寸(图 12.14)。

刀片形状主要根据工件形状和加工条件选择。尺寸 d 根据切削刃工作长度选择,断屑槽根据工件材料、切削用量和断屑要求选择,设计时可参考有关资料。

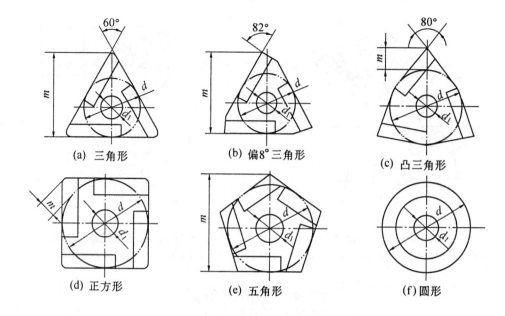

图 12.13　常用硬质合金可转位刀片的形状

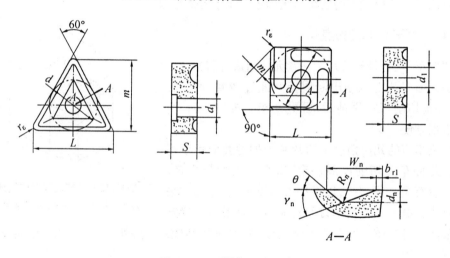

图 12.14　可转位刀片尺寸

12.4.3　可转位车刀刀片的夹紧结构

可转位车刀大都是利用刀片上的孔进行定位夹紧。对夹紧结构的要求应是：夹紧可靠，重复定位精确，操作方便，结构简单，制造容易，而且夹紧元件不应妨碍切屑的流出。

典型夹紧结构如下：

1. 偏心式

偏心式（图 12.15）夹紧结构是靠转轴上端的偏心轴实现的。偏心轴可为偏心销轴或

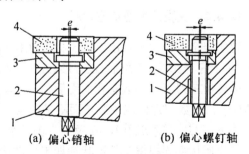

图 12.15　偏心式夹紧结构

1—刀杆；2—偏心轴；3—刀垫；4—刀片

偏心螺钉轴。偏心夹紧结构的主要参数是偏心量 e 及刀杆刀槽孔的位置。其优点是结构简单,使用方便。但由于有关零件的制造有误差,因此很难使刀片夹靠在两个定位侧面上,实际上只能夹靠在一个定位侧面上。理论上偏心夹紧能够自锁,特别是偏心螺钉夹紧,三角螺纹更加强了自锁作用,故在无大切削振动情况下,刀片夹紧是可靠的。

2. 杠销式

杠销式(图 12.16)夹紧结构是利用杠杆原理夹紧刀片的(图 12.16(c))。用螺钉在杠销下端加力 P,使杠销绕支点 O 旋转将刀片夹紧。杠销加力的方法有两种:一种是螺钉头直接顶压杠销下端(图 12.16(a));另一种是螺钉头部锥面在杠销下端切向加力(图 12.16(b))。

杠销式能实现双侧面定位夹紧,结构不算复杂,制造较容易。

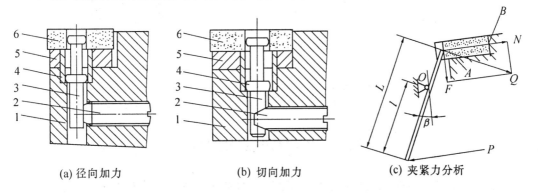

(a) 径向加力　　　　　(b) 切向加力　　　　　(c) 夹紧力分析

图 12.16　杠销式夹紧结构

1—刀杆;2—螺钉;3—杠销;4—弹簧套;5—刀垫;6—刀片

3. 杠杆式

杠杆式(图 12.17)夹紧结构是利用压紧螺钉。旋进时推动"L"形杠杆绕支点 O 顺时针转动将刀片夹紧的,压紧螺钉旋出时,杠杆逆时针转动而松开刀片,有两种结构,图 12.17(b)结构更好些。杠杆式夹紧结构受力合理、夹紧可靠、使用方便,是性能较好的一种。缺点是工艺性较差,制造比较困难。

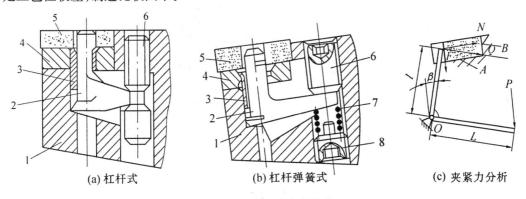

(a) 杠杆式　　　　　(b) 杠杆弹簧式　　　　　(c) 夹紧力分析

图 12.17　杠杆式夹紧结构

1—刀杆;2—杠杆;3—弹簧套;4—刀垫;5—刀片;6—压紧螺钉;7—弹簧;8—调节螺钉

4. 楔销式

楔销式(图 12.18)的刀片也是利用内孔定位夹紧的。当旋紧螺钉 2 将楔块 7 压下时,刀片 6 被推向销轴 5 而将刀片夹紧;松开螺钉时,弹簧垫圈 3 将楔块抬起。该结构简单、方便,制造容易。缺点是夹紧力与刀片所受背向抗力方向相反,定位精度差。

5. 上压式

上压式(图 12.19)是一种螺钉压板结构,一般多用于带后角无孔刀片。夹紧时先将刀片推向刀槽两侧定位面后再施力夹紧。此种结构简单、可靠,缺点是压板有碍切屑流出。

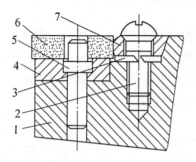 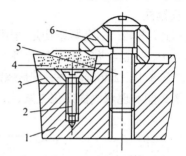

图 12.18　楔销式

1—刀杆;2—压紧螺钉;3—弹簧垫圈;
4—刀垫;5—圆柱销;6—刀片;7—楔块

图 12.19　上压式

1—刀杆;2—沉头螺钉;3—刀垫;
4—刀片;5—压紧螺钉;6—压板

12.5　车刀角度的换算

在设计和制造刀具时,需要对刀具不同坐标平面参考系间的几何角度进行换算。

12.5.1　正交平面与法平面间角度的换算

当车刀刃倾角较大时,常需要标注出法平面内的角度。可转位刀片的角度是在法平面给出的,安装到刀槽上后则需要计算出正交平面内的角度。

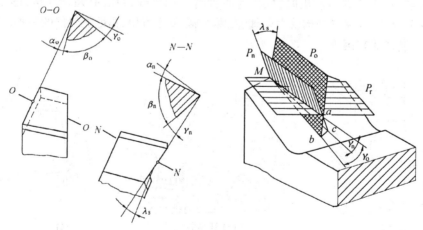

图 12.20　正交平面与法平面间角度的换算

图 12.20 给出了刃倾角 $\lambda_s \neq 0°$ 车刀主切削刃上选定点在正交平面、法平面内的各标注角度。图中 Mb 为正交平面 P_o 与前刀面 A_r 的交线,Mc 为法平面 P_n 与前刀面 A_r 的交线,Ma 为正交平面 P_o、法平面 P_n 与基面 P_r 三者的交线。于是则有

$$\tan \gamma_n = \frac{ac}{Ma}$$

$$\tan \gamma_o = \frac{ab}{Ma}$$

$$\frac{\tan \gamma_n}{\tan \gamma_o} = \frac{\dfrac{ac}{Ma}}{\dfrac{ab}{Ma}} = \frac{ac}{ab} = \cos \lambda_s$$

$$\tan \gamma_n = \tan \gamma_o \cos \lambda_s \qquad (12.1)$$

式(12.1)即为法平面前角 γ_n 与正交平面前角 γ_o 的关系式。

在进行后角换算时,可设想把前角逐渐加大,直到前刀面与后刀面重合,此时前角与后角互为余角,即

$$\alpha_n = 90° - \gamma_n \qquad \alpha_o = 90° - \gamma_o$$

而

$$\cot \alpha_n = \tan \gamma_n \qquad \cot \alpha_o = \tan \gamma_o$$

所以

$$\cot \alpha_n = \cot \alpha_o \cos \lambda_s \qquad (12.2)$$

式(12.2)即为法平面后角 α_n 与正交平面后角 α_o 的关系式。

15.2.2　垂直于基面的各平面与正交平面间角度的换算

1. 任意平面与正交平面间角度的换算

如图 12.21 所示,P_i 为通过切削刃上选定点 A 并垂直于基面的任意平面,它与主切削刃(AH)在基面中的投影 AG 间的夹角为 τ_i,τ_i 称为方位角。假设正交平面参考系内各角度

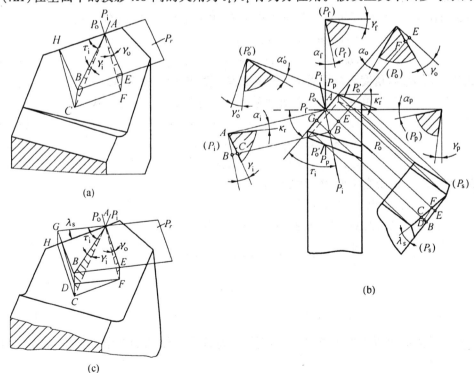

(a)

(b)

(c)

图 12.21　任意平面与正交平面间角度的换算

γ_o、α_o、κ_r、$\kappa_r{}'$、λ_s 均已知,求 P_i 内的前角 γ_i 和 α_i。

当 $\lambda_s = 0°$(图 12.21(a))过切削刃 AH 作一矩形 $AEBH$,此矩形即为基面 P_r,AEF 为正交平面 P_o,ABC 为任意平面 P_i,$AHCF$ 为前刀面,则前角 γ_i 为

$$\tan \gamma_i = \frac{BC}{AB} = \frac{EF}{AB} = \frac{AE \tan \gamma_o}{AB} = \tan \gamma_o \sin \tau_i$$

当 $\lambda_s \neq 0°$(图 12.21(b)),过点 A 作一矩形 $AEBG$,此矩形为通过主切削刃 A 点的基面,AEF 为正交平面 P_o,AGH 为切削平面 P_s,ABC 为任意平面 P_i,$AHCF$ 为前刀面,则前角 γ_i 为

$$\tan \gamma_i = \frac{BC}{AB} = \frac{BD + DC}{AB} = \frac{EF + GH}{AB} =$$

$$\frac{AE \tan \gamma_o + AG \tan \lambda_s}{AB} = \frac{AE}{AB} \tan \gamma_o + \frac{DF}{AB} \tan \lambda_s$$

得
$$\tan \gamma_i = \tan \gamma_o \sin \tau_i + \tan \lambda_s \cos \tau_i \tag{12.3}$$

式(12.3)即为求任意平面前角 γ_i 的公式。为求后角 α_i,可设想把前角加大到前刀面与后刀面重合,此时 $\alpha_i = 90° - \gamma_i$,这样可得任意平面的后角公式

$$\cot \alpha_i = \cot \alpha_o \sin \tau_i + \tan \lambda_s \cos \tau_i \tag{12.4}$$

2. 背平面 P_p 内的角度

当 $\tau_i = 90° - \kappa_r$ 时,P_i 平面即为背平面(P_p),可得 γ_p 与 α_p 的公式

$$\tan \gamma_p = \tan \gamma_o \cos \kappa_r + \tan \lambda_s \sin \kappa_r \tag{12.5}$$

$$\cot \alpha_p = \cot \alpha_o \cos \kappa_r + \tan \lambda_s \sin \kappa_r \tag{12.6}$$

3. 假定工作平面 P_f 内的角度

当 $\tau_i = 180° - \kappa_r$ 时,P_i 平面即为假定工作平面(P_f),可得 γ_f 与 α_f 的公式

$$\tan \gamma_f = \tan \gamma_o \sin \kappa_r - \tan \lambda_s \cos \kappa_r \tag{12.7}$$

$$\cot \alpha_f = \cot \alpha_o \sin \kappa_r - \tan \lambda_s \cos \kappa_r \tag{12.8}$$

4. 正交平面 P_o 内角度与背平面 P_p、假定工作平面 P_f 内角度关系

由式(12.5)~(12.8)可导出正交平面参考系内的角度 γ_o 及 α_o 的公式

$$\tan \gamma_o = \tan \gamma_p \cos \kappa_r + \tan \gamma_f \sin \kappa_r \tag{12.9}$$

$$\cot \alpha_o = \cot \alpha_p \cos \kappa_r + \cot \gamma_f \sin \kappa_r \tag{12.10}$$

$$\tan \lambda_s = \tan \gamma_p \sin \kappa_r + \tan \gamma_f \cos \kappa_r \tag{12.11}$$

5. 最大前角 γ_g 及所在平面 P_g 的方位角 τ_g

最大前角也称几何前角,记为 γ_g。

设 $y = \tan \gamma_i$,对式(12.3)求导数,并使其等于零,即

$$\frac{\mathrm{d}\gamma}{\mathrm{d}\tau_i} = \tan \gamma_o \cos \tau_i - \tan \lambda_s \sin \tau_i = 0$$

得

$$\tan \tau_g = \frac{\tan \gamma_o}{\tan \lambda_s} \tag{12.12}$$

式中　τ_g——最大前角所在平面 P_g 与主切削刃在基面上投影间的夹角称方位角,γ_g 即在平面 P_g 内。

将式(12.12)代入式(12.3),即可得最大前角

$$\tan \gamma_g = \sqrt{\tan^2 \gamma_o + \tan^2 \lambda_s} \tag{12.13}$$

或

$$\tan \gamma_g = \sqrt{\tan^2 \gamma_p + \tan^2 \gamma_f} \tag{12.14}$$

最大前角平面(P_g)同时垂直于基面(P_r)和前刀面(A_γ)。因此,在设计和铣制刀槽时,只要在 P_g 平面内保证最大前角 γ_g,也就同时能保证车刀主切削刃的角度 γ_o 和 λ_s。

6. 最小后角 α_b 及所在平面 P_b 的方位角 τ_b

最小后角也称基后角,记为 α_b。

同理,对式(12.4)求导数并使其等于零,可得最小后角所在平面 P_b 的方位角 τ_b

$$\cot \tau_b = \frac{\tan \lambda_s}{\cot \alpha_o} = \tan \alpha_o \tan \lambda_s \tag{12.15}$$

式中　τ_b——平面 P_b 与(主)切削平面 P_s 之间的夹角,最小后角 α_b 即在平面 P_b 内。

将式(12.15)代入式(12.4),可得最小后角 α_b

$$\cot \alpha_b = \sqrt{\cot^2 \alpha_o + \tan^2 \lambda_s} \tag{12.16}$$

或

$$\cot \alpha_b = \sqrt{\cot^2 \alpha_p + \cot^2 \alpha_f} \tag{12.17}$$

最小后角平面 P_b 同时垂直于基面 P_r 和后刀面 A_α。在研究刀具后刀面的摩擦与磨损时,有时需要知道最小后角 α_b。

7. 副切削刃前角 $\gamma_o{}'$ 与刃倾角 $\lambda_s{}'$

当前刀面为平面时,主、副切削刃共面。如果给定了刀尖角 ε_r,则副切削刃前角 $\gamma_o{}'$ 与刃倾角 $\lambda_s{}'$ 也就随之确定。此时,可用式(12.3)推导 $\gamma_o{}'$ 和 $\lambda_s{}'$ 的表达式。

当 $\tau = \varepsilon_r - 90°$时,平面 P_i 即为副切削刃的正交平面($P_o{}'$),可得副前角 $\gamma_o{}'$ 的公式

$$\tan \gamma_o{}' = -\tan \gamma_o \cos \varepsilon_r + \tan \lambda_s \sin \varepsilon_r \tag{12.18}$$

当 $\tau_i = \varepsilon_r$ 时,平面 P_i 即为副切削刃的切削平面($P_s{}'$),可得副切削刃刃倾角 $\lambda_s{}'$ 的公式

$$\tan \lambda_s{}' = \tan \gamma_o \sin \varepsilon_r + \tan \lambda_s \cos \varepsilon_r \tag{12.19}$$

12.6　可转位车刀几何角度的设计计算

可转位车刀的几何角度是由刀片几何角度和刀槽几何角度综合形成的(图 12.22)。为了制造和使用的方便,可转位车刀刀片的角度都做得尽可能简单,一般都做成刃倾角为零度($\lambda_b = 0°$),且将刀片前角 γ_{nb} 和后角 α_{nb} 中的一个做成零度。因此,可转位车刀几何角度的设计计算是在已知刀片角度 γ_{nb}、α_{nb}、λ_b、ε_b 和车刀角度 γ_o、λ_s、κ_r 的条件下,求刀槽角度 γ_{og}、κ_{rg}、λ_{sg}、γ_{gg} 和车刀刀尖角 ε_r,校验车刀后角 α_o 及副刃后角 $\alpha_o{}'$。

12.6.1　刀槽角度设计计算

下面以最常用的 $\gamma_{nb} > 0°$、$\alpha_{nb} = 0°$、$\lambda_b = 0°$ 刀片为例,讲述刀槽角度的设计计算。

由于 $\alpha_{nb} = 0°$,要使刀片安装在刀槽上后具有车刀后角 α_o,必须将刀槽平面做成带负前角的斜面,这个负前角叫做刀槽前角 γ_{og};同理,刀槽还应做有负的刃倾角 λ_{sg},以保证车刀的副刃后角 $\alpha_o{}'$。

1. 刀槽主偏角 κ_{rg} 与刃倾角 λ_{sg}

刀槽角度与车刀角度的测量都是用刀杆底面作基面,由于刀槽平面要与刀片底面贴合,

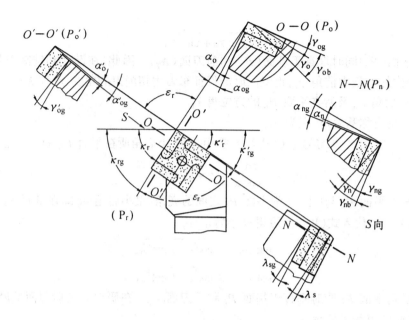

图 12.22　可转位车刀几何角度关系

且形状相同,当刀片刃倾角 $\lambda_b = 0°$ 时,刀槽的两条棱边应分别平行于车刀的主、副切削刃,所以两条棱边的夹角就等于刀片刀尖角 ε_b。而刀槽的主偏角 κ_{rg} 与刃倾角 λ_{sg} 则分别等于车刀的主偏角 κ_r 与刃倾角 λ_s,即

$$\kappa_{rg} = \kappa_r \tag{12.20}$$

$$\lambda_{sg} = \lambda_s \tag{12.21}$$

对于 $\alpha_{nb} = 0°$ 的刀片,为获得副刃后角 $\alpha_o{}'$,刀槽刃倾角 λ_{sg} 必须是负值,(注意对有卷屑槽刀片而言,切屑是不会缠绕已加工表面的)。其值在满足副刃后角 $\alpha_o{}'$ 的前提下,尽可能不要取得太大,以减小背向力 F_p。

2. 刀槽前角 γ_{og}

为了使车刀获得后角 α_o,刀槽前角 γ_{og} 也必须是负值。从图 12.22 中知,在法平面内车刀前角 γ_n 等于刀片前角 γ_{nb} 与刀槽前角 γ_{ng} 的代数和,即

$$\gamma_n = \gamma_{nb} + \gamma_{ng}$$

或

$$\gamma_{ng} = \gamma_n - \gamma_{nb} \tag{12.22}$$

将式(12.22)取正切函数,并将式(12.1)代入,整理得 γ_{og} 的计算式

$$\tan \gamma_{og} = \frac{\tan \gamma_o - \tan \gamma_{nb}/\cos \lambda_s}{1 + \tan \gamma_o \tan \gamma_{nb} \cos \lambda_s} \tag{12.23}$$

3. 刀槽最大倾斜角 γ_{gg} 与方位角 τ_{gg}

刀槽最大倾斜角 γ_{gg} 就是刀槽底面的最大负前角,利用最大负前角法铣制刀槽比较简便,如图 12.23 所示。

刀槽最大倾斜角 γ_{gg} 可按式(12.24)计算。当 $\gamma_{og} < 0°$ 且 $\lambda_{sg} < 0°$ 时,γ_{gg} 取负值,即

$$\tan \gamma_{gg} = -\sqrt{\tan^2 \gamma_{og} + \tan^2 \lambda_{sg}} \tag{12.24}$$

刀槽最大倾斜角 γ_{gg} 所在平面的方位角 τ_{gg} 可按式(12.25)计算

$$\tan \tau_{gg} = \frac{\tan \gamma_{og}}{\tan \lambda_{sg}} \tag{12.25}$$

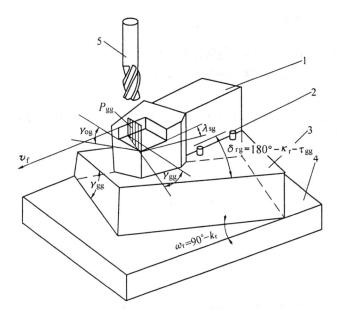

图 12.23　用刀槽底面最大倾斜角法铣制刀槽原理
1—刀杆;2—定位销;3—斜底模;4—铣床工作台;5—立铣刀

4. 车刀刀尖角 ε_r 与副偏角 κ_r'

车刀刀尖角 ε_r 是刀片刀尖角 ε_b 在基面的投影,由于刀槽负刃倾角和负前角的存在,刀尖角 ε_r 并不等于刀片刀尖角 ε_b,有 $\varepsilon_r > \varepsilon_b$。由图 12.24 可知

$$\varepsilon_r = \tau_{gg} + \tau_{gg}' \qquad (12.26)$$

式中　τ_{gg}'——刀槽最大倾斜角 γ_{gg} 所在平面
　　　　与副切削平面的夹角。

τ_{gg}' 的计算如下:作平面 $PQSR$ 垂直于基面并垂直于 γ_{gg} 所在平面,得到一系列直角三角形,从而

$$\tan \tau_{gg}' = \frac{PN}{AN} = \frac{QM}{AN}\frac{AM}{AM}$$

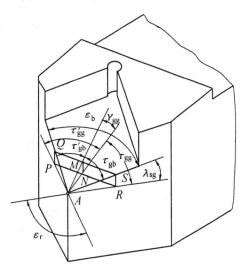

图 12.24　刀尖角的计算

因为　$\dfrac{QM}{AM} = \tan \tau_{gb}'$　$\dfrac{AN}{AM} = \cos \gamma_{gg}$

所以

$$\tan \tau_{gg}' = \tan \tau_{gb}'/\cos \gamma_{gg} \qquad (12.27)$$

式中

$$\tau_{gb}' = \varepsilon_b - \tau_{gb} \qquad (12.28)$$

$$\tan \tau_{gb} = \frac{MS}{AM} = \frac{NR}{AM} \cdot \frac{AN}{AN} = \tan \tau_{gg} \cdot \cos \gamma_{gg} \qquad (12.29)$$

综上可归纳出求刀尖角 ε_r 的顺序为:$\tau_{gg} \to \tau_{gb} \to \tau_{gb}' \to \tau_{gg}' \to \varepsilon_r$。

当刀尖角 ε_r 已知时,副偏角 κ_r' 可用式(12.30)计算

$$\kappa_r' = 180^\circ - \kappa_r - \varepsilon_r \qquad (12.30)$$

16.2.2　车刀后角校验

由式(12.24)知,在计算刀槽时,是依据车刀前角 γ_o、刃倾角 λ_s 和刀片前角 γ_{nb},当刀片形状确定后,车刀后角 α_o 和 $\alpha_o{}'$ 就只能是派生的了。

1. 车刀后角 α_o

在车刀法平面中,刀片后刀面垂直于刀片底面(图 12.22),此时车刀法后角 α_n 与刀槽法前角 γ_{ng} 的数值相等,但符号相反,即

$$\alpha_n = -\gamma_{ng} \tag{12.31}$$

根据式(12.1),可得

$$\tan \gamma_{ng} = \tan \gamma_{og} \cos \lambda_s$$

而

$$\tan \alpha_o = \tan \alpha_n \cos \lambda_s$$

所以

$$\tan \alpha_o = -\tan \gamma_{og} \cos^2 \lambda_s \tag{12.32}$$

式(12.32)即为可转位车刀后角 α_o 的校验公式。

2. 副刃后角 $\alpha_o{}'$

如前述,对于 $\alpha_{nb} = 0°$ 的刀片,车刀副刃后角 $\alpha_o{}'$ 的大小取决于 λ_{sg}、γ_{og} 和 ε_r。当刀片刀尖角 $\varepsilon_b = 90°$ 时,$\alpha_o{}' \approx |\lambda_{sg}|$;对于 $\varepsilon_b < 90°$ 的刀片,当 $|\lambda_{sg}| < |\gamma_{og}|$ 时,设计不当可能会出现负的副刃后角,使车刀不能工作。为了避免出现这种情况,必须对 $\varepsilon_b < 90°$ 的车刀副刃后角 $\alpha_o{}'$ 进行校验。

根据式(12.18)、(12.19)可得副刃前角 $\gamma_{og}{}'$ 和刃倾角 $\lambda_{sg}{}'$ 计算公式

$$\tan \gamma_{og}{}' = -\tan \gamma_{og} \cos \varepsilon_r + \tan \lambda_{sg} \sin \varepsilon_r \tag{12.33}$$

$$\tan \lambda_{sg}{}' = \tan \gamma_{og} \sin \varepsilon_r + \tan \lambda_{sg} \cos \varepsilon_r \tag{12.34}$$

根据式(12.32)可得副刃后角 $\alpha_o{}'$ 计算公式

$$\tan \alpha_o{}' = -\tan \gamma_{og}{}' \cos^2 \lambda_{sg}{}' \tag{12.35}$$

式(12.33)、(12.34)中的 ε_r 由式(12.26)求得。为了计算方便,也可近似取 $\varepsilon_r = \varepsilon_b$。副刃后角 $\alpha_o{}'$ 的数值一般应不小于 $2° \sim 3°$。

复习思考题

12.1 按结构分车刀主要有几种? 特点是什么?

12.2 焊接车刀的主要优缺点是什么? 焊接车刀设计的主要内容是什么?

12.3 试述可转位车刀对夹紧结构的要求及典型结构的特点有哪些?

12.4 车刀法平面与正交平面间角度关系如何推导?

12.5 车刀任意平面与正交平面间的前角、后角关系式是什么? 如何推导?

12.6 可转位车刀的前、后角是如何得到的?

12.7 可转位车刀、刀片、刀槽的几何角度哪些是相同的? 哪些不同?

12.8 已知可转位车刀的前角 $\gamma_o = 12°$、刃倾角 $\lambda_s = -6°$、主偏角 $\kappa_r = 75°$,刀片为正方形,刀片前角 $\gamma_{nb} = 20°$、$\alpha_{nb} = \lambda_{sb} = 0°$,试求刀槽角度及车刀其余角度。

第 13 章 成 形 车 刀

13.1 成形车刀加工特点

加工如图 13.1 所示成形表面手柄时,可以采用普通车刀。但当需要加工的工件数量较多时,用普通车刀就难以保证稳定的加工质量和高生产效率了。

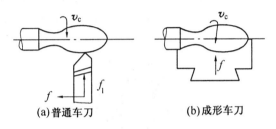

(a)普通车刀   (b)成形车刀

图 13.1 成形表面的加工方法

如能按工件的形状与尺寸要求来设计车刀的刃形,加工时车刀仅作径向进给运动,就可容易地保证被加工工件的质量,也可大大提高生产效率。

根据工件的形状与尺寸专门设计切削刃形的车刀叫做成形车刀(或样板刀)。显而易见,用成形车刀加工具有如下特点:

1. 生产效率高

因为成形车刀参加工作的切削刃总长度较长,工作行程较短,所以单件工时较少,故生产效率高。

2. 加工质量稳定

工件成形表面的形状和尺寸精度主要取决于刀具切削刃的设计和制造,受操作者技术水平的影响较小,只要刀具合格,工件表面形状和尺寸精度就可基本保证,一般可达 IT9 ~ IT10 级精度和 $Ra6.3 ~ 3.2~\mu m$ 的表面粗糙度。

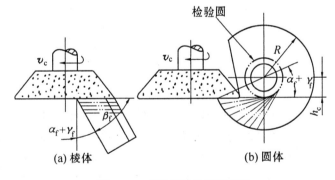

(a)棱体   (b)圆体

图 13.2 成形车刀重磨示意图

3. 刀具刃磨方便且寿命长

成形车刀一般只刃磨前刀面,前刀面又是平面(图 13.2),所以刃磨方便。此外,可重磨次数多,刀具寿命长。

4. 操作简单,对技术水平要求不高

成形车刀的设计与制造均较普通车刀复杂,成本较高,故主要用于大批量生产。在汽车、拖拉机、纺织机械与轴承等行业中用得较多。

13.2　成形车刀的种类与装夹

由前述可知,成形车刀是一种加工内、外回转体成形表面的专用刀具,可在自动车床、半自动车床、数控车床、六角车床及普通车床上使用。

13.2.1　成形车刀的种类

1.按结构与形状分

(1) 平体成形车刀。外形与普通车刀相似,只是切削刃有一定形状。图 13.3 所示的螺纹车刀、铲齿车刀就属此类。一般可用来加工宽度不大较简单的成形表面,但刀具重磨次数不多。

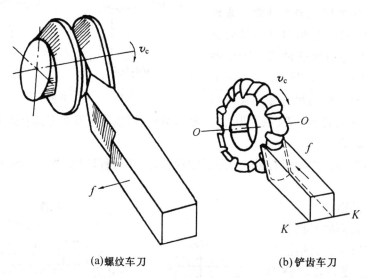

(a)螺纹车刀　　　　　　　　　(b)铲齿车刀

图 13.3　平体成形车刀

(2) 棱体成形车刀(图 13.4)。外形为多棱柱体,由于结构尺寸限制,只能用来加工外成形表面。刀体可根据结构设计得长些,故可重磨次数较平体车刀多,刚度也较好。

(3) 圆体成形车刀(图 13.5)。外形为回转体,重磨次数比棱体车刀更多;不但可加工外成形表面,也可加工内成形表面;因刀体本身为回转体,制造容易,故生产中应用较多。

2.按进给方向分

(1) 径向成形车刀。图13.3 ~ 13.5所示均为径向成形车刀。它们工作时,是沿工件半径方向进给的,整个切削刃同时切入,工作行程短,生产效率高。但同时参加工作的切削刃长度长,径向力较大,容易引起振动,影响加工质量。

(2) 切向成形车刀(图 13.6)。此类成形车刀是沿工件切线方向进给的,由于切削刃与工件端面(进给方向)偏斜角度 κ_r,故切削刃是逐渐切入工件的,只有切削刃上最后一点通过工件的轴向铅垂面后,工件上的成形表面才被加工完成。显然,与径向成形车刀相比,它的切削力小且工作过程较平稳;但工作行程长,生产效率较低。故仅用于加工廓形深度不大、细长、刚度较差的工件。

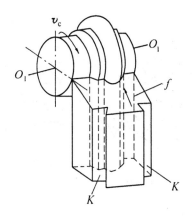

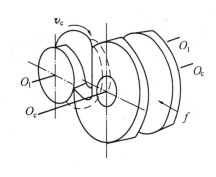

图 13.4　棱体成形车刀　　　　　　　图 13.5　圆体成形车刀

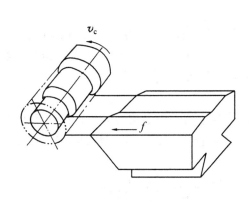

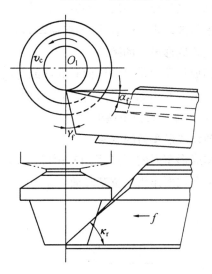

图 13.6　切向成形车刀

3. 按工作时与工件轴线的相互位置分

按工作时与工件轴线的相互位置可分为正装(图13.3~13.5)和斜装(图 13.7)两种。

成形车刀一般都用高速钢整体制造。近年来,为提高刀具使用寿命,也采用镶焊硬质合金的成形车刀(图13.8),但目前国内还用得不多。

13.2.2　成形车刀的装夹

成形车刀加工工件的质量不仅取决于刀具廓形的设计与制造,还与刀具的安装精度有关。为保证刀具安装位置正确,一般需采用刀夹。刀夹的结构必须保证成形车刀安装位置准确、夹固可靠、刚度好,尽量使刀具的拆装、调整、更换方便迅速,结构尺寸也要系列化。

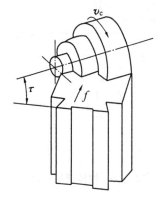

图 13.7　斜装(置)成形车刀

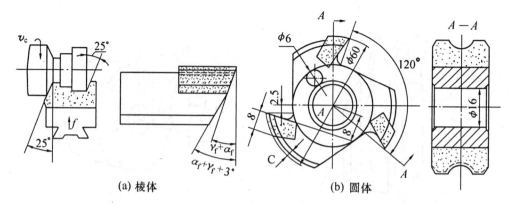

(a) 棱体　　　　　　　　　　(b) 圆体

图 13.8　硬质合金成形车刀

不同种类成形车刀的装夹方式各不相同,在此仅介绍常用的几种:

1. 平体成形车刀的装夹(同普通车刀装夹)

2. 棱体成形车刀的装夹

棱体成形车刀是以燕尾面和底面或与底面平行的表面为定位基准,装夹(图 13.9)在刀夹的燕尾槽内并用螺栓夹紧,再用螺钉把刀夹夹固在机床刀架上。安装时,刀体相对铅垂面倾斜成 α_f 角度。刀体下端的螺钉用来调整刀尖高度并起一定的支撑作用。

3. 圆体成形车刀的装夹

固体成形车刀的装夹(图 13.10)是单轴自动车床上常用的装夹方式。此时成形车刀以内孔和沉孔端面作为定位基准面。车刀 10 通过内孔套装在刀夹 9 的螺杆轴 1 上,通过销子

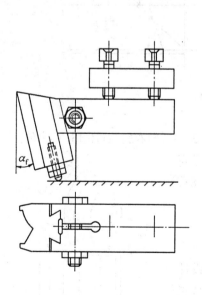

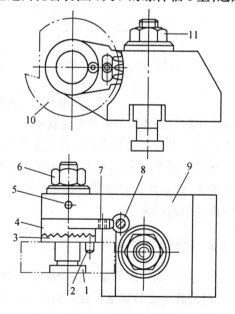

图 13.9　棱体成形车刀的装夹　　　图 13.10　圆体成形车刀的装夹

1—螺杆;2、5、7—销子;3—齿环;4—扇形板
6—螺母;8—蜗杆;9—刀夹;10—车刀;11—螺母

2 与端面齿环 3 连接,以防车刀工作时受力而转动。转动齿环 3 可粗调车刀刀尖的高度,带有端面齿的扇形板 4 既与齿环 3 啮合,又与小蜗杆 8 啮合,转动小蜗杆就可达到微调刀尖高度的目的。扇形板 4 上的销子 7 用来限制扇形板 4 的转动范围。刀尖位置调好后旋紧螺母 6,即可将车刀夹固于刀夹 9 内,拧紧螺母 11 即可使刀夹夹固于机床 T 型槽内。

　　为简化结构,可在成形车刀端面上直接做出端面齿(图 13.11(a))。对切削刃总长度不长、切削力较小的圆体成形车刀,只在其端面上滚花,靠增大端面的摩擦力来实现车刀在刀夹中的夹紧(图 13.11(b)),也可以通过销子与可换端面齿环连接(图 13.11(c))。

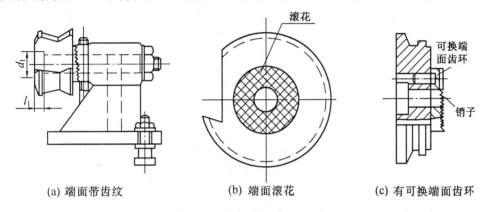

(a) 端面带齿纹　　　　　　(b) 端面滚花　　　　　　(c) 有可换端面齿环

图 13.11　圆体成形车刀的夹固部分

13.3　成形车刀的前角与后角

　　与其他刀具一样,成形车刀也必须具有合理的切削角度。由于成形车刀切削刃形状复杂(图 13.12),各段切削刃的正交平面方向各不相同,难于做到切削刃各点的切削角度都合理。一般只给出假定工作(进给)平面的前角 γ_f 与后角 α_f。

13.3.1　前角与后角的形成及变化规律

1.前角与后角的形成

　　(1) 棱体成形车刀前角 γ_f 与后角 α_f 的形成(图 13.13)。可以看出,将成形车刀在进给平面 P_f 内的楔角 β_f 磨制成 $90° - (\gamma_f + \alpha_f)$,安装时将其后刀面相对铅垂面倾斜成 α_f 角,则前刀面与水平轴向面间的夹角即为 γ_f。

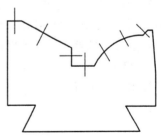

图 13.12　成形车刀切削刃各点
的正交平面

　　(2) 圆体成形车刀前角 γ_f 与后角 α_f 的形成(图 13.14)。制造(刃磨)成形车刀时,只要在进给平面 P_f 内,使刀具前刀面至其轴心线的距离 $h_c = R_1 \sin(\gamma_f + \alpha_f)$,安装时使刀具轴心线高于工件轴心线 $H = R_1 \sin \alpha_f$,并使刀尖位于工件中心高度上,便可得到刀具的前角 γ_f 与后角 α_f。

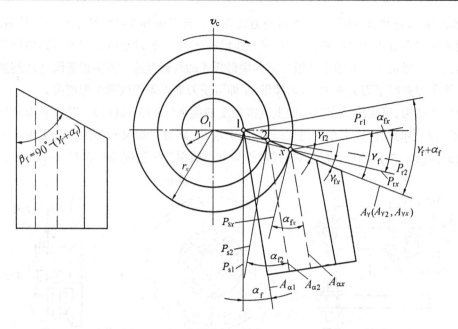

图 13.13　棱体成形车刀前角与后角的形成

2. 名义前角与后角

实际上,上述前角与后角仅仅是切削刃上最外点的前角与后角,它就是设计与制造成形车刀用的名义前角 γ_f 与后角 α_f。

3. 前角与后角的变化规律

由图 13.13 和图 13.14 不难看出

$$\gamma_{fx} < \gamma_{f1} \qquad (\gamma_{f1} = \gamma_f)$$

$$\alpha_{fx} > \alpha_{f1} \qquad (\alpha_{f1} = \alpha_f)$$

式中　x——切削刃上任意点。

在切削刃上,越远离最外点处的前角越小,而后角越大。由于圆体成形车刀切削刃上各点后刀面(该点所在圆的切线)是变化的,所以后角增大的程度比棱体成形车刀更大。

切削刃上任意点 x 处的前角 γ_{fx} 和后角 α_{fx} 与最外点处的前角 γ_f 和后角 α_f 有关系式(13.1 ~ 13.4)

棱体成形车刀

$$\gamma_{fx} = \arcsin\left(\frac{r_1}{r_x} \sin \gamma_f \right) \tag{13.1}$$

$$\alpha_{fx} = (\alpha_f + \gamma_f) - \gamma_{fx} \tag{13.2}$$

圆体成形车刀

$$\gamma_{fx} = \arcsin\left(\frac{r_1}{r_x} \sin \gamma_f \right) \tag{13.3}$$

$$\alpha_{fx} = (\alpha_f + \gamma_f) - \gamma_{fx} + \theta_x \tag{13.4}$$

式中　r_1——成形车刀切削刃上最外点对应的工件最小半径;

　　　r_x——成形车刀切削刃上任意点对应的工件半径;

　　　θ_x——圆体成形车刀切削刃上任意点处的后刀面与最外点处后刀面间的夹角。

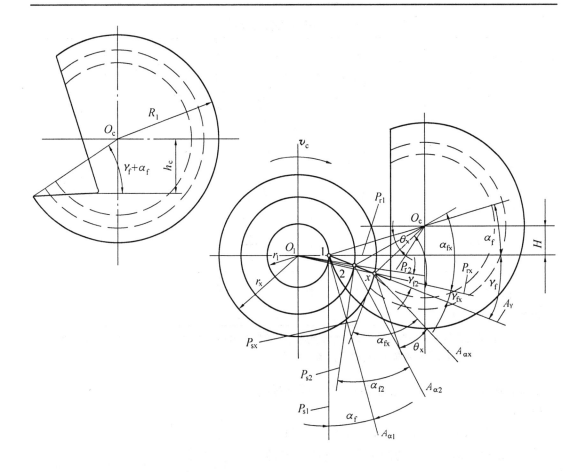

图 13.14　圆体成形车刀前角与后角的形成

4. 前角与后角的选取

成形车刀前角与后角均指名义侧前角 γ_f 与侧后角 α_f。

前角 γ_f 的合理数值也同车刀一样,是根据工件材料的性质选取的(表 13.1)。

后角 α_f 的合理数值则是根据成形车刀的种类选取的(表 13.1)。

不难看出:工件材料的强度(硬度)越高,成形车刀的前角 γ_f 应取得越小,以保证刃口强度。由于圆体成形车刀切削刃上各点后角变化较大,故名义后角 α_f 应取得小些。

13.3.2　切削刃正交平面内的后角及其改善措施

成形车刀切削刃上各点正交平面内的后角是随着该点主偏角的变化而变化的(图 13.15)。

由式(12.8)可得

$$\tan \alpha_o = \frac{\sin \kappa_r}{\tan \lambda_s \cos \kappa_r + \cot \alpha_f} \tag{13.5}$$

当 $\lambda_s = 0°$ 时,则有

$$\tan \alpha_o = \tan \alpha_f \sin \kappa_r \tag{13.6}$$

表 13.1　成形车刀的前角与后角

工件材料	材料的力学性能		前角 γ_f	成形车刀种类	后角 α_f
钢	R_m/GPa	< 0.5	20°	圆体	10° ~ 15°
		0.5 ~ 0.6	15°		
		0.6 ~ 0.8	10°		
		> 0.8	5°		
铸　铁	HBS	160 ~ 180	10°	棱体	12° ~ 17°
		180 ~ 220	5°		
		> 220	0°		
青　铜			0°		
黄铜	H62		0° ~ 5°	平体	25° ~ 30°
	H68		10° ~ 15°		
	H80 ~ H90		15° ~ 20°		
铝、紫铜			25° ~ 30°		
铅黄铜 HPb59-1 铝黄铜 HA159-3-2			0° ~ 5°		

注:① 本表仅适用于高速钢成形车刀,如为硬质合金成形车刀加工钢料时,可取表中数值减去 5°。
　② 如工件为正方形、六角形棒料时,γ_f 值应减小 2° ~ 5°。

如在图 13.15 中切削刃上任取一点 x,则可写成式(13.7)

$$\tan \alpha_{ox} = \tan \alpha_{fx} \sin \kappa_{rx} \qquad (13.7)$$

当 $\kappa_{rx} = 0°$,即该点处切削刃平行进给方向,则有

$$\alpha_{ox} = 0°$$

这将造成该段切削刃所在的后刀面与加工表面间的严重摩擦,刀具不能正常切削。必须在设计时就采取以下的改善措施:

（1）在 $\kappa_{rx} = 0°$ 的切削刃处磨出凹槽,只保留一狭窄棱面,如图 13.16(a)所示。

（2）在 $\kappa_{rx} = 0°$ 的切削刃处磨出 $\kappa_{rx}' \approx 2°$ 的副切削刃,如图 13.16(b)所示。

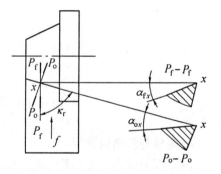

图 13.15　切削刃上的 α_{ox} 与 α_{fx} 关系

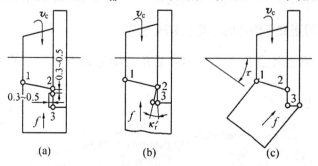

图 13.16　改善正交平面内 $\alpha_{0x} = 0°$ 的措施

（3）将成形车刀与工件轴线斜置成 $\tau = 15° \sim 20°$，如图 13.16(c)所示。这样从根本上解决了后刀面与加工表面间摩擦严重的问题。但此时成形车刀需按斜置成形车刀来设计。

13.4 径向成形车刀的廓形设计

成形车刀的廓形设计就是根据工件的已知径向和轴向尺寸求出刀具法剖面 $N—N$ 内的形状尺寸，即刀具的廓形。由图 13.17 知，刀具法剖面 $N—N$ 内的廓形深度 P_x 与刀具前刀面上对应切削刃的廓形深度 C_x 有关，C_x 则是根据工件轴向剖面内的廓形深度 P_{wx} 及刀具的前角 γ_f 与后角 α_f 计算得来的。而刀具廓形的轴向尺寸则与工件上对应的轴向尺寸完全相同。

13.4.1 廓形设计的必要性

无论是棱体还是圆体成形车刀，当前角 $\gamma_f = 0°$ 且后角 $\alpha_f = 0°$ 时，刀具在 $N—N$ 剖面内的廓形深度、前刀面上的廓形深度与工件轴向剖面内的廓形深度完全相同，没有必要进行刀具的廓形设计。但作为切削刀具，必须具有合理的切削角度。下面对两种情况进行讨论：

（1）$\alpha_f > 0°$，$\gamma_f = 0°$。这是作为切削刀具最起码的条件。

由图 13.18 知，$P_2 < C_2 = P_{w2}$。这说明只要 $\alpha_f > 0°$，刀具在 $N—N$ 剖面内的廓形深度 P_2 就与工件轴向剖面内的廓形深度 P_{w2} 不同，因而必须根据工件径向尺寸及 α_f 值对刀具廓形进行设计计算。

（2）$\alpha_f > 0°$，$\gamma_f > 0°$。这是成形车刀的普遍情况。

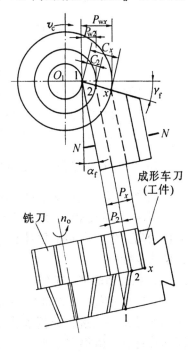

图 13.17 成形车刀的制造加工

由图 13.19 不难看出，此时 $C_2 > P_{w2}$，因为 $P_2 < P_{w2}$，所以 $P_2 < P_{w2} < C_2$，即当 $\alpha_f > 0°$、$\gamma_f > 0°$ 时，不但刀具在 $N—N$ 剖面内的廓形深度 P_2 与工件轴

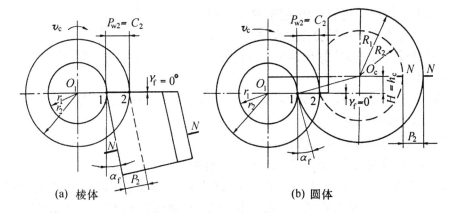

(a) 棱体　　　　　　　　　　　(b) 圆体

图 13.18 $\alpha_f > 0°$，$\gamma_f = 0°$ 时的廓形

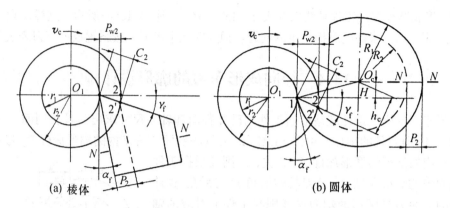

(a) 棱体　　　　　　　　　　　　　(b) 圆体

图 13.19　$\alpha_f > 0°$，$\gamma_f > 0°$ 时的廓形

向剖面内的廓形深度 P_{w2} 不同，而且刀具前刀面上廓形深度 C_2 也与工件轴向剖面的廓形深度 P_{w2} 也不再相同，且随着 γ_f 的增大，$(P_{w2} - P_2)$ 差值也增大，因此必须根据工件的径向尺寸和选定的 γ_f 和 α_f 值对刀具廓形进行设计计算。

13.4.2　径向成形车刀的廓形设计

成形车刀的廓形设计方法有两种：作图法和计算法。作图法简单、直观，但受图形放大倍数限制，精确度较低。而计算法虽较复杂，但精确度较高。生产中常采用计算法进行设计，再用作图法校验。

1. 设计前的准备工作

（1）确定成形表面廓形的组成点。对图 13.20 所示成形表面进行分析表明：任何一个复杂表面均可看成是由很多个平面、圆柱面和圆锥面组成。取各组成表面轮廓线的起始点和终（拐）点作为成形表面廓形的组成点（如图中的 1、2、3、4、a、b、c、d、5 各点），求出与之对应的刀具廓形上的点，这样可以简化设计过程。

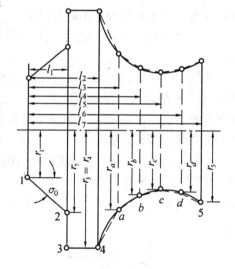

图 13.20　成形表面分析

（2）画出工件的端视图和俯视图，确定工件上最小半径圆与水平轴线的交点为基准点（当不考虑附加切削刃时），并依次标出其余组成点及相应的径向、轴向尺寸。

（3）确定刀具的合理前角 γ_f 和后角 α_f，圆体成形车刀还须确定外径 R_1。

2. 廓形设计的作图法

（1）棱体成形车刀作图步骤（图 13.21）。

① 以适当的放大比例画出工件的端视图和俯视图。

② 在端视图上，从基准点 1 分别作与铅垂线成 α_f 和与水平线成 γ_f 的直线，并作为后、前刀面的投影线。前刀面投影线与工件各组成点所在圆相交于点 2′、3′（4′），这些点就是刀具前刀面上与工件各组成点相对应的点。

③ 从前刀面投影线上的 2′、3′(4′)各点分别作平行于后刀面投影线的直线,这些直线即为刀具廓形上各点所在后刀面的投影线,它们与基准点 1 所在后刀面投影线间的距离 P_2、P_3(P_4)即为刀具 N—N 剖面对应点间的廓形深度。

④ 延长各后刀面投影线,在点 1 后刀面投影线的延长线上取点 1″ 并作该线的垂线,以该垂线作为起始线,分别在过点 2′、3′(4′)的后刀面投影线的延长线上截取 $l_2 = l_3$ 和 l_4 得交点 2″、3″、4″,用直线(或平滑曲线)连接这些点,即得刀具 N—N 剖面内廓形。

(2) 圆体成形车刀作图步骤(图 13.22)。

① 作法同棱体成形车刀步骤①。

② 在端视图上,从基准点 1 作与水平线夹角为 γ_f 的直线为前刀面的投影线,分别与工件各组成点所在圆相交于点 2′、3′(4′),这些点即为前刀面廓形的组成点。

③ 再从点 1 作与水平线夹角为 α_f 的斜向右上方的直线,在其上截取刀具外圆半径的长度得点 O_c,O_c 即圆体成形车刀的轴心。

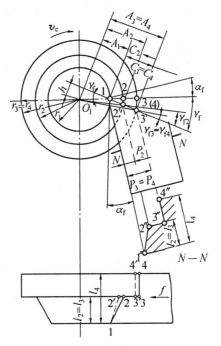

图 13.21　棱体成形车刀的廓形设计

1、2、3、4—工件廓形;1′、2′、3′、4′—切削刃投影;
1″、2″、3″、4″—刀具廓形

④ 以 O_c 为圆心,O_c1、$O_c2′$、$O_c3′$($4′$)为半径作同心圆,与过 O_c 的水平线相交于点 1″、2″、3″($4″$)。R_1、R_2、R_3(R_4)即为刀具廓形各组成点的半径。R_1 与 R_2、R_3(R_4)各半径之差,即为刀具廓形各组成点在轴向剖面的廓形深度。

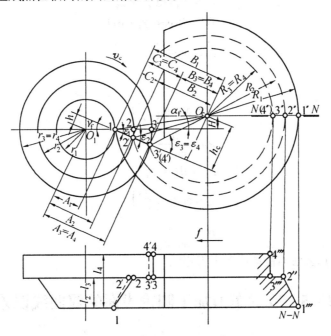

图 13.22　圆体成形车刀的廓形设计

⑤ 根据已知的工件轴向尺寸及 R_1、R_2、R_3、R_4,利用投影原理,即可求出刀具轴向剖面内的廓形。

3. 廓形设计的计算法

(1)棱体成形车刀(图13.21)。作刀具前刀面投影线的延长线,再从工件中心点 O_1 作该延长线的垂线得交点 b,点 O_1 到垂线的距离为 h,再标出 C_2、C_3、C_4 及 A_1、A_2、A_3、A_4。

由直角三角形 $O_1 b 1$ 知

$$h = r_1 \sin \gamma_f \tag{13.8}$$

$$A_1 = r_1 \cos \gamma_f \tag{13.9}$$

所以

$$\gamma_{f2} = \arcsin\left(\frac{h}{r_2}\right)$$

$$A_2 = r_2 \cos \gamma_{f2}$$

又

$$C_2 = A_2 - A_1$$

所以

$$P_2 = C_2 \cos(\gamma_f + \alpha_f)$$

同理,前刀面上任意点 n 的各参数为

$$\gamma_{fn} = \arcsin\left(\frac{h}{r_n}\right) \tag{13.10}$$

$$A_n = r_n \cos \gamma_{fn} \tag{13.11}$$

$$C_n = A_n - A_1 \tag{13.12}$$

$$P_n = C_n \cos(\gamma_f + \alpha_f) \tag{13.13}$$

(2) 圆体成形车刀(图 13.22)。过点 1 作前刀面投影线的延长线,O_1 至该延长线的距离为 h,O_c 至该延长线的距离为 h_c,分别标出工件和刀具廓形上的尺寸 A_1、A_2、$A_3(A_4)$、C_2、$C_3(C_4)$、B_1、B_2、$B_3(B_4)$。

由图 13.22 可知

$$h_c = R_1 \sin(\gamma_f + \alpha_f) \tag{13.14}$$

$$B_1 = R_1 \cos(\gamma_f + \alpha_f)$$

$$\varepsilon = \arctan \frac{h_c}{B_1}$$

$$B_2 = B_1 - C_2$$

$$\varepsilon_2 = \arctan\left(\frac{h_c}{B_2}\right)$$

则

$$R_2 = \frac{h_c}{\sin \varepsilon_2}$$

同理

$$B_n = B_1 - C_n \tag{13.15}$$

$$\varepsilon_n = \arctan\left(\frac{h_c}{B_n}\right) \tag{13.16}$$

$$R_n = \frac{h_c}{\sin \varepsilon_n} \tag{13.17}$$

式中 C_2、C_n 的计算方法与棱体成形车刀相同。

13.5　成形车刀加工圆锥表面的双曲线误差

图 13.23 给出了棱体成形车刀加工圆锥表面的情况。图中成形车刀的直线廓形 1″-2″是

按圆锥表面组成点 1、2′ 设计的。然而用这把成形车刀加工得到的工件圆锥表面却呈内凹形,即与理想圆锥表面不同。

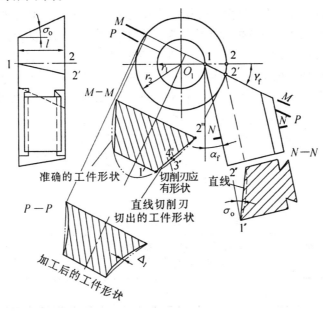

图 13.23　棱体成形车刀加工圆锥表面的误差

13.5.1　双曲线误差产生的原因

众所周知,工件圆锥表面的母线是工件轴向剖面中的直线 12。由于成形车刀的前角 $\gamma_f > 0°$,切削刃上只有点 1 处于工件圆锥母线上,而点 2′ 处于刀具前刀面 $M—M$ 上(图 13.23)。由数学知识可知,用过前刀面 $M—M$ 的平面去截圆锥面时,可得到一外凸的双曲线 $1′-3″-2″$,与之对应的刀具切削刃廓形应是相吻合的内凹双曲线。这就要求 $N—N$ 剖面内的刀具廓形应是内凹双曲线,但这会给刀具制造带来很大困难。为便于刀具制造,$N—N$ 剖面内的刀具廓形做成直线 $1″-2′$,会相应地得到工件在 $M—M$ 剖面内的直线形 $1′-4″-2′$,这样反映到轴向剖面内就不会得到母线为直线的圆锥面了,而是内凹的双曲面,它们之间的差为 Δ_1,故称双曲线误差了。

如果取 $\gamma_f = 0°$,即让刀具前刀面 $M—M$ 与圆锥母线重合,就不会产生双曲线误差。

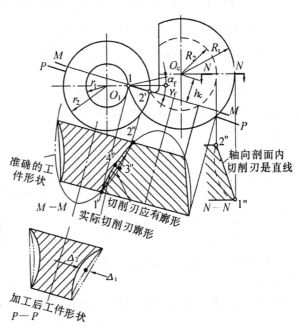

图 13.24　圆体成形车刀加工圆锥表面的误差

同理,用 $\gamma_f > 0°$、$\alpha_f > 0°$ 的圆体成形车刀加工圆锥面时,也会得到内凹双曲线,而且内凹程度比棱体成形车刀加工时还要大得多(图13.24)。误差大的原因可以这样理解:总误差 Δ 由两部分组成:一部分误差 Δ_1 是由于圆体成形车刀的前刀面 $M—M$ 不与工件圆锥母线相重合造成的,这正相当于 $\gamma_f > 0°$ 的棱体成形车刀加工圆锥表面的情况;另一部分误差 Δ_2 是由于圆体成形车刀的前刀面 $M—M$ 不通过本身轴线,即不与本身圆锥母线相重合造成的。

自不待言,要想加工出圆锥体工件,刀具应该是与之相吻合的反向圆锥体。由于圆体成形车刀的前刀面不通过刀具本身的轴线,得到的前刀面 $M—M$ 内的切削刃廓形不但不是内凹双曲线 $1'-3-2''$,甚至也不是直线 $1'-2''$($N—N$ 剖面内 $1''-2''$),而是一条外凸双曲线 $1'-4-2''$,当然在 $M—M$ 面内得到的工件形状为一与之对应的内凹双曲线,它与直线间的差称为刀具本身的双曲线误差。反映在轴向剖面 $P—P$ 内的误差用 Δ_2 表示,且 Δ_2 比 Δ_1 大得多。比如,当工件长度为 20 mm,小端直径为 50 mm,锥角 $\sigma_0 = 45°$,$\gamma_f = 10°$,$\alpha_f = 10°$,经计算加工误差如表 13.2 所示。

表 13.2　圆锥表面的加工误差　　　　　　　　　mm

成 形 车 刀 种 类	切削刃的双曲线误差(外凸量)	加工后工件的误差(内凹量)
棱　　体	0	0.05
圆　　体	0.33	0.38

如取 $\gamma_f = 0°$,只能使 $\Delta_1 = 0$,Δ_2 依然存在,这是由圆体成形车刀本身的结构决定的。

上述双曲线误差随工件圆锥表面的锥角 σ_0、刀具前角 γ_f 及对应轴向尺寸 l 的增加而增大。圆体成形车刀的双曲线误差还与刀具后角 α_f 和最大半径 R_1 有关。

13.5.2　消除(或减小)双曲线误差的措施

对于棱体成形车刀,$\gamma_f = 0°$ 是加工圆锥表面产生双曲线误差的主要原因,故只有使 $\gamma_f = 0°$ 才能消除这种误差。这是办法之一。

对于圆体成形车刀,$\gamma_f = 0°$ 只能消除总误差 Δ 中的 Δ_1 部分,比 Δ_1 大几十倍的 Δ_2 依然不能消除。

消除双曲线误差的第二种办法是:采用带有前刀面侧向倾斜角 ω 的成形车刀,如图 13.25 所示。

为了使切削刃与工件圆锥母线重合,可使前刀面倾斜 ω 角,从而将低于工件水平轴线的切削刃提高到水平轴线的位置。对棱体成形车刀来说,这样做完全消除了双曲线误差;对于圆体成形车刀,由于刀具本身有双曲线误差,故不可能完全消除,只能减小误差。

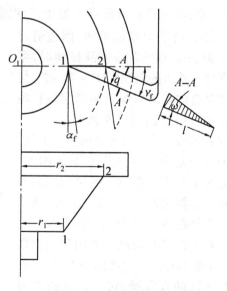

图 13.25　带前刀面侧向倾斜角的成形车刀

前刀面侧向倾斜角 ω 可按式(13.18)计算

$$\tan \omega = \frac{r_2 - r_1}{l} \sin \gamma_f \tag{13.18}$$

复习思考题

13.1 用成形车刀加工成形表面有什么优点?

13.2 试述成形车刀的种类和各自的特点?

13.3 棱体和圆体成形车刀常见的装夹方式有哪些? 如何定位、夹紧和调整?

13.4 为什么成形车刀不能在切削刃各点均作出合理的切削角度?

13.5 成形车刀的名义前、后角是切削刃上哪点的角度? 在哪个平面内测量?

13.6 使用成形车刀时,前、后角是怎么形成的?

13.7 试分析棱体和圆体成形车刀切削刃上各点的前、后角变化规律。

13.8 成形车刀前、后角选择的依据是什么?

13.9 当成形车刀切削刃与进给方向平行时,如何改善其正交平面的后角?

13.10 分别就棱体和圆体成形车刀说明径向成形车刀进行廓形设计的必要性。

13.11 试述生产中如何用作图法和计算法设计计算成形车刀的廓形?

13.12 试分析根据工件廓形组成点的方法求出的成形车刀的廓形为什么在加工圆锥表面时会产生双曲线误差? 如何消除或减少该误差?

第 14 章　孔加工刀具

14.1　孔加工刀具的种类与用途

机械加工中的孔加工刀具分为两类:一类是用于实体工件上加工孔的刀具,如:扁钻、麻花钻、中心钻及深孔钻等;另一类是对工件上已有孔进行再加工的刀具,如:扩孔钻、锪钻、铰刀及镗刀等。

这些孔加工刀具有着共同的特点:刀具均在工件内表面切削,工作部分处于加工表面包围之中,刀具的强度、刚度、导向、容屑、排屑及冷却润滑等都比切削外表面时问题更突出。

各种孔加工刀具简介如下:

1. 扁钻

扁钻(图 14.1)是使用最早的钻孔工具。因为结构简单、刚度好、成本低、刃磨方便,故近十几年来经过改进又获得了较多应用,特别是在微孔(小于 $\phi 1$ mm)及大孔(大于 $\phi 38$ mm)加工中显得更方便、经济。

扁钻有整体式和装配式两种。前者适于数控机床,常用于较小直径(小于 $\phi 12$ mm)孔加工,后者适于较大直径(大于 $\phi 63.5$ mm)孔加工。

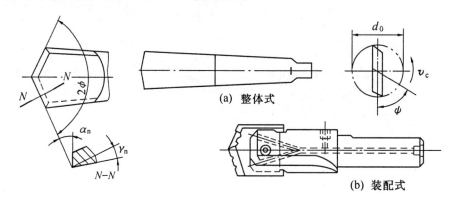

(a) 整体式

(b) 装配式

图 14.1　扁钻

2. 麻花钻

麻花钻(图 14.8)是迄今最广泛应用的孔加工刀具。因为它的结构适应性较强,又有成熟的制造工艺及完善的刃磨方法,特别是加工小于 $\phi 30$ mm 的孔,麻花钻仍为主要工具。生产中也有将麻花钻作为扩孔钻使用的。

3. 中心钻

中心钻是用来加工轴类工件中心孔的,有三种结构形式:带护锥中心钻(图 14.2(a))、无护锥中心钻(图 14.2(b))和弧型中心钻(图 14.2(c))。

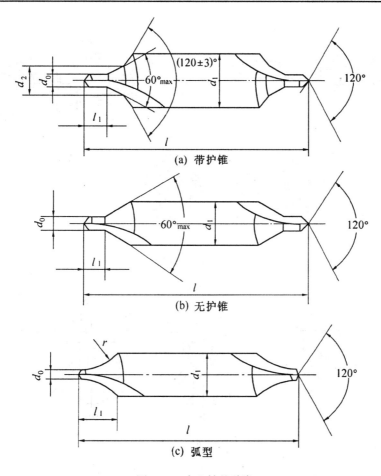

图 14.2　中心钻的种类

4. 深孔钻

通常把孔深与孔径之比大于 5～10 倍的孔称为深孔,加工所用的钻头称为深孔钻。

深孔钻有很多种,常用的有:外排屑深孔钻、内排屑深孔钻、喷吸钻及套料钻等(详见 14.3 节)。

5. 扩孔钻

扩孔钻(图 14.3)专门用来扩大已有孔。它比麻花钻的齿数多($Z > 3$),容屑槽较浅,无横刃,强度和刚度均较高,导向性能与切削性能较好,加工质量和生产效率比麻花钻高,精度可达IT11～IT10 级,表面粗糙度 $Ra6.3～3.2\ \mu m$。

常用的有高速钢整体扩孔钻(图 14.3(a))、高速钢镶齿套式扩孔钻(图 14.3(b))及硬质合金镶齿套式扩孔钻(图 14.3(c))等。

6. 锪钻

常见的锪钻有三种:圆柱形沉头孔锪钻(图 14.4(a))、锥形沉头孔锪钻(图 14.4(b))及端面凸台锪钻(图 14.4(c))。

7. 铰刀

铰刀常用来对已有孔作最后精加工,也可对要求精确的孔进行预加工。加工精度可达IT11～IT6 级,表面粗糙度 $Ra1.6～0.2\ \mu m$(详见 14.4 节)。

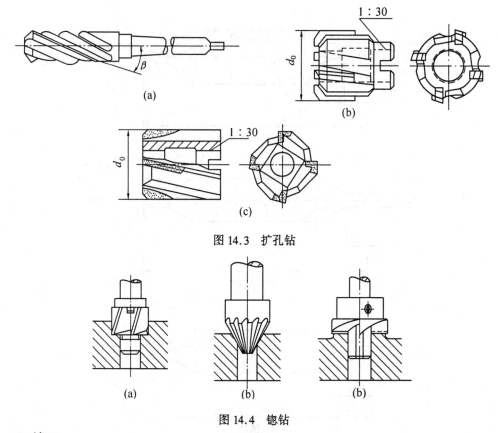

(a)

(b)

(c)

图 14.3　扩孔钻

(a)　　　　　　(b)　　　　　　(b)

图 14.4　锪钻

8. 镗刀

镗刀是对工件已有孔进行再加工的刀具,可加工不同精度的孔,加工精度可达 IT7 ~ IT6 级,表面粗糙度达 $Ra6.3 \sim 0.8(0.4)$ μm。

镗刀即是安装在回转镗杆上的车刀,可分为单刃和多刃镗刀。单刃镗刀只在镗杆轴线的一侧有切削刃(图 14.5),其结构简单、制造方便,有的带有调整装置(图 14.5(a)),如采用微调装置(图 14.6),可大幅度提高调整精度。

双刃镗刀是镗杆轴线两侧对称装有两个切削刃,可消除径向力对镗孔质量的影响,多采用装配式浮动结构(图 14.7)。镗刀头有整体高速钢和硬质合金焊接结构。

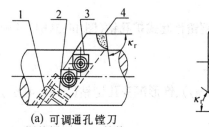

(a) 可调通孔镗刀
1 — 调整螺钉;2 — 镶块;
3 — 紧固螺钉;4 — 镗刀头

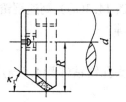

(b) 通孔镗刀

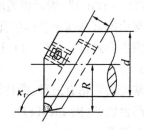

(c)盲孔镗刀

图 14.5　单刃镗刀

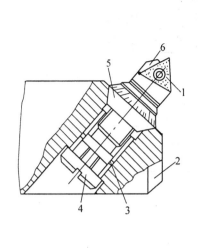

图 14.6　微调镗刀

1—刀片；2—镗杆；3—导向键；
4—紧固螺钉；5—精调螺母；6—刀块

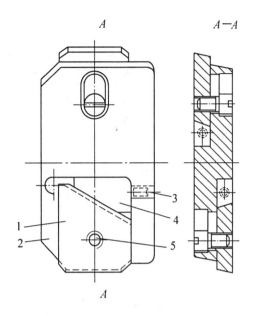

图 14.7　装配式浮动镗刀

1—刀片；2—刀体；3—尺寸调整螺钉；
4—斜面垫板；5—刀片夹紧螺钉

14.2　麻 花 钻

麻花钻使用至今已有 100 多年的历史，不仅可在一般材料上钻孔，经过修磨还可在一些难加工材料上钻孔，至今仍是孔加工的主要刀具。

14.2.1　麻花钻的结构组成及几何参数

1. 麻花钻的结构组成

麻花钻由三部分组成（图 14.8(a)、(b)）。

(1) 工作部分。工作部分包括切削部分和导向部分。切削部分承担切削工作，导向部分的作用在于切削部分切入孔后起导向作用，也是切削部分的备磨部分。为了减小与孔壁的摩擦，一方面在导向圆柱面上只保留两个窄棱面，另一方面沿轴向作出每 100 mm 长度上有 0.03 ~ 0.12 mm 的倒锥。

为了提高钻头的刚度，工作部分两刃瓣间的钻心直径 d_c（$d_c \approx 0.125d_o$）沿轴向作出每 100 mm 长度上有 1.4 ~ 1.8 mm 的正锥（图 14.8(d)）。

(2) 柄部。柄部是钻头的夹持部分，用以与机床主轴孔配合并传递扭矩。柄部有直柄（小于 $\phi 20$ mm 的小直径钻头）和锥柄之分。柄部末端还作有扁尾。

(3) 颈部。颈部位于工作部分与柄部之间，可供砂轮磨锥柄时退刀，也是打标记之处。为了制造上的方便，直柄钻头无颈部。

2. 麻花钻切削部分的组成

麻花钻切削部分（图 14.8(c)）由两个前刀面、两个后刀面、两个副后刀面、两条主切削

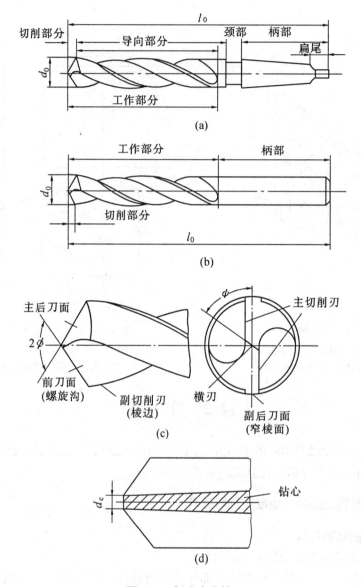

图 14.8　标准麻花钻

刃、两条副切削刃和一条横刃组成。

（1）前刀面。前刀面即螺旋沟表面，是切屑流经的表面，起容屑、排屑作用，需抛光以使排屑流畅。

（2）后刀面。后刀面与加工表面相对，位于钻头前端，形状由刃磨方法决定，可为螺旋面、圆锥面或平面，手工刃磨得任意曲面。

（3）副后刀面。副后刀面是与已加工表面（孔壁）相对的钻头外圆柱面上的窄棱面。

（4）主切削刃。主切削刃是前刀面（螺旋沟表面）与后刀面的交线，标准麻花钻主切削刃为直线（或近似直线）。

（5）副切削刃。副切削刃是前刀面（螺旋沟表面）与副后刀面（窄棱面）的交线，即棱边。

（6）横刃。横刃是两个（主）后刀面的交线，位于钻头的最前端，亦称钻尖。

3. 麻花钻切削部分的几何角度

在研究分析几何角度之前,必须先确定切削刃选定点的坐标平面。

由图 14.9 知,钻头两条主切削刃相当于两把相反安装的车孔刀切削刃,切削刃不过轴线且相互错开,其距离为钻心直径 d_c,相当于车孔刀的刀刃高于工件中心。这样一来,钻头主切削刃上选定点的坐标平面及几何角度就比较容易理解。

(1) 坐标平面。

① 切削平面 P_s。钻头主切削刃上选定点的切削平面 P_s 是包含该点切削速度方向又与过该点切削刃所切表面相切的平面。由于主切削刃上各点的切削速度方向不同,故各点切削平面也就不同(图 14.10)。

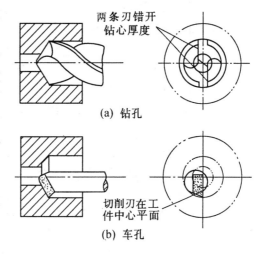

(a) 钻孔

(b) 车孔

图 14.9 钻孔与车孔

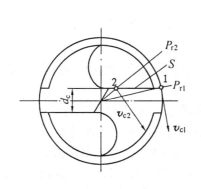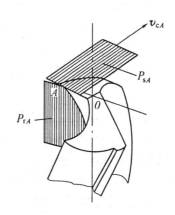

图 14.10 钻头的基面与切削平面

② 基面 P_r。钻头主切削刃上选定点的基面 P_r 是过该点且垂直于该点切削速度的平面(图 14.10)。由于主切削刃上各点切削速度方向不同,因此各点的基面也不同,但基面总是通过钻头轴线并垂直于切削速度方向的平面。

主切削刃上不同点的切削平面与基面各不相同,这是回转刀具的共同特点。

(2) 钻头的几何角度。

① 螺旋角。钻头螺旋沟表面与外圆柱表面的交线为螺旋线,该螺旋线与钻头轴线的夹角称钻头螺旋角,记为 β。由图 14.11 知

$$\tan \beta = \frac{2\pi R}{p} \tag{14.1}$$

式中　R——钻头外缘半径;

　　　p——钻头螺旋沟导程;

　　　β——钻头名义螺旋角,即外缘处螺旋角。

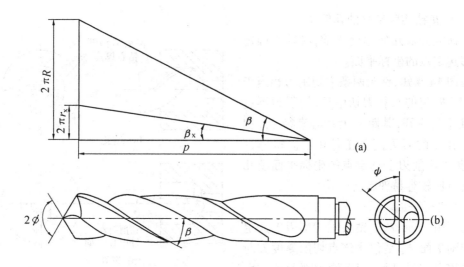

图 14.11　钻头的螺旋角

由于主切削刃上各点半径不同,而同一条螺旋线上各点导程是相同的,故主切削刃上任意点处的螺旋角 β_x 不同,可写成式(14.2)

$$\tan \beta_x = \frac{2\pi r_x}{p} = \frac{2\pi R}{p}\frac{r_x}{R} = \frac{r_x}{R}\tan \beta \tag{14.2}$$

式中　r_x——主切削刃上任意点半径。

由式(14.2)可看出,钻头主切削刃上外缘处的螺旋角最大,越靠近钻头中心处螺旋角越小。

螺旋角实际上就是钻头在假定工作平面内的前角 γ_f。螺旋角越大,前角越大,钻头切削刃越锋利。但螺旋角过大,会使钻头刃口处强度削弱,散热条件变差。

标准麻花钻的名义螺旋角一般在 18°~30°之间,大直径钻头取大值。

从切削原理角度出发,钻不同工件材料需要不同的前角,即不同螺旋角。如:钻青铜与黄铜时,$\beta = 8°~12°$;钻紫铜与铝合金时,$\beta = 35°~40°$;钻高强度钢与铸铁时,$\beta = 10°~15°$。

② 刃倾角与端面刃倾角。由于主切削刃不过轴心线,故形成了刃倾角 λ_s。又主切削刃上各点的基面、切削平面不同,所以主切削刃上各点刃倾角也不同(图 14.12)。

为了方便,常常引入端面刃倾角 λ_t 的概念(图 14.12)。

主切削刃上选定点的端面刃倾角是在端面投影图中测量的该点基面与主切削刃间的夹角,同理,主切削刃上不同点的端面刃倾角也不同,外缘处最大(绝对值最小),近钻心处小(绝对值大)。选定点的端面刃倾角 λ_{tx} 可按式(14.3)近似计算

$$\sin \lambda_{tx} = -\frac{d_c}{2r_x} \tag{14.3}$$

式中　d_c——钻心直径。

主切削刃上选定点的端面刃倾角 λ_{tx} 与刃倾角 λ_{sx} 有式(14.4)之关系

$$\sin \lambda_{sx} = \sin \lambda_{tx}\sin \kappa_{rx} = -\frac{d_c}{2r_x}\sin \kappa_{rx} \tag{14.4}$$

③ 顶(锋)角与主偏角。钻头顶角是在与两条主切削刃平行的平面内测量的两条主切削刃在该平面内投影间的夹角,记为 2ϕ。它是设计、制造、刃磨时的测量角度。标准麻花钻

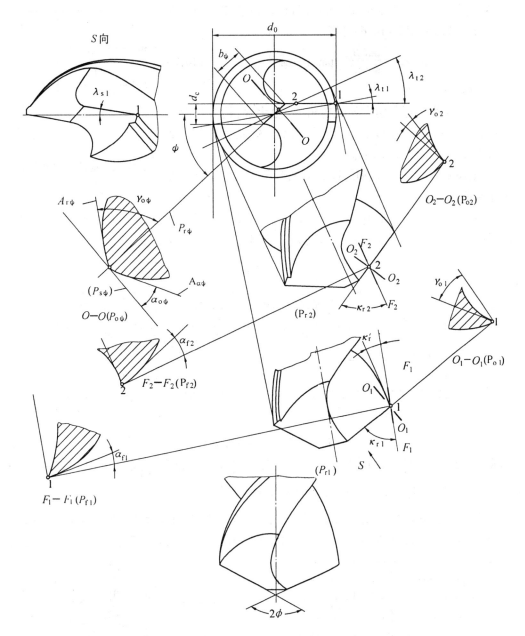

图 14.12　钻头的几何角度

的 $2\phi = 120°$。主切削刃上各点顶角是相同的,与基面无关。可依被加工材料的不同,经修磨改变顶角。顶角的大小将影响主切削刃的长度、刀尖角 ε_r 的大小、钻削轴向力与扭矩的大小及钻头的使用寿命。

　　主偏角是在基面内测量的主切削刃在其上的投影与进给方向间的夹角,记为 κ_{rx}。由于各点基面不同,各点处的主偏角也就不同。

　　2ϕ 与主切削刃上选定点的 κ_{rx} 存在式(14.5)之关系

$$\tan \kappa_{rx} = \tan \phi \cos \lambda_{tx} \tag{14.5}$$

④ 前角。主切削刃上选定点的前角是在该点的正交平面内测量的。数值可用式(14.6)计算

$$\tan \gamma_{ox} = \frac{\tan \beta_x}{\sin \kappa_{rx}} + \tan \lambda_{tx} \cos \kappa_{rx} \qquad (14.6)$$

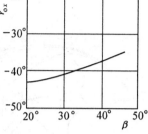

图 14.13 螺旋角 β 对钻心处前角 γ_{ox} 的影响

由式(14.6)知：

Ⅰ. 主切削刃上螺旋角大处的前角 γ_{ox} 也大，故钻头外缘处的前角最大，钻心处前角最小。但不能用增大螺旋角的办法来增大钻心处的前角(图 14.13)。

Ⅱ. 主切削刃上端面刃倾角 λ_{tx} 大处的前角 λ_{ox} 也大，故钻头外缘处前角最大。

Ⅲ. 主偏角对前角的影响较复杂。无论对哪段切削刃，主偏角在某一范围内由小变大时，前角 γ_{ox} 将增大，但超出此范围再增大时，反会使前角 γ_{ox} 减小(图 14.14)。

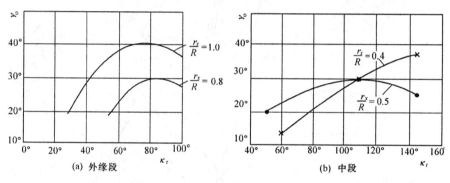

图 14.14 主偏角 κ_r 对前角 γ_o 的影响

综上所述，标准麻花钻主切削刃上各点前角将按图 14.15 所示规律变化。如外缘处前角为 + 30°，钻心处$\left(\dfrac{r_x}{R} > 0.125 处\right)$前角则为 − 30°。

⑤ 后角。主切削刃上选定点的后角是在以钻头轴线为轴且过该点圆柱面的切平面内测量的，记为 α_{fo}。α_f 之所以不像 γ_o 那样在正交平面内测量，原因在于主切削刃上的各点都

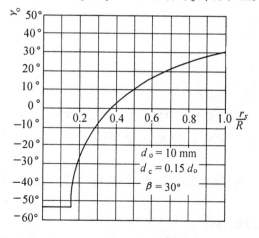

图 14.15 钻头前角的变化规律

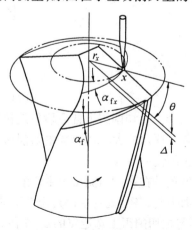

图 14.16 钻头后角的测量

在绕轴线作圆周运动(忽略进给运动时),而过该选定点的圆柱面切平面内的后角最能反映钻头后刀面与工件加工表面间的摩擦情况,而且便于测量。其方法如下(图 14.16):

将百分表触头(测量头)触抵主切削刃选定点 x 处,让钻头绕轴线沿箭头方向旋转 θ 弧度,此时表针下降 Δ mm。点 x 的后角可按式(14.7)计算

$$\tan \alpha_{fx} = \frac{\Delta}{r_x \theta} \tag{14.7}$$

式中 θ——弧度。

钻头主切削刃上各点的后角应磨成不等:外缘处磨得小些,近钻心处磨得大些。原因有三:

第一,要与主切削刃上各点的前角变化相适应,以使各点楔角相差不大。

第二,由于有进给运动,实际上主切削刃上的各点在作螺旋运动,其运动轨迹为螺旋线,展开后如图 14.17 所示。

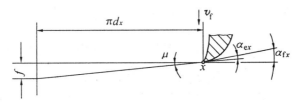

图 14.17   钻头的工作后角 α_{ex}

因此该点的工作后角 α_{ex} 可按式(14.8)计算

$$\alpha_{ex} = \alpha_{fx} - \mu \tag{14.8}$$

式中

$$\mu = \arctan \frac{f}{2\pi r_x} \tag{14.9}$$

由式(14.8)和式(14.9)知:选定点 x 所在半径 r_x 越大,由进给运动引起的后角变化值 μ 越小,亦即越近外缘处 μ 值越小,工作后角 α_{ex} 越大;反之,越近钻心处 α_{ex} 越小。

为保证主切削刃上各点的工作后角 α_{ex} 相差不大,就应将外缘处的后角磨得小些,近钻心处的后角磨得大些,以弥补进给运动的影响。

第三,近钻心处后角磨大后,可改善横刃的切削条件,有利于切削液渗入切削区。

通常给定的后角值,一般指外缘的名义后角 α_f(约 8° ~ 14°)。

⑥ 副刃后角。钻头的副刃后角 $\alpha_0' = 0°$,因为副后刀面(窄棱面)是钻头外圆柱表面的一部分。

⑦ 横刃角度(图 14.12)。两个主后刀面的交线即为横刃,它接近于一条直线,横刃长度记为 b_ψ。

Ⅰ.横刃前角 $\gamma_{o\psi}$ 和后角 $\alpha_{o\psi}$。横刃的前角和后角均在横刃正交平面 $P_{o\psi}$ 内测量。由于横刃通过钻头中心且在端面投影图中为直线,故横刃上各点的基面相同,记为 $P_{r\psi}$。从横刃正交平面图中可以看出,横刃处前刀面已位于基面之前,故横刃前角 $\gamma_{o\psi}$ 为负值($\gamma_{o\psi} < 0°$),横刃后角 $\alpha_{o\psi} \approx 90° - |\gamma_{o\psi}|$。一般 $\gamma_{o\psi} = -(54° ~ 60°)$,$\alpha_{o\psi} = 36° ~ 30°$,可见横刃处的切削条件极差。由于 $\gamma_{o\psi}$ 是很大负值,横刃处会产生很严重的挤压,造成很大的轴向力(约占总轴向力的一半以上)。

Ⅱ.横刃斜角 ψ。在端面投影图中测量的、横刃相对于主切削刃倾斜的角度,称横刃斜角,记为 ψ。它是刃磨钻头主后刀面时自然形成的。后角大时,ψ 减小,一般情况下,$\psi =$

$50° \sim 55°$。当横刃近似垂直于主切削刃，即 $\psi \approx 90°$ 时，$\alpha_{o\psi}$ 最小，因而可用 ψ 的大小来判断后角是否刃磨得合适。

14.2.2 钻削要素

1. 钻削用量

(1) 钻削速度。钻削速度指主切削刃外缘处的线速度，以 v_c 表示

$$v_c = \frac{n\pi d_0}{1\ 000} \text{ m/s} \tag{14.10}$$

式中　n——钻头（或工件）的转数（r/s）；

　　　　d_0——钻头外缘处直径（mm）。

(2) 进给量。

每转进给量：是钻床进给标牌上给出的最常用表达形式，是指钻头转一转相对于工件的轴向移动量，以 f 表示，单位为（mm/r）。

每齿进给量：钻头有两个刀齿，钻头转过一个刀齿相对于工件的轴向移动量，称每齿进给量，以 f_Z 表示（mm/Z），与 f 有式（14.11）之关系

$$f_Z = \frac{1}{2} f \text{ mm/Z} \tag{14.11}$$

每分进给量：也称进给速度，是指钻头在单位时间内（每分）相对于工件的轴向移动量，以 v_f 表示

$$v_f = n f = 2 n f_Z \quad \text{mm/min} \tag{14.12}$$

(3) 钻削深度。在基面内垂直于钻头轴线测量的切削层尺寸（或者指待加工表面与已加工表面间的距离），以 a_p 表示（图 14.18），即

$$a_p = \frac{1}{2} d_0 \text{ mm} \tag{14.13}$$

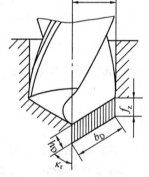

图 14.18　钻削要素

2. 钻削层参数

(1) 切削（层）厚度。切削（层）厚度是指垂直于主切削刃在基面投影测量的切削层尺寸，以 h_D 表示

$$h_D = f_Z \sin \kappa_r = \frac{f}{2} \sin \kappa_r \approx \frac{f}{2} \sin \phi \text{ mm} \tag{14.14}$$

因为主切削刃上各点的主偏角不同，故各点处切削厚度不相等（图 14.19）。

(2) 切削（层）宽度。切削（层）宽度是指在基面内测量的主切削刃参加工作的长度（或沿主切削刃测得的切削层尺寸），以 b_D 表示

$$b_D = \frac{a_p}{\sin \kappa_r} = \frac{d_0}{2\sin \kappa_r} \approx \frac{d_0}{2\sin \phi} \text{ mm} \tag{14.15}$$

(3) 切削（层）面积。在此是指每个刀齿切下的切削层面积，以 A_D 表示

$$A_D = h_D b_D = f_Z a_p = \frac{f d_0}{4} \text{ mm}^2 \tag{14.16}$$

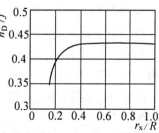

图 14.19　主切削刃上不同点的 h_D/f

14.2.3　钻削力与钻头磨损

1. 钻削力的产生及组成

钻削力主要是克服工件材料的切削变形,克服钻头与孔壁、钻头与切屑间的摩擦而产生的。

麻花钻的五条切削刃上均产生钻削力。每条切削刃上的力均可沿着轴向、径向及切向三个方向分解,分别以 F_f、F_p、F_c 表示。当钻头两侧切削刃对称时,所产生径向分力 F_p 可相互抵消,最终钻头所产生钻削力只有轴向力 F 及扭矩 M,即作用在各条切削刃上的轴向力之和及扭矩之和(图 14.20)。即

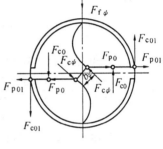

$$F = F_{f0} + F_{f01} + F_{f\psi} \text{ N} \tag{14.17}$$

$$M = M_0 + M_{01} + M_{\psi} \text{ N·m} \tag{14.18}$$

式中　F_{f0}、F_{f01}、$F_{f\psi}$——主切削刃、副切削刃及横刃产生之轴向力;

$\quad\quad M_0$、M_{01}、M_{ψ}——主切削刃、副切削刃及横刃产生之扭矩;

$$M_0 = 2F_{c0}\rho \text{ N·m} \tag{14.19}$$

$$M_{01} = F_{c01}d_0 \text{ N·m} \tag{14.20}$$

$$M_{\psi} = F_{c\psi}b_{\psi} \text{ N·m} \tag{14.21}$$

图 14.20　钻削力

式中　ρ——主切削刃切向力 F_{c0} 的平均作用半径(mm);

$\quad\quad F_{c01}$——副切削刃切向力;

$\quad\quad F_{c\psi}$——横刃切向力。

钻削过程中钻头产生的轴向力 F 和扭矩 M 可用钻削测力仪测得。经过分析研究得出了各条切削刃产生切削力的大致比例见表 14.1。

表 14.1　各条切削刃产生的轴向力和扭矩

切削刃　　力	主切削刃	副切削刃	横刃
轴向力 F(%)	~ 40	~ 3	~ 57
扭矩 M(%)	~ 80	~ 12	~ 8

对钻削不同工件材料时的实验数据进行处理,可得经验公式(14.22)、(14.23)

$$F = 9.81\ C_F\ d_0^{x_F} f^{y_F} K_F \text{ N} \tag{14.22}$$

$$M = 9.81\ C_M\ d_0^{x_M} f^{y_M} K_M \text{ N·m} \tag{14.23}$$

式中　C_F、C_M——系数,可查表 14.2;

$\quad\quad x_F$、x_M——钻头直径对 F、M 的影响指数;

$\quad\quad y_F$、y_M——进给量对 F、M 的影响指数;

$\quad\quad K_F$、K_M——修正系数。

表 14.2　钻削轴向力扭矩公式中的系数与指数

加　工　材　料	刀 具 材 料	系 数 和 指 数					
		轴向力 F			扭矩 M		
		C_F	x_F	y_F	C_M	x_M	y_M
钢 $R_m = 0.637$ GPa	高速钢	61.2	1.0	0.7	0.0311	2.0	0.8
不锈钢 1Cr18Ni9Ti	高速钢	143	1.0	0.7	0.041	2.0	0.7
灰铸铁 190HBS	高速钢	42.7	1.0	0.8	0.021	2.0	0.8
	硬质合金	42	1.2	0.75	0.012	2.2	0.8
可锻铸铁 150HBS	高速钢	43.3	1.0	0.8	0.021	2.0	0.8
	硬质合金	32.5	1.2	0.75	0.01	2.2	0.8
中等硬度非均质铜合金 100 ~ 140 HBS	高速钢	31.5	1.0	0.8	0.012	2.0	0.8

注:① 表中列出的轴向力是根据修磨横刃钻头得到的。对于未修磨横刃的钻头,则轴向力应乘系数1.33。

　　② 加工材料的强度和硬度改变时,轴向力及扭矩应乘系数 K_F 或 K_M,可查相应资料。

　　③ 用新钻头时,轴向力乘系数 0.9,扭矩乘系数 0.87。

钻削功率可按式(14.24)、(14.25)计算

$$P_c = 2\pi M n \ \text{W} \tag{14.24}$$

或

$$P_c = \frac{2 M v_c}{1\,000\,d_0} \ \text{kW} \tag{14.25}$$

式中　M——扭矩(N·m);

　　　v_c——钻削速度(m/s);

　　　d_0——钻头直径(mm);

　　　n——钻头转数(r/s)。

2.影响钻削力的因素

(1)螺旋角。螺旋角 β 越大,前角 γ_0 就越大,切削变形会减小,而且改善了排屑情况,故减小了钻削力。但 $\beta > 30°$,这种影响就不明显了(图 14.21)。

(2)顶角

$$h_D = \frac{f}{2}\sin \kappa_r \approx \frac{f}{2}\sin \phi \qquad b_D = \frac{d_0}{2\sin \kappa_r} \approx \frac{d_0}{2\sin \phi}$$

由两式不难看出,增大顶角 2ϕ,会使切削层厚度 h_D 增大,而切削层宽度 b_D 减小。h_D 增大会使单位切削力 k_c 减小$\left(因为 k_c = \dfrac{C_F}{h_D^\lambda}\right)$,在 A_D 不变情况下,切向分力 F_c($F_c = k_c A_D$)会减小,即切削扭矩 M($M = 2F_{c0}\rho$)会减小,但轴向分力 F 所占比例会增大(图 14.22)。

(3)横刃。横刃斜角 ψ 越小,b_ψ 越长,轴向力 F_ψ 越大,会使总轴向力 F 增大。

由于横刃所造成的扭矩在钻削总扭矩中所占比例很小,所以横刃斜角 ψ 对钻削扭矩的影响可不予考虑。

(4)切削液。合理选用切削液也会降低钻削力。

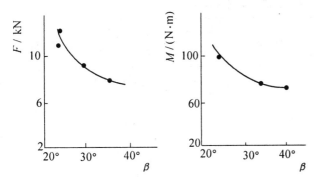

图 14.21　螺旋角 β 对 F 及 M 的影响

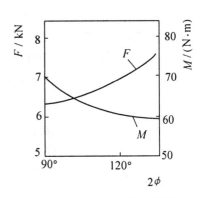

图 14.22　顶角 2ϕ 对 F 及 M 的影响

3. 钻头的磨损

钻削属半封闭容屑,与自由容屑的车削不同,传入钻头的热量约占 52.5%,切屑带走的热量占 28%,传给工件的占 14.5%,其余 5%传给周围介质。因此,钻头温度高,加剧了钻头的磨损。钻头的磨损情况如图14.23所示,其中以外缘转角处磨损最严重,因为那里的切削温度最高,散热条件差。钻铸铁等脆性材料时,磨钝形式为转角处的掉角磨损,磨损宽度为 VB_C;钻钢等塑性材料时,以该处后刀面的磨损量 VB_B 作为磨钝标准(图14.23),其数值见表 14.3。

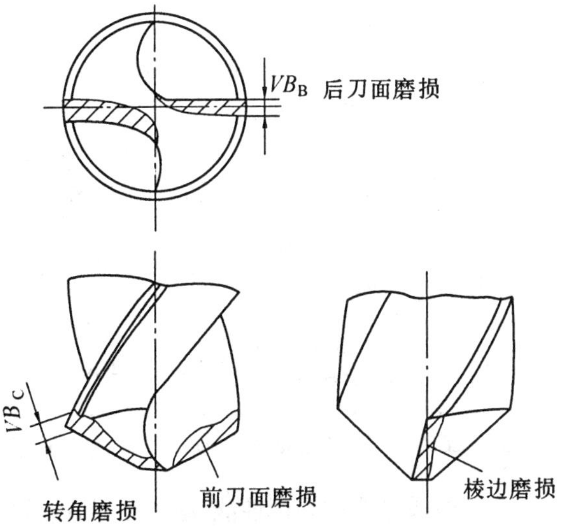

14.2.4　麻花钻的修磨与群钻

图 14.23　钻头的磨损部位

1. 标准麻花钻结构存在的问题

(1) 主切削刃上各点的前角是变化的且相差悬殊,外缘处为 +30°,近钻心处为 -30°,使得切削变形差别很大。

(2) 主切削刃长,切削宽度大,整个切削刃上各点处切屑流出速度相差很大,但切屑为一条,致使切屑呈宽螺卷,内外互相牵扯,增加了变形的复杂性和排屑的困难,切削液也难于进入切削区。

(3) 横刃处前角负值太大($\gamma_{o\psi} = -(54° \sim 60°)$),且横刃又较长($b_\psi = 0.18d_0$),会造成严重的挤压,轴向力也很大,切削条件很差。

(4) 副刃后角 $\alpha_o' = 0°$,副后刀面(棱面)与孔壁摩擦严重,而外缘转角处的切削速度又最高,刀尖角又较小,强度和散热条件均较差,故此处磨损严重。

(5) 横刃处的前后角 $\gamma_{o\psi}$、$\alpha_{o\psi}$ 是在刃磨后刀面时自然形成的,不能按需要分别控制 $\gamma_{o\psi}$、$\alpha_{o\psi}$ 与 α_o 的数值。

表 14.3　钻头的磨钝标准及使用寿命

	刀具材料	加工材料	磨损部位	钻头直径 d_0/mm	后刀面最大磨损限度 VB/mm	切削液
磨钝标准	高速钢	钢	后刀面	≤20	0.4~0.8	用
				>20	0.8~1.0	
		不锈钢和耐热钢		—	0.3~0.8	
		钛合金		—	0.4~0.5	
		铸铁	主切削刃与副切削刃转角处	≤20	0.5~0.8	不用
				>20	0.8~1.2	
	硬质合金	铸铁	主切削刃与副切削刃转角处	≤20	0.4~0.8	不用
				>20	0.8~1.2	

钻头使用寿命/s	钻头直径 d_0/mm	<6	6~10	11~20	21~30	31~40	41~50	51~60
	加工钢	900	1 500	2 700	3 000	4 200	5 400	6 600
	加工不锈钢及耐热钢	360	480	900	1 500	—	—	—
	加工铸铁、铜合金及铝合金	1 200	2 100	3 600	4 500	6 600	8 400	10 200

注:加工铸铁用硬质合金钻头,使用寿命可与高速钢相同。

为了改善钻头的切削性能,必须改进存在的问题:一是尽量在设计制造钻头时,采用性能好的刀具材料和更合理的结构参数;二是在使用时有针对性地进行适当的修磨。后者往往对使用者更有价值、更有普遍意义。常用的修磨方法有:横刃修磨法、主切削刃修磨法、前刀面修磨法及棱带修磨法等。

2. 群钻

群钻是综合运用前述修磨方法对麻花钻进行的修磨形式。最早是倪志福同志于 1954 年创造的,后经群钻小组不断改进,至今已有标准群钻、铸铁群钻、不锈钢群钻及薄板群钻等一系列刃磨钻型。现就标准群钻简单分析如下:

(1)群钻的结构特点。如图 14.24 所示,先磨出两条外直刃 AB,然后在两后刀面上对称磨出两条内凹弧槽 $\overset{\frown}{BC}$,再修磨横刃,使其变成两条内直刃 CD 并保留一条很窄的横刃 DO。

与标准麻花钻相比,原切削刃由 5 条变成了 9 条,钻(心)尖由 1 个变成 3 个(B、O、B),对大于 $\phi15$ mm 的钻头,外刃上还可磨出分屑槽,以便分屑、排屑。其特点可概括为四句话:

三尖七刃锐当先,月牙弧槽分两边,一侧外刃再开槽,横刃磨低窄又尖。

(2)群钻优点分析。

① 磨了内凹弧槽,增大了该段切削刃处的前角,改善了小前角刃段的切削性能。其理由有两条:磨了内凹弧槽后,一方面加大了该段切削刃上各点处的主偏角(或顶角),如图

14.25(a)所示,圆弧刃上点 B、C 的 $2\phi_B$、$2\phi'$ 均比原 2ϕ 大;另一方面使该段切削刃上各点的端面刃倾角增大了,如图 14.25(b)中的 $\lambda_{tE'} > \lambda_{tE'}$(点 E' 为原切削刃上与 E 相对应的点)。

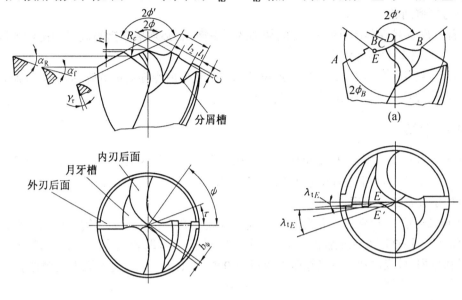

图 14.24　群钻　　　　　　　　图 14.25　标准群钻切削刃各点顶
　　　　　　　　　　　　　　　　　　　　　　角与端面刃倾角的变化

　　与麻花钻的普通刃磨法相比,外刃处前角基本不变,其余各刃段的前角均有显著增加。

如:$\overset{\frown}{BC}$段上平均增大 $10°$;内直刃 CD 上平均增大 $25°$;横刃 OD 上平均增大 $4° \sim 6°$。

　　② 磨了内凹弧槽起到了良好的分屑作用。这是因为圆弧刃刃尖突出(点 B),各刃段转折分明,把宽切屑分成了几条窄切屑,便于排出,切削液也较容易进入切削区,增强了冷却润滑作用,提高了钻头的使用寿命。

　　③ 内凹弧槽起到了良好的定心与导向作用。这是因为 3 个钻尖增加了定心的稳定性,圆弧刃又在工件上切出了凸形环筋,从而限制了钻头的偏摆。

　　④ 横刃磨短仅为原来的 $1/7 \sim 1/5$,轴向力大大减小;横刃一部分磨成了内直刃,修磨了横刃前刀面,使得横刃处前角有所增加,改善了横刃处的切削条件,横刃磨低了($h = 0.03d_0$),保护了因变尖而削弱了的钻尖。

　　综上所述,由于群钻各段切削刃的切削角度均比较合理,刃口比较锋利,切削变形较小,加工钢料时轴向力可比标准麻花钻降低 $35\% \sim 50\%$,扭矩降低 $10\% \sim 30\%$,使用寿命提高 $3 \sim 5$ 倍,生产效率显著提高,钻孔精度也有提高,表面粗糙度值也有减小。群钻无疑是一种修磨较完善的先进钻型。

14.3　深孔钻

14.3.1　深孔加工特点

(1) 由于孔深与孔径之比大,钻头细长,强度和刚度均较差,工作不稳定,易引起孔中心线的偏斜和振动。为保证孔中心线的直线性,必须很好地解决导向问题。

(2) 由于孔深度大,容屑排屑空间又小,切屑流经的路程又长,切屑不易排除,必须设法解决断屑与排屑问题。

(3) 深孔钻头是在封闭状态下工作,切削热不易散出,必须采取措施确保切削液的顺利进入,充分发挥冷却和润滑作用。

当孔深与孔径比值较小时,可以用加长杆麻花钻或带内冷却通道的麻花钻加工,而孔深与孔径比值较大时,一般要采用专门深孔钻头。

14.3.2 枪钻

枪钻属单刃外排屑深孔钻,最早用于钻枪孔而得名。常用来钻 $\phi3 \sim \phi20$ mm,长径比达 100 的小深孔,加工精度可达 IT10 ~ IT8 级,表面粗糙度 Ra 3.2 ~ 0.8 μm,孔直线性较好。

1. 结构组成及工作原理

由图 14.26 可知,枪钻工作部分是由高速钢或硬质合金钻头与无缝钢管压制成形的钻杆对焊而成的。钻杆应在保证强度、刚度足够的前提下,尽量取较大内径,以利切削部分的冷却润滑和排屑,外径应比钻头切削部分外径小 0.5 ~ 1.0 mm,以避免与孔壁的摩擦。

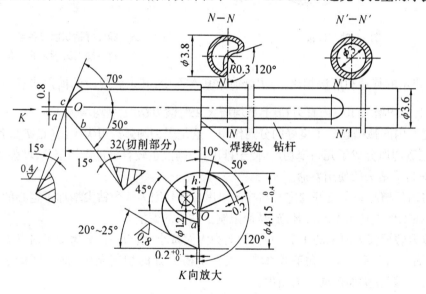

图 14.26　枪钻(外排屑深孔钻)

工作原理(图 14.27):工作时工件回转,钻头作轴向进给,高压(3.4 ~ 9.8 MPa)切削液从钻杆尾部注入,冷却了切削区的切削液连同切屑在压力作用下沿钻杆与孔壁间的 120°V 形槽冲出,故称外排屑。

2. 结构特点

(1) 只在钻头轴线的一侧有切削刃,且呈折线形,切削刃分为内刃 Oa 和外刃 ab 两段,钻尖与轴线有一偏距 e。内刃、外刃的主偏角及偏距 e 应有合理数值($e = (0.2 \sim 0.3)d_0$),使得外刃所产生径向力大于内刃所产生径向力,切削抗力将钻头无切削刃部分推向孔壁,以孔壁为导向,从而保证孔的直线性(图 14.28)。

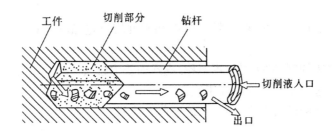

图 14.27 外排屑深孔钻工作原理

要使外刃所产生径向力大于内刃所产生径向力,即使 $F_{p1} > F_{p2}$,又

$$F_{p1} = F_1\cos \kappa_{r1} = k_c f \left(\frac{d_0}{2} - e\right)\cos \kappa_{r1} \tag{14.26}$$

$$F_{p2} = F_2\cos \kappa_{r2} = k_c f e \cos \kappa_{r2} \tag{14.27}$$

通常取 $e = \dfrac{d_0}{4}$ 且 $\kappa_{r1} < \kappa_{r2}$(加工钢料时,$\kappa_{r1} = 50° \sim 60°$,$\kappa_{r2} = 70°$)。

式中 k_c——单位面积切削力(N/mm^2);

  F_1、F_2——外刃、内刃的法向切削力(N)。

(2) 从端面图看(图 14.26),内刃 ca 所在的前刀面不通过钻头轴线,而稍低于轴线一个 h 值($h > \dfrac{f}{2\pi\tan \alpha_{o2}}$,其中:$\alpha_{o2}$——内刃后角,$f$——进给量,一般 $h = (0.01 \sim 0.015)d_0$)。这

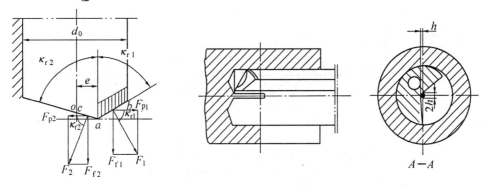

图 14.28 枪钻内刃与外刃的受力分析   图 14.29 枪钻内刃形成的心柱

样一来,钻头在切削时就会在钻心处留下一个直径为 $2h$ 的心柱(图 14.29),也起到了辅助导向的作用,使切削过程更加稳定,但 $2h$ 值应很小,以致达到一定长度就能自行折断;钻头内刃不过轴线,也避免了钻心处切削速度等于零、后角过小产生挤压以及轴向力较大造成工作不稳定等现象。

(3) 为减小钻头背部圆弧支承面在导向过程中与孔壁间的摩擦,在 50° 范围内磨低 0.2 mm 呈圆弧;副刃圆周后角取为 20° ~ 25°,并留有 0.2 mm 宽的刃带,以控制孔径;外刃、内刃后角均取 15° 左右(图 14.26)。

3.枪钻的优缺点

优点:结构较简单,制造使用较方便。

缺点：

① 因为它主要用于钻小深孔，钻杆强度和刚度均较差，故影响钻孔精度和生产效率的提高。

② 因为是单刃切削，钻头受力不对称，支承面受力较大。

③ 切屑排除过程中易划伤已加工表面。

④ 使用切削液的压力太高，冷却系统要严防泄漏。

14.3.3　内排屑深孔钻

内排屑深孔钻适于加工 $\phi 12 \sim \phi 120$ mm、长径比在 100 以内的深孔，加工精度一般可达 IT9 ~ IT7 级，表面粗糙度 $Ra3.2 \sim 1.6$ μm。

内排屑深孔钻有单刃和多刃之分，切削部分可用高速钢，也可用硬度合金制造。应用较多的是多刃内排屑硬质合金深孔钻(图 14.30)，属 BTA 系统深孔钻(Baring and Trepanning Association)。

多刃内排屑硬质合金深孔钻的结构组成及工作原理如下：

1. 结构组成

多刃内排屑硬质合金深孔钻由钻头和钻杆组成(图 14.30 和图 14.31)，二者用多头矩形螺纹连接。钻头由刀体、刀齿和导向块组成。刀体用 45 钢(或 40Cr)制造，刀齿中的外齿 1、中间齿 2 和内齿 3 可根据受力及切削条件选用不同牌号的硬质合金，导向块 4、5、6 也用硬质合金制成。钻杆应选用强度较高的钢管制造，并经淬火处理，以提高耐磨性和强度。

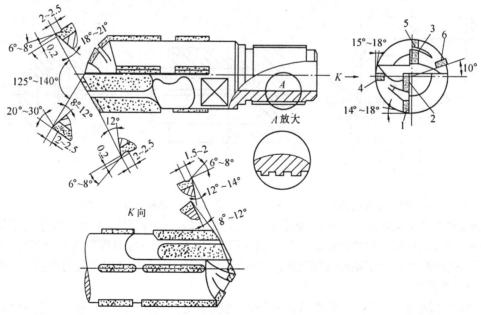

图 14.30　多刃错齿内排屑深孔钻

2. 工作原理

内排屑深孔钻的工作原理如图 14.31 所示。其中高压油((2 ~ 6) MPa)从钻杆与孔壁间隙处注入，经切削区连同切屑从内孔中向后冲出。

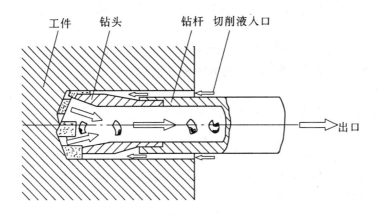

图 14.31 内排屑深孔钻工作原理

14.3.4 喷吸钻

喷吸钻是 20 世纪 60 年代出现的另一种内排屑深孔钻,适于中等直径(ϕ20 mm ~ ϕ65 mm)的一般深孔加工。精度可达 IT10 ~ IT7 级,粗糙度 Ra3.2 ~ 0.8 μm,直线性可达 0.1 mm/1 000 mm。

切削部分与 BTA 深孔钻相似,主要区别在于钻杆结构和排屑原理不同。

1. 工作原理

喷吸钻是利用流体的喷吸(射)效应原理(图 14.32)实现冷却排屑的(图 14.33)。当高压流体经过一狭小通道高速喷射时,在这股喷射流的周围形成了低压区,使得喷嘴附近的流体被吸走。

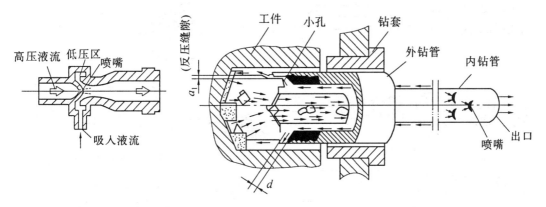

图 14.32 喷吸(射)效应原理   图 14.33 喷吸钻工作原理

在图 14.33 中,切削液在一定压力(1 ~ 2 MPa)下经内外钻管之间注入,2/3 的切削液通过钻头上的小孔流向切削区,使得切削区冷却润滑,另外 1/3 的切削液经内钻管上很窄的月牙形喷嘴,高速喷向后部而形成低压区,切削区的切削液连同切屑就被吸入内钻管并迅速向后排出。

2. 结构特点

与 BTA 深孔钻相比,结构上存在下述区别:

（1）有内钻管。其作用在于利用末端月牙形喷嘴在内钻管内形成低压区而产生喷吸效应。

（2）外钻管上的反压缝隙 a_1 及喷嘴位置参数十分重要，参数选择不当，影响低压区的形成，从而影响喷吸效果。其余部分与 BTA 深孔钻相似。

3. 使用效果

（1）与 BTA 深孔钻相比，工作压力较低，不需高压输油及密封装置，不泄漏，排屑顺利，工作条件有了很大改善，生产效率也有所提高。

（2）可在车、钻、镗床上使用，操作调整方便。

（3）因有内钻管，故只能加工大于 $\phi18$ mm 的孔；因切削液在内外钻管之间流入，易产生振动，故加工精度略低于 BTA 深孔钻。

综上所述，生产中应尽量选用内排屑深孔钻，因为内排屑钻头的钻杆强度和刚度好，可加大进给量，生产效率较高，加工表面粗糙度值小，且内排屑所需油压较低，工作条件好些。

14.4　铰　刀

铰刀用于中小直径孔的半精与精加工。因铰削加工余量小，铰刀齿数多，铰刀刚度和导向性好，故工作平稳，加工精度可达 IT7 ~ IT6 级，甚至可达 IT5 级，表面粗糙度 Ra1.6 ~ 0.2 μm。

14.4.1　铰刀的种类与结构

1. 铰刀的种类（图 14.34）

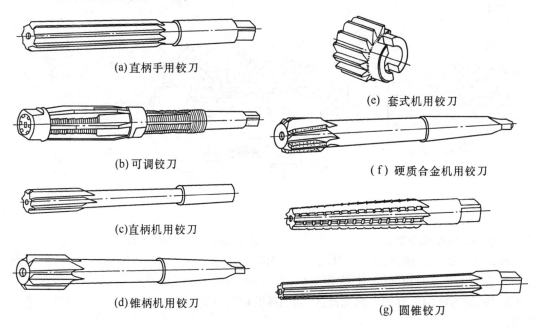

(a) 直柄手用铰刀

(b) 可调铰刀

(c) 直柄机用铰刀

(d) 锥柄机用铰刀

(e) 套式机用铰刀

(f) 硬质合金机用铰刀

(g) 圆锥铰刀

图 14.34　铰刀的种类

2. 高速钢圆柱铰刀的结构组成

高速钢圆柱铰刀是生产中最常用的。它由工作部分、柄部和颈部三部分组成（图 14.35）。

（1）工作部分。包括引导锥、切削部分（切削锥）和校准部分。

引导锥的作用在于使铰刀顺利导入孔内；

切削部分完成主要切削任务，呈圆锥体；

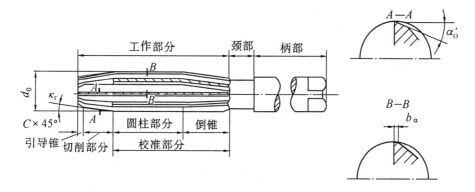

图 14.35　圆柱铰刀的结构

校准部分由圆柱和倒锥两部分组成：圆柱部分起校准、导向、修光作用，圆柱面上做出 $b_{a1} = 0.05 \sim 0.3$ mm 的刃带，以保证铰刀直径尺寸并加强导向作用；倒锥部分的作用在于减小与已加工孔壁间的摩擦。

（2）柄部。连接机床主轴、传递扭矩。

（3）颈部。颈部是工作部分与柄部间的过渡部分，可供砂轮磨校准部时退刀，也可供打标记。

3. 手用与机用铰刀的区别

手用铰刀工作部分较长，机用铰刀工作部分较短（可取为 $(0.8 \sim 3) d_0$）；手用铰刀无圆柱部分，沿校准部全长磨出倒锥为 $0.005 \sim 0.02$ mm/100 mm，机用铰刀倒锥为 $0.03 \sim 0.07$ mm/100 mm；手用铰刀柄部制成方头，便于使用扳手传递扭矩；手用铰刀切削部分较机用铰刀长些，锥角较小，以减小轴向力并便于导向；手用铰刀常用合金工具钢 9SiCr 制造，机用铰刀需用高速钢制造。

14.4.2　圆柱铰刀工作部分的结构要素

1. 铰刀直径公差的确定

铰刀直径公差的确定是个十分重要的问题。因为铰刀直径公差对被加工孔的尺寸精度、铰刀的制造成本和铰刀的寿命都有直接影响。因此在确定直径公差时，必须综合考虑被加工孔本身的公差 δ_d、铰刀制造公差 G、铰刀磨损储备量 H 以及铰孔时可能产生的孔扩张量 P（或收缩量 P_1）等的影响（图 14.36）。

铰孔时，由于铰刀刀齿的径向跳动、工件与铰刀的安装误差、切削时的颤动、积屑瘤、鳞刺、工件材料、铰削用量、切削液等因素的影响，一般会使铰出的孔比铰刀校准部的实际尺寸大，这种现象称为"孔扩"。此时的铰刀直径应按式(14.28) ~ (14.30)确定

$$d_{0\max} = d_{w\max} - P_{\max} \tag{14.28}$$

$$d_{0\min} = d_{w\max} - P_{\max} - G \tag{14.29}$$

$$d_{0f} = d_{w\min} - P_{\min} \tag{14.30}$$

式中　　$d_{0\max}$、$d_{0\min}$——铰刀最大、最小直径；

　　　　$d_{w\max}$、$d_{w\min}$——待加工孔最大、最小直径；

　　　　d_{0f}——铰刀报废时的直径；

　　　　P——铰孔扩张量，一般按经验或试验数据选取，约为 $0.003 \sim 0.02$ mm；

　　　　G——铰刀的制造公差。

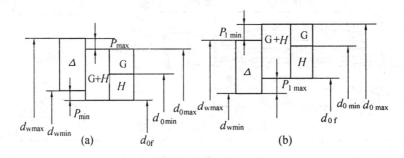

图 14.36　铰刀直径的确定

铰孔时，如果是使用硬质合金铰刀高速铰孔，或在薄壁、韧性材料工件上铰孔，由于严重的挤压摩擦及工件弹性变形的恢复，会使得孔径小于铰刀校准部直径，即产生了"孔缩"，此时铰刀直径应按式(14.31)~(14.33)确定

$$d_{0\max} = d_{w\max} - P_{1\min} \tag{14.31}$$

$$d_{0\min} = d_{0\max} - G = d_{w\max} + P_{1\min} - G \tag{14.32}$$

$$d_{0f} = d_{w\min} + P_{1\max} \tag{14.33}$$

式中　P_1——孔缩量，可按经验或试验数据选取，一般取在 $0.005 \sim 0.02$ mm 之间。

P(或 P_1)数值与切削条件有很大关系。比如，用硬质合金铰刀，当 $d_0 = 22$ mm、$\kappa_r = 15°$、$Z = 6$、$v_c = 48$ m/min、$f = 0.788$ mm/r、$a_p = 0.15$ mm 时，加工 210 HBS 的铸铁：

不加切削液时，孔扩量 $P = 0.03 \sim 0.04$ mm；

用煤油冷却时，孔扩量 $P = 0.005 \sim 0.008$ mm；

用乳化液和硫化油时，孔扩量 $P = 0.005 \sim 0.013$ mm。

2. 铰刀齿数及分布

(1) 齿数 Z。因为铰削余量小，不需大的容屑空间，故齿数 Z 可适当多些。Z 越多，铰刀工作越平稳，导向性也好，加工精度会提高，表面粗糙度值会减小。但 Z 不宜过多，过多会使刀齿强度降低。

铰刀齿数 Z 与直径、工件材料性质有关，设计时可按表 14.3 选取。加工韧性材料取小值，脆性材料取大值。

为便于铰刀直径的测量和制造，一般取偶数。小直径铰刀也可取奇数($Z = 3$ 或 5)，以便增大容屑空间。

表 14.3　高速钢铰刀齿数

手用铰刀	直径 d_0/mm	1 ~ 2.8	3 ~ 13	14 ~ 26	27 ~ 40	42 ~ 50
	齿数 Z	4	6	8	10	12
机用铰刀	直径 d_0/mm	1 ~ 2.8	3 ~ 20	21 ~ 35	36 ~ 48	50 ~ 55
	齿数 Z	4	6	8	10	12

（2）刀齿分布。铰刀刀齿在圆周上一般做成等齿距分布（图 14.37(a)），以便于铰刀的制造和测量。但也有人认为，等齿距分布会因工件材料组织不均引起周期性振动，纵向刀痕重复，影响表面质量，因而提出用不等齿距（图 14.37(b)）。这可使加工质量、孔的圆度略有改善，大直径铰刀的效果较明显，但制造较困难。目前已有采用不等齿距的手用铰刀。

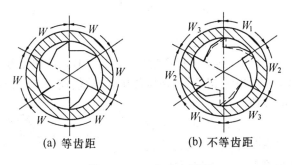

(a) 等齿距　　　　　　　　(b) 不等齿距

图 14.37　刀齿分布形式

3. 铰刀齿槽

（1）齿槽方向。铰刀齿槽有直槽（图 14.35）和螺旋槽（图 14.38）两种。为制造、刃磨和检验的方便，生产中普遍采用直槽。

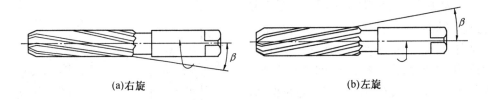

(a)右旋　　　　　　　　　　　　(b)左旋

图 14.38　螺旋槽铰刀

螺旋槽铰刀切削平稳、振动小，特别在铰轴向有空刀或键槽的孔时，能避免"卡刀"和"崩齿"现象。

螺旋槽的旋向依加工需要而定。盲孔宜用右旋螺旋槽铰刀，使切屑向上返出，但此时铰刀受到与进给方向相反的轴向抗力，有使铰刀从主轴孔中拔出的可能，切削用量应小些才好。左旋铰刀用于铰通孔，能使切屑向下排出，铰刀受有与进给方向相同的轴向抗力，使得铰刀柄部与机床主轴孔配合牢固。

螺旋角 β 的大小依工件材料而定，工件为韧性材料时应大些，为脆性材料时应小些。例如，工件为铝合金时 $\beta = 30° ~ 45°$，工件为铸铁时 $\beta = 7° ~ 8°$。

（2）齿槽形式。齿槽形式有三种，如图 14.39 所示。

直线齿槽（图 14.39(a)），可用单角度铣刀铣出，制造简单，使用广泛。

圆弧齿槽（图 14.39(b)），容屑空间较大。

折线齿槽（图 14.39(c)），刀齿强度高，常用于硬质合金铰刀。

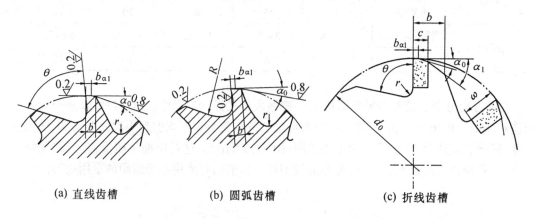

(a) 直线齿槽　　　　　(b) 圆弧齿槽　　　　　(c) 折线齿槽

图 14.39　铰刀齿槽型式

对于 $d_0 < \phi 3$ mm 的小铰刀，则采用特殊齿形（图 14.40）。特别是五角形齿形，刀齿强度高，导向性好，但均为负前角切削，扭矩大，挤压作用强，故能铰出 $Ra1.25 \sim 0.32$ mm 的孔。

4. 切削部分的几何参数

（1）主偏角（或切削锥角）（图 14.41）。主偏
角 κ_r 的大小决定了切削厚度 h_D 和轴向力的大
小，也影响孔的表面粗糙度和铰刀使用寿命。

由图 14.41 知

(a) 半圆形齿形　(b) 三角形齿形　(c) 五角形齿形

图 14.40　铰刀的特殊齿形

$$h_D = \frac{f}{Z} \sin \kappa_r \qquad (14.34)$$

$$F = F_N \sin \kappa_r \qquad (14.35)$$

κ_r 的大小依铰刀种类而不同。对手用铰
刀，为减小轴向力 F、减轻劳动强度并获得良
好的导向，κ_r 应选得小些，一般 $\kappa_r = 0°30' \sim 1°30'$；对机用铰刀，为了缩短机动时间，并减小
挤压摩擦变形，提高铰刀使用寿命，防止振动，
κ_r 可取大些。例如，加工钢料等韧性材料时，
为增大 h_D 可选大的 κ_r（表 14.4）。

（2）前角。因加工余量小，h_D 很薄，刀 –
屑接触长度短，前角作用不明显，为制造上的
方便，常取 $\gamma_o = 0°$；加工韧性材料时，为减小变
形，取 $\gamma_o = 5° \sim 10°$。

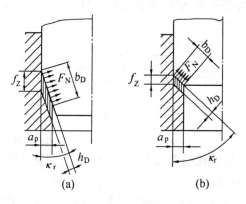

图 14.41　主偏角对切削
层参数的影响

（3）后角和刃带。因为铰刀是精加工定尺寸刀具，为使重磨后铰刀径向尺寸变化不大，
一般 α_o 取得小些，$\alpha_o = 6° \sim 8°$。

表 14.4　铰刀的主偏角 κ_r

铰刀种类	孔的类型	主偏角 κ_r	
		钢等韧性金属	铸铁等脆性金属
手用铰刀	通　孔	$0°30' \sim 1°30'$	$0°30' \sim 1°30'$
机用铰刀	通　孔	$12° \sim 15°$	$3° \sim 5°$
	盲　孔	$45°$	$45°$

为使切削部分的刀齿锋利,不留刃带;但校准部刀齿起校准、导向与挤压作用,必须留有宽度合适的刃带,一般 $b_\alpha = 0.05 \sim 0.3$ mm。

(4) 刃倾角。带刃倾角铰刀(图 14.42)与螺旋槽铰刀有相同特点,适用于加工余量较大塑性材料的通孔加工。

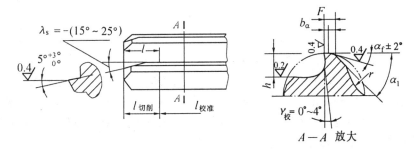

图 14.42　带刃倾角铰刀

刃倾角 λ_s 可在高速钢铰刀切削部分刀齿上沿与轴线倾斜 $15° \sim 20°$ 方向磨去形成。有了刃倾角,可控制切屑的排出方向(图 14.43(a))。但 λ_s 较大时,为避免削弱刀齿,刀齿数 Z 应适当减少;铰盲孔时,带 λ_s 的铰刀应在前端挖出一沉头孔,以容纳切屑(图 14.43(b))。

14.4.3　铰削特点与铰刀的合理使用

1. 铰削特点

要想得到表面质量好的孔,必须了解铰削的特点。

铰削时,铰削余量很小(一般为 $0.05 \sim 0.10$ mm),切削厚度 h_D 很薄(精铰时约为 $0.01 \sim 0.03$ mm,而铰刀刀齿切削刃钝圆半径 $r_n = 0.008 \sim 0.018$ mm)。当 $h_D < r_n$ 时,铰刀切削部分刀齿不能正常切削,增大了与孔壁的挤压摩擦(图 14.44);而铰刀校准部分由于有刃带的存在,又会对已加工表面的弹性恢复部分进行挤压和熨平。因此,铰削过程的实质是切削与挤压摩擦的联合作用。

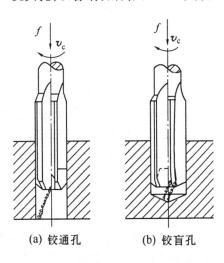

(a) 铰通孔　　(b) 铰盲孔

图 14.43　带刃倾角铰刀的排屑情况

2. 铰刀的合理使用

铰刀是精加工刀具,使用合理与否将直接影

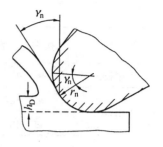

响铰孔质量。即是说,铰孔的质量除了与铰刀本身的结构参数和制造质量有关外,预制孔的质量、铰削用量、切削液、铰刀修磨以及铰刀与机床的连接形式等,都会影响孔的质量。

（1）预制孔(前道工序加工的孔)的精度,对孔的质量影响很大。预制孔的精度低,铰出孔的质量就差。如预制孔轴线歪斜,铰孔时难以修正。故精度要求高的孔,精铰前应先扩孔和镗孔或粗铰,尽量减小预制孔的误差。

图 14.44 铰刀的切削刃口

（2）合理确定切削用量。一般认为,提高铰削时的切削速度和增大进给量,铰孔质量会变差,特别是当提高切削速度时,铰刀磨损加剧,且引起振动;在加工韧性大的材料时,切削速度低,可避免积屑瘤的产生。一般铰削钢时,$v_c = 1.5 \sim 5$ m/min;铰削铸铁时,$v_c = 8 \sim 10$ m/min。进给量 f 不能取得太小,否则不利于润滑,加速后刀面磨损,通常取 $f = 0.3 \sim 2$ mm/r(铰削钢时);铰铸铁时,$f = 0.5 \sim 3$ mm/r。孔的尺寸大和孔质量要求高时,f 取小值。

（3）铰刀磨损主要发生在切削部分与校准部分交接处的后刀面上。实践证明,经常用油石研磨该交接处,可提高铰刀使用寿命。

（4）铰削时,切削液的选用十分重要,必须给予足够重视。尤其是高速钢铰刀加工中碳钢时,常用速度 $v_c < 8$ m/min,正好在积屑瘤生成区。这样,选用合适的切削液来减小积屑瘤的影响就显得更加重要。一般铰削钢时,选用乳化油和硫化油效果较好;铰削铸铁时,润湿性较好、粘性较小的煤油效果甚佳。

（5）为提高铰孔精度,机铰时常使铰刀与机床主轴孔浮动连接,从而避免铰刀与工件孔的轴线不重合引起的加工误差,但这样并不能消除已有孔中心线的歪斜,而只能提高孔本身的尺寸精度和减小表面粗糙度值。

（6）回转体工件的铰孔,最好让工件回转,铰刀只作轴向进给运动,以避免或减小由于铰刀与孔轴线不重合和铰刀刀齿径向跳动造成的误差。

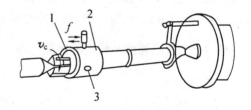

（7）一般情况下工具厂供应留有研磨余量的铰刀,使用厂根据自己的使用要求加以研磨。铰刀外径的研磨,可用铸铁研磨圈沿校准部分刃带进行,如图 14.45 所示。研磨时可选用 $200^{\#} \sim 500^{\#}$ 金刚砂粉和煤油拌匀作研磨剂。

图 14.45 铰刀外径的研磨
1—研磨圈;2—外套;3—调节螺钉

复习思考题

14.1 常见的孔加工刀具有哪些？各适用于什么情况？

14.2 试说明麻花钻的结构组成和各部分的作用？

14.3 画图说明麻花钻切削部分的组成？

14.4 画图表示钻头主切削刃靠外缘(或近钻心)处选定点 x 的标注角度 γ_{ox}、α_{fx}、λ_{tx}。

14.5 钻头主切削刃上各点的 β_x、λ_{tx}、κ_{rx}、γ_{ox} 的变化规律是什么？

14.6 钻头顶角 2ϕ 与主偏角有何异同？有何关系？

14.7 钻头主切削刃上各点后角 α_{fx} 应按什么变化规律刃磨？为什么？为什么不在正交平面中测量后角？

14.8 试画图说明钻头横刃处的 $\gamma_{o\psi}$、$\alpha_{o\psi}$、ψ。

14.9 如何理解钻头螺旋角就是假定工作平面的侧前角？

14.10 麻花钻在结构上存在哪些缺点？如何修磨麻花钻？

14.11 试述群钻的结构特点？分析群钻为什么会降低切削力、提高生产效率？

14.12 深孔加工有哪些特点？

14.13 试述枪钻的工作原理？它在结构上如何保证孔的直线性？

14.14 内排屑深孔钻和喷吸钻的工作原理各是什么？结构上有什么不同？

14.15 铰刀有哪些种？铰刀适于孔的什么加工？

14.16 试述高速钢圆柱铰刀的结构组成和各部分作用？手用铰刀与机用铰刀在结构上有何不同？

14.17 铰刀直径公差如何确定？

14.18 铰削的实质是什么？怎样合理使用铰刀？

第 15 章　铣削与铣刀

15.1　铣刀的种类与用途

铣削是应用非常广泛的一种切削加工方法,不仅可以加工平面、沟槽、台阶,还可以加工螺纹、花键、齿轮及其他成形表面。铣刀又是一种多刃刀具,铣削速度较高且无空行程,因此是一种高效率的切削加工方法。

铣刀的种类繁多,其分类方法也较多。一般按用途分类,也可按齿背形式和结构形式分类。

15.1.1　按用途分类

1. 圆柱铣刀

圆柱铣刀如图 15.1(a)所示,切削刃呈螺旋状分布在圆柱表面上,两端面无切削刃。常用来在卧式铣床上加工平面,多用高速钢整体制造,也可以镶焊硬质合金刀条。

2. 面铣刀

如图 15.1(b)所示,面铣刀切削刃分布在铣刀端面上。切削时,铣刀轴线垂直于被加工表面,多用于立式铣床上加工平面。面铣刀多采用硬质合金刀齿,故生产效率较高。

3. 盘形铣刀

盘形铣刀包括有槽铣刀、两面刃铣刀和三面刃铣刀。

槽铣刀(图 15.1(c))仅在圆柱表面上有刀齿,为了减少端面与沟槽侧面的摩擦,两侧面做成内凹锥面,使副切削刃有 $\kappa_r' = 0°30'$ 的副偏角,也参加部分切削工作。槽铣刀只用于加工浅槽。

两面刃铣刀(图 15.1(d))在圆柱表面和一个侧面上做有刀齿,用于加工台阶面。

三面刃铣刀(图 15.1(e))在两侧面上都有刀齿。错齿三面刃铣刀(图 15.1(f))的刀齿左、右旋交错排列,从而改善了侧刃的切削条件,常用于加工沟槽。

4. 锯片铣刀

锯片铣刀实际上就是薄片槽铣刀,与切断车刀类似,用于切断材料或切深而窄的槽。

5. 立铣刀

立铣刀如图 15.1(g)所示,其圆柱面上的螺旋切削刃是主切削刃,端面上的切削刃是副切削刃。应与麻花钻头加以区别,一般不能作轴向进给,可加工平面、台阶面、沟槽等。用于加工三维成形表面的立铣刀,端部做成球形,称球头铣刀(图 15.1(h))。其球面切削刃从轴心开始,也是主切削刃,可作多向进给,主要用于模具的型腔加工。

6. 键槽铣刀

键槽铣刀如图 15.1(i)所示,是铣制键槽的专用刀具。它仅有两个刃瓣,其圆周和端面上的切削刃都可作为主切削刃,使用时先轴向进给切入工件,然后沿键槽方向进给铣出全槽。为保证加工键槽的尺寸精度,键槽铣刀只重磨端面刃。

7. 角度铣刀

角度铣刀分单角度铣刀(图 15.1(j))和双角度铣刀(图 15.1(k)),用于铣削斜面沟槽和角度表面。

8. 成形铣刀

成形铣刀如图 15.1(l)所示,用于加工成形表面,其刀齿廓形需根据被加工工件廓形来确定。

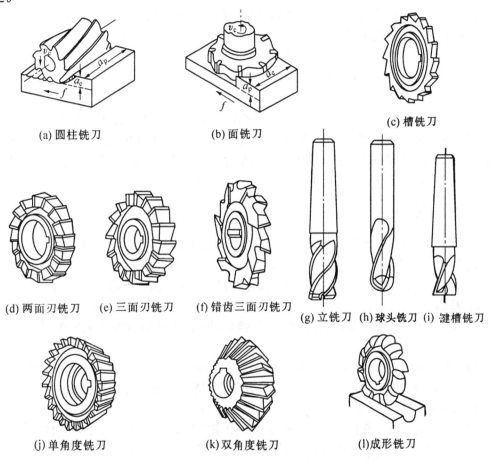

(a) 圆柱铣刀　　　　(b) 面铣刀　　　　(c) 槽铣刀

(d) 两面刃铣刀　(e) 三面刃铣刀　(f) 错齿三面刃铣刀　　(g) 立铣刀　(h) 球头铣刀　(i) 键槽铣刀

(j) 单角度铣刀　　　　(k) 双角度铣刀　　　　(l) 成形铣刀

图 15.1　铣刀的种类

15.1.2　按齿背形式分类

1. 尖齿铣刀

尖齿铣刀的齿背经铣制而成,并在切削刃后磨出一窄后刀面,用钝后仅需重磨该后刀面(图 15.2(a))。与铲齿铣刀相比,尖齿铣刀使用寿命较长,加工表面质量较好,对于切削刃为简单直线或螺旋线的铣刀,刃磨很方便,故使用广泛。图 15.1 中除(l)所示成形铣刀外,其余皆为尖齿铣刀。

2. 铲齿铣刀

铲齿铣刀的后刀面是铲制而成的,用钝后重磨前刀面(图 15.2(b))。当铣刀切削刃为复杂廓形时,可保证铣刀在重磨后廓形不变。目前多数成形铣刀为铲齿铣刀,它比尖齿成形铣刀容易制造,重磨简单。铲齿铣刀的后刀面如经过铲磨加工,可保证较长的使用寿命和较好的加工表面质量。

此外,铣刀还可按刀齿疏密程度分为粗齿铣刀和细齿铣刀。粗齿铣刀刀齿数少,刀齿强度高,容屑空间大,用于粗加工。细齿铣刀刀齿数多,容屑空间小,用于精加工。

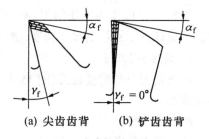

(a) 尖齿齿背　　　(b) 铲齿齿背

图 15.2　刀齿齿背形式

15.2　铣刀的几何角度

铣刀种类虽多,但基本形式是圆柱铣刀和面铣刀,前者轴线平行于加工表面,后者轴线垂直于加工表面。铣刀刀齿数虽多,但各刀齿的形状和几何角度相同,所以对一个刀齿进行研究即可。无论是面铣刀,还是圆柱铣刀,每个刀齿都可视为一把外圆车刀,故车刀几何角度的概念完全可用于铣刀。

15.2.1　坐标平面

参见图 15.3 和图 15.5,运用前述外圆车刀知识,就可搞清铣刀的坐标平面。

1. 切削平面 P_s

铣刀切削刃选定点的切削平面,是过该点并切于过渡表面的平面。

2. 基面 P_r

铣刀切削刃选定点的基面,是过该点包含轴线并与该点切削平面垂直的平面。

3. 正交平面 P_o

圆柱铣刀切削刃选定点的正交平面 P_o 与假定工作平面 P_f 重合,是垂直于轴线的端平面。面铣刀切削刃选定点的正交平面 P_o 垂直于主切削刃在该点基面中投影的平面。

4. 法平面 P_n

切削刃选定点的法平面 P_n 是过该点垂直于主切削刃的平面。与车刀一样,只有在选定点切削平面图中才能表示出该点法平面的位置关系。

5. 假定工作平面 P_f 和背平面 P_p

与车刀一样,它们互相垂直,且都垂直于切削刃选定点的基面。

15.2.2　几何角度

1. 圆柱铣刀

圆柱铣刀的标注角度如图 15.4 所示。

圆柱铣刀的刀齿只有主切削刃,无副切削刃,故无副偏角,其主偏角 $\kappa_r = 90°$。

圆柱铣刀的前角 γ_n 在法平面 P_n 中测量,后角在正交平面 P_o 中测量。γ_o 与 γ_n 的换算方法与车刀相同。

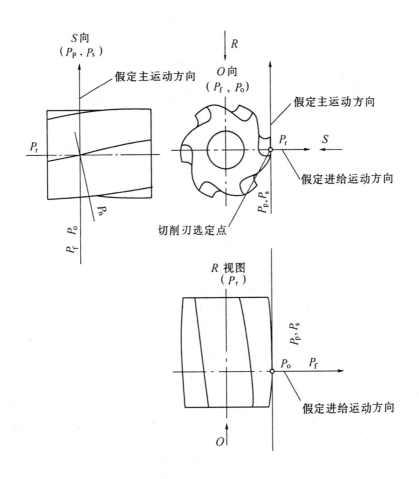

图 15.3　圆柱铣刀的静止参考系平面

圆柱铣刀的刃倾角 λ_s 就是铣刀的螺旋角 β,即是在切削平面 P_s 中测量的切削刃与基面的夹角。

2. 面铣刀

面铣刀的标注角度如图 15.5 所示。

面铣刀的一个刀齿,就相当于一把普通外圆车刀,角度标注方法与车刀相同。

3. 铣刀几何角度的合理选择

(1) 前角 γ_o。铣刀的前角也是根据工件材料的性质来选择,其原则与车刀基本相同。由于铣削时有冲击,为保证切削刃强度,铣刀前角一般小于车刀前角,硬质合金铣刀的前角

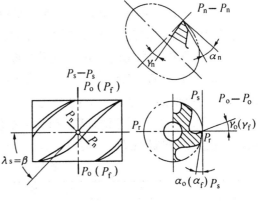

图 15.4　圆柱铣刀几何角度

小于高速钢铣刀的前角。硬质合金面铣刀切削冲击大,前角应取更小值或负值,或加负倒棱,负倒棱宽度 b_γ 应小于每齿进给量 f_z。具体数值见表 15.1。

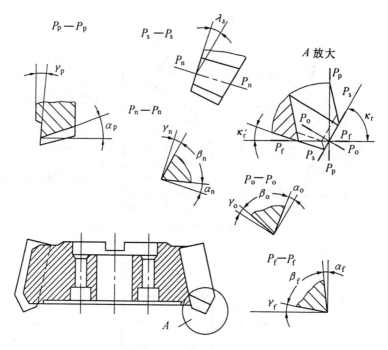

图 15.5　面铣刀几何角度

表 15.1　铣刀前角 γ_o 值

工件材料 R_m/GPa		高速钢铣刀	硬质合金铣刀
钢	< 0.598	20°	5° ~ 10°
	0.598 ~ 0.981	15°	5° ~ − 5°
	> 0.981	10° ~ 12°	− 5° ~ − 10°
铸　　铁		5° ~ 15°	5° ~ − 5°

　　(2) 后角 α_o。铣刀后角 α_o 主要根据进给量(或切削厚度)的大小来选择,因铣刀进给量小,后角值一般比车刀大。数值可参考表 15.2。

　　(3) 主偏角 κ_r 和副偏角 κ_r'。硬质合金面铣刀的 κ_r 和 κ_r' 推荐值如下:

　　铣钢时,$\kappa_r = 60° ~ 75°$,$\kappa_r' = 0° ~ 5°$;铣铸铁时,$\kappa_r = 45° ~ 60°$,$\kappa_r' = 0° ~ 5°$。槽铣刀、锯片铣刀取:$\kappa_r = 90°$,$\kappa_r' = 0°15' ~ 1°$;立铣刀、两(三)面刃铣刀取:$\kappa_r = 90°$,$\kappa_r' = 1°30' ~ 2°$。

　　(4) 刃倾角 λ_s。圆柱铣刀和立铣刀的螺旋角 β 就是刃倾角 λ_s,它影响铣刀同时工作齿数、铣削过程的平稳性及工作前角 γ_{oe}。

表 15.2　铣刀后角 α_o 值

铣　刀　种　类		后　角　值
高速钢铣刀	粗齿	12°
	细齿	16°
高速钢锯片铣刀	粗齿、细齿	20°
硬质合金铣刀	粗铣	6° ~ 8°
	精铣	12° ~ 15°

硬质合金面铣刀的刃倾角对刀尖强度影响较大,只有加工软钢及其它低强度材料时,才用正刃倾角。刃倾角数值可参考表 15.3 选用。

表 15.3　铣刀刃倾角 λ_s(螺旋角 β)值

铣刀种类	圆 柱 铣 刀		立铣刀	键槽铣刀	三面刃及两面刃铣刀	硬质合金面 铣 刀
	粗 齿	细 齿				
螺旋角 β	40º ~ 60º	25º ~ 30º	30º ~ 45º	15º ~ 20º	10º ~ 15º	5º ~ − 15º

15.3　铣削参数与铣削基本规律

15.3.1　铣削用量四要素

1. 铣削速度 v_c

铣削速度是指铣刀外缘处的线速度,即

$$v_c = \frac{\pi d_o n_o}{60 \times 1\,000} \ \text{m/s} \tag{15.1}$$

式中　　d_o——铣刀直径(mm);

　　　　n_o——铣刀转数(r/min)。

2. 进给量 f_Z、f、v_f

(1) 每齿进给量 f_Z。它是指铣刀每转一个刀齿(齿间角)时,工件与铣刀的相对位移,单位为mm/Z,是衡量铣削效率和铣刀性能的重要指标。

(2) 每转进给量 f。它是指铣刀每转一转时,工件与铣刀的相对位移,单位为 mm/r。

(3) 进给速度 v_f。它是指铣刀每分钟相对工件的移动距离,单位为 mm/min。

f_Z、f、v_f 三者之间的关系为

$$v_f = f\,n = f_Z Z\,n \tag{15.2}$$

3. 背吃刀量 a_p

背吃刀量 a_p 是平行于铣刀轴线测量的切削层尺寸(图 15.1(a)、(b))。对于圆柱铣刀,背吃刀量即为加工表面的宽度。

4. 铣削宽度 a_e

铣削宽度 a_e 是垂直于铣刀轴线测量的切削层尺寸。对于圆柱铣刀,铣削宽度就是加工表面的深度(图 15.1(a))。

铣削速度 v_c、进给量 f、背吃刀量 a_p、铣削宽度 a_e 合称为铣削用量四要素。

15.3.2　铣削切削层参数

1. 切削厚度 h_D

切削厚度 h_D 是在基面中测量的相邻刀齿主切削刃运动轨迹间的距离。无论是周铣还是面铣,铣削时的切削厚度都是随时变化的,如图 15.6 所示。

(1) 在周铣中(图 15.7),当刀齿瞬时转角 $\theta = 0º$ 时,$h_D = 0$;当 $\theta = \psi$ 时,h_D 最大,ψ 称接触角。由图可知

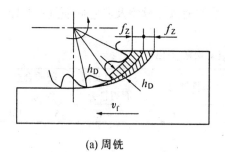

(a) 周铣

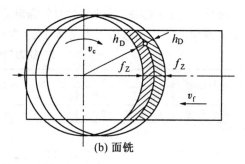

(b) 面铣

图 15.6　铣削时切削厚度的变化

$$h_D = f_Z \sin \theta$$

$$h_{Dmax} = f_Z \sin \psi$$

通常以 $\theta = \psi/2$ 时的切削厚度作为平均切削厚度 h_{Dav},则

$$h_{Dav} = f_Z \sin \frac{\psi}{2}$$

因　　　　$$\cos \psi = 1 - \frac{2a_e}{d_0}$$

则　　　$$\sin \frac{\psi}{2} = \sqrt{\frac{1 - \cos \psi}{2}} = \sqrt{\frac{a_e}{d_o}}$$

故

$$h_{Dav} = f_Z \sqrt{\frac{a_e}{d_0}} \qquad (15.3)$$

(2) 在面铣中,对于对称铣削(图 15.8),当 $\theta = 0°$时,h_D 为最大;当 $\theta = \psi$ 时,h_D 为最小。由图(15.8)可知

$$h_D = 14 = 12\sin \kappa_r = 13\cos \theta \sin \kappa_r = f_Z\cos \theta \sin \kappa_r$$

面铣平均切削厚度 h_{Dav}为

$$h_{Dav} = \frac{\int_0^{\psi} h_D \mathrm{d}\theta}{\psi} = \frac{f_Z\sin \kappa_r}{\psi}\int_0^{\psi}\cos \theta \mathrm{d}\theta = \frac{f_Z}{\psi}\sin \kappa_r\sin \psi$$

而　　　　$$\sin \psi = \frac{a_e}{d_0}$$

故

$$h_{Dav} = \frac{f_Z a_e\sin \kappa_r}{d_0 \psi} \qquad (15.4)$$

2. 切削宽度 b_D

切削宽度是在基面中测量的铣刀主切削刃的工作长度。

(1) 面铣刀的每齿切削宽度 b_D 与车刀情况类似(图 15.8),$b_D = a_p/\sin \kappa_{r}$。

图 15.7　周铣(圆柱铣刀)切削厚度计算

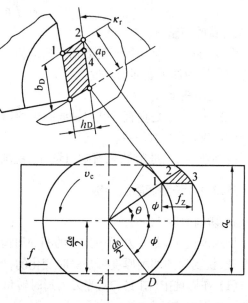

图 15.8　面铣刀切削厚度计算

（2）螺旋齿圆柱铣刀加工时，由于刃倾角（螺旋角）的存在，具有斜角切削的特点，从切入到切出，各刀齿的主切削刃工作长度随刀齿的位置变化而变化（图15.9）。由于工作刀齿有重叠，故切削过程比较平稳。

3. 切削面积

每个刀齿的切削面积为 $A_D = h_D b_D$，铣刀总切削面积 $A_{Dtot} = \sum_1^{Z_e} A_D$。由于 h_D、b_D 和同时工作齿数 Z_e 都随时在变化，故 A_{Dtot} 也是随时变化的。

（1）对于面铣刀

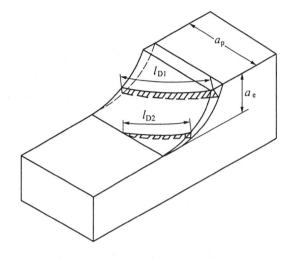

图 15.9　螺旋齿铣刀切削刃的工作长度

$$A_{Dtot} = \sum_1^{Z_e} h_D b_D = \sum_1^{Z_e} (f_Z \cos\theta \sin\kappa_r) \frac{a_p}{\sin\kappa_r} =$$

$$f_Z a_p \sum_1^{Z_e} \cos\theta \tag{15.5}$$

（2）对于圆柱铣刀

$$A_{Dtot} = \sum_1^{Z_e} h_D b_D = \sum_1^{Z_e} \int_0^{b_D} h_D \mathrm{d}b_D = \sum_1^{Z_e} \int_0^{b_D} f_Z \sin\theta \mathrm{d}b_D \tag{15.6}$$

为了计算方便，可计算平均总切削面积 A_{Dav}

$$A_{Dav} = \frac{Q}{v_c} = \frac{a_e a_p v_f}{\pi d_0 n_o} = \frac{a_e a_p f_Z Z}{\pi d_0} \text{ mm}^2 \tag{15.7}$$

式中　Q——单位时间体积切除量（mm^3/min），即

$$Q = a_e a_p v_f = a_e a_p f_Z Z n \text{ mm}^3/\text{min} \tag{15.8}$$

15.3.3　铣削力和铣削功率

1. 铣削分力

铣削时，铣刀的每个刀齿都产生铣削力，其同时工作刀齿所产生铣削力的合力即为铣刀的铣削力。铣削力一般为空间力，为研究方便，可根据实际需要进行分解。图15.10所示为螺旋齿圆柱铣刀单个刀齿产生铣削力的分解。

（1）主铣削力 F_c。F_c 是铣削时总铣削力在主运动方向上的分力，即是作用于铣刀切线方向上消耗机床主要功率的力，旧称切向力或圆周力。

（2）法向铣削力 F_{cN}。F_{cN} 是工作平面内总铣削力在垂直于主运动方向上的分力，它作用在铣刀半径方向上，能引起刀杆弯曲变形，但不做功，旧称径向力。

（3）轴向铣削力 F_o。该力作用于主轴方向，且与刀齿所受轴向抗力 F_o' 大小相等、方向相反。

主铣削力 F_c 与法向铣削力 F_{cN} 的合力 F_a 又可分解为两个分力：

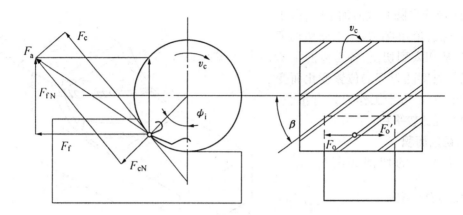

图 15.10 圆柱铣刀的铣削分力

① 水平进给力 F_f。F_f 是工作平面内总铣削力在进给运动方向上的分力,它作用在铣床工作台纵向进给方向上,也称纵向进给力(F_l)。

② 垂直进给力 F_{fN}。F_{fN} 是工作平面内总铣削力在垂直于进给运动方向上的分力,它作用在铣床升降台运动方向上,曾记为 F_v。

以上各铣削分力可写成公式(15.9)

$$\sqrt{F_c^2 + F_{cN}^2} = \sqrt{F_f^2 + F_{fN}^2} \tag{15.9}$$

由于铣刀刀齿位置是随时间变化的,因此当铣刀接触角 ϕ_i 不同时,各铣削分力的大小也是不同的,可写成式(15.10)、(15.11)

$$F_f = F_c \cos \phi_i \pm F_{cN} \sin \phi_i \quad (逆铣为"+",顺铣为"-") \tag{15.10}$$

$$F_{fN} = F_c \sin \phi_i \mp F_{cN} \cos \phi_i \quad (逆铣为"-",顺铣为"+") \tag{15.11}$$

同理,面铣时也可将铣削力按上述方法分解。

各铣削分力与铣削力 F_c 的经验比值列于表 15.4,供参考。

表 15.4 各铣削分力的经验比值

铣 削 条 件	比 值	对称面铣	不对称面铣	
			逆 铣	顺 铣
面铣: $a_e = (0.4 \sim 0.8) d_0$ $f_Z = (0.1 \sim 0.2)$ mm 时	F_f/F_c	0.3 ~ 0.4	0.60 ~ 0.90	0.15 ~ 0.30
	F_{fN}/F_c	0.85 ~ 0.95	0.45 ~ 0.70	0.90 ~ 1.00
	F_o/F_c	0.50 ~ 0.55	0.50 ~ 0.55	0.50 ~ 0.55
立铣、圆柱铣、盘铣和成形铣: $a_e = 0.05 d_0$ $f_Z = (0.1 \sim 0.2)$ mm 时	F_f/F_c		1.00 ~ 1.20	0.80 ~ 0.90
	F_{fN}/F_c		0.20 ~ 0.30	0.75 ~ 0.80
	F_o/F_c		0.35 ~ 0.40	0.35 ~ 0.40

2. 铣削力经验公式

与车削类似,铣削力通常也是根据实验获得的经验公式来计算的,见表 15.5 和表15.7。表中 $K_{F_c} = K_{M_{F_c}} K_{\gamma_{F_c}} K_{\kappa_{F_c}}$,使用条件改变时的修正系数列于表 15.6 和表 15.8 中。

表 15.5 硬质合金铣刀铣削力经验公式

铣刀种类	工件材料	铣削力经验公式(N)
面铣刀	碳钢	$F_c = 7\,753 a_p^{1.0} f_Z^{0.75} a_e^{1.1} Z d_0^{-1.3} n^{-0.2} K_{F_c}$
	灰铸铁	$F_c = 513 a_p^{0.9} f_Z^{0.74} a_e^{1.0} Z d_0^{-1.0} K_{F_c}$
	可锻铸铁	$F_c = 4\,615 a_p^{1.0} f_Z^{0.7} a_e^{1.1} Z d_0^{-1.3} n^{-0.2} K_{F_c}$
	1Cr18Ni9Ti	$F_c = 2\,138 a_p^{0.92} f_Z^{0.78} a_e Z d_0^{-1.15} K_{F_c}$
圆柱铣刀	碳钢	$F_c = 948 a_p^{1.0} f_Z^{0.75} a_e^{0.88} Z d_0^{-0.87}$
	灰铸铁	$F_c = 545 a_p^{1.0} f_Z^{0.8} a_e^{0.9} Z d_0^{-0.9}$
立铣刀	碳钢	$F_c = 118 a_p^{1.0} f_Z^{0.75} a_e^{0.85} Z d_0^{-0.73} n^{0.1}$
盘铣刀、槽铣刀、锯片铣刀		$F_c = 2\,452 a_p^{1.1} f_Z^{0.6} a_e^{0.9} Z d_0^{-1.1} n^{-0.1}$

注:转速 n 的单位为 r/min。

表 15.6 硬质合金面铣刀铣削力修正系数

工件材料系数 $K_{m_{F_c}}$		前角系数(切钢)$K_{\gamma_{F_c}}$			主偏角系数 $K_{\kappa_{F_c}}$(钢与铸铁)				
钢	铸铁	−10°	0°	10°	15°	30°	60°	75°	90°
$\left(\dfrac{R_m}{0.637}\right)^{0.3}$	$\left(\dfrac{HBS}{190}\right)^{0.55}$	1.0	0.89	0.79	1.23	1.15	1.0	1.06	1.14

注:R_m 的单位为 GPa。

表 15.7 高速钢铣刀铣削力经验公式

铣刀种类	工件材料	铣削力经验公式(N)
立铣刀、圆柱铣刀	碳钢、青铜、铝合金、可锻铸铁等	$F_c = C_{F_c} a_p f_Z^{0.72} a_e^{0.86} d_0^{-0.86} Z K_{F_c}$
面铣刀		$F_c = C_{F_c} a_p^{0.95} f_Z^{0.80} a_e^{1.1} d_0^{-1.1} Z K_{F_c}$
盘铣刀、锯片铣刀等		$F_c = C_{F_c} a_p f_Z^{0.72} a_e^{0.86} d_0^{-0.86} Z K_{F_c}$
角度铣刀		$F_c = C_{F_c} a_p f_Z^{0.72} a_e^{0.86} d_0^{-0.86} Z K_{F_c}$
半圆铣刀		$F_c = C_{F_c} a_p f_Z^{0.72} a_e^{0.86} d_0^{-0.86} Z K_{F_c}$
立铣刀、圆柱铣刀	灰铸铁	$F_c = C_{F_c} a_p f_Z^{0.6} a_e^{0.83} d_0^{-0.83} Z K_{F_c}$
面铣刀		$F_c = C_{F_c} a_p^{0.9} f_Z^{0.72} a_e^{1.14} d_0^{-0.14} Z K_{F_c}$
盘铣刀、锯片铣刀等		$F_c = C_{F_c} a_p f_Z^{0.65} a_e^{0.83} d_0^{-0.83} Z K_{F_c}$

铣刀种类	铣削力系数 C_{F_c}				
	碳钢	可锻铸铁	灰铸铁	青铜	镁合金
立铣刀、圆柱铣刀	641	282	282	212	160
面铣刀	812	470	470	353	170
盘铣刀、锯片铣刀	642	282	282	212	160
角度铣刀	366	—	—	—	—
半圆铣刀	443	—	—	—	—

注:① 铝合金的 C_{F_c} 可取为钢的 1/4。

② 铣刀磨损超过磨钝标准时,F_c 将增大,加工软钢时可增大 75% ~ 90%;加工中硬钢、硬钢和铸铁时,可增大 30% ~ 40%。

表 15.8　高速钢铣刀铣削力修正系数

工件材料系数 $K_{m_{F_c}}$		前角系数 $K_{\gamma_{F_c}}$				主偏角系数 $K_{\kappa_{F_c}}$（限于面铣）			
钢	铸铁	5°	10°	15°	20°	30°	45°	60°	90°
$\left(\dfrac{R_m}{0.637}\right)^{0.3}$	$\left(\dfrac{HBS}{190}\right)^{0.55}$	1.08	1.0	0.92	0.85	1.15	1.06	1.0	1.04

注：R_m 的单位是 GPa。

3. 铣削功率 P_c

铣削功率 P_c 的计算公式与车削相同，即

$$P_c = F_c v_c \times 10^{-3}\ \text{kW} \tag{15.12}$$

式中　　F_c——铣削力（N）；

　　　　v_c——铣削速度（m/s）。

铣床电动机功率 P_E 的计算公式为

$$P_E = P_c / \eta_m \tag{15.13}$$

式中　　η_m——机床传动总效率。

15.3.4　铣削方式

1. 周铣法

用铣刀圆周切削刃铣削平面的方法，称周铣法。周铣法有两种铣削方式：

（1）逆铣与顺铣。图 15.11(a) 所示铣削方式为逆铣；图 15.11(b) 所示铣削方式为顺铣。

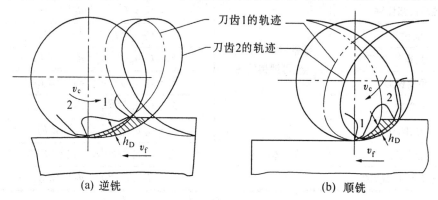

（a）逆铣　　　　　　　　　　　　（b）顺铣

图 15.11　逆铣与顺铣

（2）逆铣与顺铣的特点。

① 逆铣时，每个刀齿的切削厚度 h_D 由零增至最大。但切削刃并非绝对锋利，均有切削刃钝圆半径 r_n 存在，所以刀齿刚接触工件的一段距离，并不能切入工件，而是在工件表面上挤压滑行，因而造成冷硬变质层；下一个刀齿在前一刀齿留下的挤压冷硬层上滑过，又使铣刀刀齿磨损加剧，故刀具使用寿命低，加工表面质量差。

顺铣时则相反，切入时的切削厚度 h_D 最大，然后逐渐减小至零，从而避免了刀齿在已加工表面冷硬层上滑行的过程，故刀具使用寿命高，已加工表面质量较好。

逆铣时，刀齿与工件的接触长度大于顺铣（图 15.11），也使刀具磨损加大。

② 逆铣时,垂直进给力 F_{fN} 指向上方,有将工件向上抬起的趋势,易引起振动,需加大夹紧力,这不利于薄壁或刚度差工件的加工;而顺铣时,F_{fN} 始终向下压向工件,宜于薄壁或刚度差工件的加工(图 15.12)。

实践表明,顺铣时,铣刀使用寿命可比逆铣提高 2～3 倍,但不宜用顺铣方式加工带硬皮工件,否则会缩短刀具使用寿命,甚至打坏刀齿。

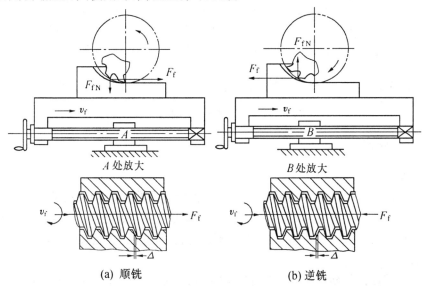

(a) 顺铣　　　　　　　　　　　　　(b) 逆铣

图 15.12　逆铣与顺铣时的水平进给力 F_f 与进给运动 v_f

在不能消除丝杠螺母间隙的铣床上,只宜用逆铣,不宜用顺铣。因为在图 15.12 所示情况,铣床工作台的螺母是固定不动的,工作台进给是由转动丝杠带动的。若丝杠按箭头方向回转,丝杠螺牙左侧始终紧靠在螺母螺牙右侧,依靠螺母丝杠间的摩擦力带动工作台向右作进给运动 v_f。此时丝杠与螺母间的配合间隙 Δ 在丝杠螺牙的右侧。逆铣时,工作台(即丝杠)受到的水平进给力 F_f 与进给运动 v_f 的方向始终相反(图 15.12(b)),使丝杠螺牙与螺母螺牙一侧始终保持接触,故进给运动较平稳。而顺铣时,水平进给力 F_f 与工作台进给 v_f 同向。当 F_f 较小时,工作台的进给运动是由丝杠带动的;当 F_f 足够大时,工作台运动便由 F_f 带动了,可使工作台突然推向前,直到丝杠与螺母螺牙另一侧面靠紧为止。其效果等于突然加大了进给量,使 f 变为 $(f+\Delta)$,非常可能引起"扎刀"。因此,在没有丝杠螺母间隙消除装置的铣床上不能采用顺铣,只能采用逆铣。

2. 面铣法

面铣法是利用铣刀端面刀齿加工平面的。它有三种铣削方式:

(1) 对称铣削(图 15.13(a))。对称铣削切入、切出时的切削厚度相同,平均切削厚度较大。当采用较小的每齿进给量铣削淬硬钢,为使刀齿超过冷硬层切入工件,宜采用对称铣削。

(2) 不对称逆铣(图 15.13(b))。不对称逆铣切入时的切削厚度较小,切出时的切削厚度较大。铣削碳钢和合金结构钢时,采用这种方式可减小切入冲击,使硬质合金面铣刀使用寿命提高 1 倍以上。

(3) 不对称顺铣(图 15.13(c))。不对称顺铣切入时的切削厚度较大,切出时的切削厚度较小。实践证明,不对称顺铣用于加工不锈钢和高温合金时,可减小硬质合金的剥落破损,切削速度可提高 40% ~ 60%。

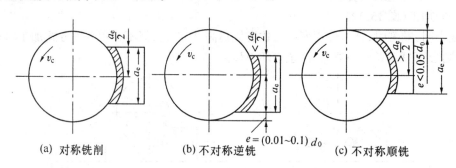

　　　　　(a) 对称铣削　　　　　　　(b) 不对称逆铣　　　　　　(c) 不对称顺铣

图 15.13　面铣的三种铣削方式

15.3.5　铣削特点

1. 多刃切削

铣削是典型的多刃切削。多刃回转刀具的最大特点是难以消除刀齿的径向与轴向跳动,这是由于刃磨误差、刀杆弯曲、刀具轴线与主轴轴线不重合等原因造成的。刀齿的径向与轴向跳动会造成每个刀齿负荷不一致、磨损不均匀,直接影响加工表面质量。

2. 断续切削

铣刀的每个刀齿都是断续切削,刀齿的切入或切出都会产生周期性冲击,面铣刀尤为明显。当冲击频率与铣床固有频率相同或成倍数时将引起共振。这种断续切削方式将使刀齿经受机械冲击和热冲击(高速铣削时),硬质合金刀片在这种力与热的联合冲击下,容易产生裂纹和破损。

3. 有切入过程

圆柱铣刀逆铣时,刀齿切入厚度 $h_{D\lambda} = 0$,由于刀齿有切削刃钝圆半径 r_n 存在,刀齿需在工件表面上挤压滑行一段,直到 $h_D \geqslant r_n$ 才能切入工件,这称为切入过程。这会造成刀齿磨损加剧,加工表面硬化,使表面质量变差。

4. 注意解决切屑的容纳和排出问题

铣刀是多齿刀具,每个刀齿切离工件前,切屑均容纳在两个刀齿之间的容屑槽中,此容屑方式称半封闭式容屑。每个容屑槽空间必须能足够地容纳每个刀齿切下的切屑,同时还必须让切屑顺利排出,否则将损坏刀齿。

15.3.6　铣削用量选择

铣削用量的选择原则与车削相似,在保证铣削加工表面质量和工艺系统刚度允许的前提下,首先应选用大的 a_p 和 a_e;其次选用较大的每齿进给量 f_Z;最后根据铣刀的合理使用寿命确定铣削速度。具体如下:

1. 铣削深度 a_p 和铣削宽度 a_e 的选择

面铣刀铣削深度的选择:当加工余量 8 mm,且工艺系统刚度较大时,留出半精铣余量 0.5 ~ 2 mm 以后,尽量一次走刀去除余量;当余量大于 8 mm 时,可分两次走刀。铣削宽度 a_e 与面铣刀直径 d_0 应保持如式(15.14)关系

$$d_0 = (1.1 \sim 1.6) a_e \text{ mm} \tag{15.14}$$

圆柱铣刀铣削深度 a_p 应小于铣刀长度,铣削宽度 a_e 的选择与面铣刀铣削深度 a_p 的选择相同。

2.进给量的选择

每齿进给量 f_Z 是衡量铣削加工效率的重要指标。和车削一样,粗铣时 f_Z 主要受切削力限制,半精铣和精铣时,f_Z 主要受加工表面粗糙度的限制。

对于高速钢铣刀,过大的切削力将引起刀杆变形(带孔铣刀)和刀体损坏(带柄铣刀)。

对于硬质合金铣刀,由于刀片经受冲击载荷,刀片易破碎,故同样强度的硬质合金刀片允许的 f_Z 比车削小。面铣刀粗铣中碳钢时,一般 $f_Z = 0.10 \sim 0.35$ mm。

3.铣削速度的确定

铣削速度可用下式计算,也可查切削用量手册确定。

$$v_c = \frac{C_v d_0^{q_v}}{T^m a_p^{x_v} f_Z^{y_v} a_e^{u_v} Z^{p_v} 60^{1-m}} \tag{15.15}$$

式中　v_c——铣削速度(m/s);

　　　T——铣刀使用寿命(s),见表 15.9;

　　　C_v——常数;

　　　m、x_v、y_v、u_v、p_v、q_v——与工件材料、刀具材料和铣刀种类有关的指数。

当使用 YT15 硬质合金面铣刀铣削中碳钢时,式(15.15)可写成

$$v_c = \frac{332 d_0^{0.2}}{T^{0.2} a_p^{0.1} f_Z^{0.4} a_e^{0.2} 60^{0.8}} \text{ m/s}$$

当使用 YG6 硬质合金面铣刀铣削铸铁时

$$v_c = \frac{445 d_0^{0.2}}{T^{0.32} a_p^{0.15} f_Z^{0.35} a_e^{0.2} 60^{0.68}} \text{ m/s}$$

表 15.9　铣刀使用寿命的平均值(min)

名　称	铣　刀　直　径　d_0/mm											
	小于 25	25～40	40～60	60～75	75～90	90～110	110～150	150～200	200～225	225～250	250～300	300～400
面铣刀	—	120	180						240		300	420
镶齿圆柱铣刀		—			180			—				
细齿圆柱铣刀		—	120	180			—					
盘铣刀		—			120		150	180	240	—		
立铣刀	60	90	120			—						
槽铣刀锯片铣刀		—		60	75	120	150	180		—		
成形铣刀角度铣刀	—	120		180			—					

15.4　成形铣刀

成形铣刀切削刃的廓形是根据工件廓形设计的。成形铣刀可在通用铣床上加工形状复杂表面,可保证工件尺寸和形状的一致性,生产效率高,使用方便,故应用广泛。

成形铣刀可用来加工直沟和螺旋沟成形表面。常见的成形铣刀(如凸半圆铣刀和凹半圆铣刀)已有通用标准。但大部分成形铣刀属专用刀具,需自行设计。

成形铣刀按齿背形成可分为尖齿成形铣刀(图 15.14(a))和铲齿成形铣刀(图15.14(b))两大类。

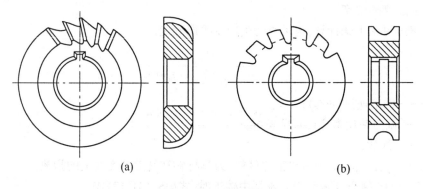

(a)　　　　　　　　　　　　　　(b)

图 15.14　成形铣刀

尖齿成形铣刀用钝后需重磨后刀面,其使用寿命较长和加工表面质量较好,但因后刀面为成形表面,制造和重磨时必须用专门靠模夹具,使用不方便。

铲齿成形铣刀的齿背是按一定曲线铲制的,用钝后只需重磨前刀面即可保证刃形不变,由于前刀面是平面,刃磨很方便,因而得到广泛应用。

下面主要介绍铲齿成形铣刀。

15.4.1　成形铣刀的铲齿

1.铲齿的基本概念

为设计、制造和检验方便,成形铣刀常取前角 $\gamma_f = 0°$,这时铣刀前刀面即为其轴向平面。为了保证重磨前刀面后铣刀刃形不变,刀齿各轴向平面的廓形均应相同;为了保证刀齿有适当后角,各轴向平面的廓形应逐渐向铣刀中心缩近。这就要求铣刀刀齿的后刀面应是切削刃廓形绕铣刀轴线回转并向铣刀中心移动所形成的表面。如图 15.15 所示,A—A、B—B 都是轴向平面,刀齿后刀面的廓形是相同的,只是 B—B 剖面廓形更靠近铣刀中心以形成后角 α_f。能完成这种齿背加工的方法叫"铲齿"或"铲背",是用铲刀在铲齿车床上进行的。

铲刀就是平体成形车刀,前角 $\gamma_f = 0°$,前刀面通

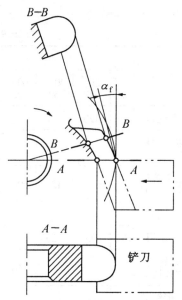

图 15.15　铲齿成形铣刀

过铣刀轴线的水平面,切削刃廓形与铣刀轴向平面廓形相同,但凹向相反。铲齿时,在铣刀毛坯回转的同时,铲刀在凸轮推动下沿铣刀的径向作直线运动,铲完一个刀齿后,铲刀快速退回,再铲削第二个刀齿。这种沿着被铲铣刀毛坯半径方向的铲齿方法称径向铲齿法。

2.齿背曲线

铲齿铣刀的齿背曲线是刀齿后刀面在垂直于铣刀轴线端平面中的截线。显然,刀齿的廓形取决于铲刀刃形,而齿背曲线的形状则影响后角的大小和重磨后后角的变化。理论上,采用对数螺线作为齿背曲线可保证铣刀重磨后的后角保持不变,但这种螺线制造复杂。生产中常采用阿基米德螺线作为齿背曲线,这样铣刀重磨后的后角虽有所增大,但增大不多。而且由数学知识可知,阿基米德螺线上各点的向量半径 ρ 值是随向径转角的增减而成比例增减的。因此,匀速回转运动与沿半径方向的匀速直线运动结合起来,就可得到阿基米德螺线,生产中也容易实现。

图 15.16 所示为成形铣刀的径向铲齿过程。

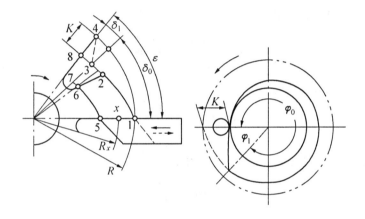

图 15.16　成形铣刀的径向铲齿

铲刀的前刀面($\gamma_f = 0°$)准确地安装在铲床的水平中心面内。当铣刀匀速回转时,铲刀就在凸轮的推动下沿半径方向向铣刀中心等速前进,铣刀转过 δ_0 角时,凸轮转过 φ_0 角,铲刀铲出一个刀齿的齿背(包括齿顶面 1–2 和齿侧面 1–2–6–5)。当铣刀继续转过 δ_1 角时,凸轮转过 φ_1 角,凸轮曲线下降,铲刀退回原位。这样,铣刀转过一个齿间角 ε 时,凸轮转一转,铲刀完成一个往复行程,铲完一齿。重复上述过程,其余的刀齿就可铲削完成。由于铲刀切削刃始终通过铣刀轴向平面,所以铣刀刀齿在任何轴向平面内的廓形都必然与铲刀刃形完全一致。

如果铲刀铲完齿背后不退回,而是沿齿背曲线 1–2–3–8 一直铲下去,则铣刀转过一个齿间角 $\varepsilon = \dfrac{2\pi}{Z}$ 时,铲刀将前进距离 K,K 称为铲背(削)量。与此相应,凸轮回转一周的升高量(向径差)也应该等于铲背量 K。显然,由于回程角 φ_1 的存在,凸轮上最大向径与最小向径之差小于 K,但一般凸轮上都标注 K 值。凸轮上的曲线也应该是阿基米德螺线。不论铣刀直径和齿数如何,只要 K 值相同,均可使用同一凸轮,可见凸轮利用率较高。

3.铲背量 K 的确定和名义后角 α_f

为了便于分析,取极坐标表示齿背曲线(图 15.17):设铣刀半径为 R_0,当 $\theta = 0°$ 时,$\rho = R_0$;当 $\theta > 0°$ 时,$\rho < R_0$。因此阿基米德螺线方程为

$$\rho = R_0 - C\theta \tag{15.16}$$

式中　C——常数。

当 $\theta = \dfrac{2\pi}{Z}$（Z 为铣刀齿数）时，$\rho = R_0 - K$，则

$$R_0 - K = R_0 - C\dfrac{2\pi}{Z}$$

故　　　　　　$C = \dfrac{KZ}{2\pi}$　　　　　　(15.17)

由微分几何学可知，曲线上任意点 M 的切线和该点向径之间的夹角 ψ 为

$$\tan \psi = \dfrac{\rho}{\rho'}　　　　　　(15.18)$$

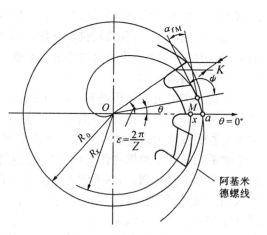

图 15.17　成形铣刀的后角

将式(15.16)代入式(15.18)，得

$$\tan \psi = \dfrac{R_0 - C\theta}{-C} = \theta - \dfrac{R_0}{C}$$

铣刀刀齿在任意点 M 处的后角 α_{fM} 可按式(15.19)计算

$$\tan \alpha_{fM} = \tan(\psi - 90°) = -\dfrac{1}{\tan \psi} = \dfrac{1}{\dfrac{R_0}{C} - \theta}　　　　　　(15.19)$$

将式(15.17)代入式(15.19)，得

$$\tan \alpha_{fM} = \dfrac{1}{\dfrac{2\pi R_0}{KZ} - \theta}　　　　　　(15.20)$$

对新铣刀，当 $\theta = 0°$ 时，即铣刀齿顶处后角 α_{fa} 为

$$\tan \alpha_{fa} = \dfrac{KZ}{2\pi R_0}　　　　　　(15.21)$$

或写成　　　　　　$K = \dfrac{\pi d_0}{Z} \tan \alpha_{fa}$　　　　　　(15.22)

式中　d_0——铣刀直径。

当刀齿齿顶后角 α_{fa} 确定后，即可由式(15.22)求出铲背量 K。

铣刀切削刃上各点的铲背量都相同，所以各点的齿背曲线都是齿顶齿背曲线的等距线，半径为点 R_x 处的后角 α_{fx} 为

$$\tan \alpha_{fx} = \dfrac{KZ}{2\pi R_x} = \dfrac{R_0}{R_x} \tan \alpha_{fa}　　　　　　(15.23)$$

由式(15.23)可知，铣刀切削刃上各点的后角不等，越靠近轴心的点，R_x 越小，α_{fx} 越大，只要齿顶处的后角符合要求，切削刃上其它各点皆能保证有足够的后角。因此，规定新铣刀齿顶处的后角为成形铣刀的名义后角 α_f，一般 $\alpha_f = 10° \sim 12°$。

4. 正交平面内的后角

上面讨论的后角 α_f 是在假定工作平面（即端平面）中测量的。与成形车刀一样，设计成形铣刀时，还应校验切削刃各点正交平面内的后角 α_{ox} 是否过小。

正交平面内的后角 α_{ox} 与假定工作平面内的后角 α_{fx} 存在式(15.24)关系（图 15.18）

$$\tan \alpha_{ox} = \tan \alpha_{fx} \sin \kappa_{rx}　　　　　　(15.24)$$

或　　　　　　$$\tan \alpha_{ox} = \dfrac{R_0}{R_x} \tan \alpha_{fa} \sin \kappa_{rx}　　　　　　(15.25)$$

式中　κ_{rx}——切削刃上任意点 x 处的主偏角。

由于切削刃上各点的半径相差较小,即 $R_x \approx R_0$,故可近似地认为

$$\tan \alpha_{ox} \approx \tan \alpha_{fa} \sin \kappa_{rx} \qquad (15.26)$$

由式(15.24)~(15.26)可知,径向铲齿时,切削刃上某点处的 κ_{rx} 越小,α_{ox} 也越小。当 $\kappa_{rx} = 0°$ 时,$\alpha_{ox} = 0°$。

为了减小摩擦,避免铣刀磨损过快,一般要求 $\alpha_{o_{min}} \geqslant 2°$。对于 $\alpha_o < 2°$ 的刃段,可采用以下措施加以改善:

(1) 增大齿顶后角 α_{fa},但不能超过 15°~17°,否则将使切削刃强度减弱。但此法对 $\kappa_{rx} = 0°$ 的切削刃段不起作用。

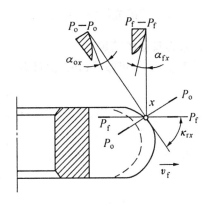

图 15.18　铲齿成形铣刀正交
平面内的后角

(2) 修改铣刀刃形,如图 15.19(a)所示。将半圆廓形铣刀两端 $\kappa_r = 0°$ 的切削刃改为 $\kappa_r = 10°$ 的直线,可使该段切削刃获得 $\alpha_{ox} \approx 2°$ 的后角。

(3) 斜置工件,如图 15.19(b)所示。将工件倾斜安装后,可使正装时 $\kappa_r = 0°$ 的刃段 bc 的 $\kappa_r > 0°$($\kappa_r = \tau$),从而获得一定的后角。

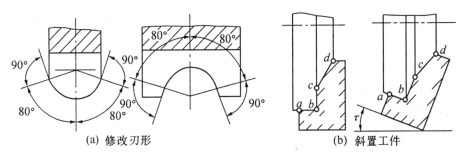

(a) 修改刃形　　　　　　　　　　(b) 斜置工件

图 15.19　改善铣刀正交平面内后角的措施

(4) 斜向铲齿,如图 15.20 所示。斜向铲齿时铲刀的运动方向与铣刀端面成 τ 角。可以证明,斜向铲齿时侧刃上任意点 x 处的正交平面内后角 α_{ox} 为

$$\tan \alpha_{ox} = \frac{KZ}{2\pi R_x} \sin(\kappa_{rx} + \tau) \qquad (15.27)$$

式中　K——铲背量;

　　　R_x——切削刃上任意点 x 处的半径。

由式(15.27)可知,斜向铲齿时,即使 $\kappa_{rx} = 0°$,因为有 τ 存在,所以仍能获得一定的正交平面内后角 α_{ox}。一般可取 $\tau = 10°~15°$。

必须指出,斜向铲齿只能使单侧刃得到后角,如果两侧刃分别斜向铲齿,则铣刀重磨后刀齿厚度将改变,影响工件的加工精度。

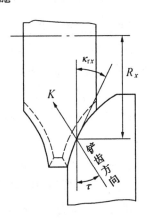

图 15.20　斜向铲齿

15.4.2 铲齿成形铣刀的结构要素

1.铣刀直径的确定

铣刀直径 d_0 可按式(15.28)计算

$$d_0 = d + 2m + 2H \tag{15.28}$$

式中　d——铣刀内孔直径(图15.21);

　　　m——铣刀壁厚,一般取 $m = (0.3 \sim 0.5)d$;

　　　H——齿高,按式(15.29)确定

$$H = h + K + r \tag{15.29}$$

式中　h——刀齿廓形高度,h = 工件廓形高度 + $(1 \sim 5)$mm;

　　　K——铲背量;

　　　r——容屑槽槽底圆弧半径,一般取 $r = 1 \sim 5$ mm。

2.铣刀齿数 Z

铣刀齿数 Z 多,同时工作齿数 Z_e 就多,铣削过程平稳。但要考虑刀齿强度和容屑空间,还要考虑留有足够的重磨余量。通常取齿根厚度 $B' \geqslant (0.8 \sim 1)H$ (图15.21)。一般可用式(15.30)估算齿数

$$Z = \pi d_0 / p \tag{15.30}$$

式中　p——圆周齿距,粗加工时取 $p = (1.8 \sim 2.4)H$,精加工时取 $p = (1.3 \sim 1.8)H$。

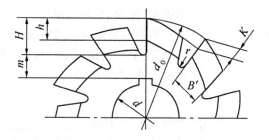

图15.21　铲齿成形铣刀的结构要素

3.后角的选取

成形铣刀后角常取 $\alpha_f = 10° \sim 15°$,正交平面内后角不应小于2°。

15.4.3 前角 $\gamma_f > 0°$ 成形铣刀的廓形设计

所谓铣刀廓形是指铣刀刀齿轴向平面的形状尺寸。当前角 $\gamma_f = 0°$ 时,并且铣刀轴线垂直于进给方向,刀齿任何轴向平面内的齿形皆与工件端平面廓形相同,因此铣刀的廓形即为工件的廓形,铣刀的制造和检验也都比较方便,容易保证刀具制造精度。所以精加工用的成形铣刀,都取前角等于0°。

当前角 $\gamma_f > 0°$ 时,刀齿在轴向平面中的廓形便与工件端平面廓形不相同了,需要进行修正计算,即廓形设计计算。由于刀齿轴向平面中的廓形就是铲刀($\gamma_f = 0°$)切削刃的刃形,因此,铣刀廓形设计也就是铲刀切削刃的刃形设计。

$\gamma_f > 0°$ 的成形铣刀廓形设计原理与成形车刀相似,即主要是根据工件成形表面组成点的廓形高度,求出铣刀刀齿相应点的廓形高度,而刀齿的廓形宽度与工件相应点的廓形宽度相等,不必计算。

图15.22所示为 $\gamma_{fa} > 0°$ 的铲齿成形铣刀加工花键轴齿形之情形。图中 1 – 2 – 3 – 4 – 5 为工件的法向(端面)廓形,如以点 4(2) 作为廓形的基准点,则点 5(1) 的廓形高度为 h_n。

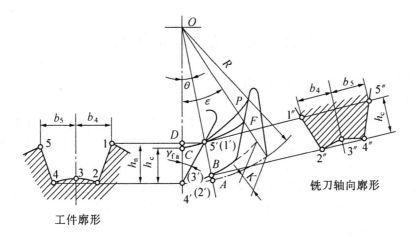

图 15.22　$\gamma_f > 0°$ 的铲齿成形铣刀廓形计算

铣刀在加工时绕轴心 O 回转,铣刀刀齿切削刃上的点 4'(2')加工出工件的点 4(2),切削刃上点 5'(1')则加工出点 5(1),点 5' 是切削刃在圆弧 $\overset{\frown}{DF}$ 上的一点。

铣刀刀齿的任意轴向平面廓形都是相同的,为了便于分析,取通过 5'(1')的一个轴向廓形,即 1" – 2' – 3" – 4" – 5"。此时 5"的廓形高度(即 $\overline{5'B}$ 或 $\overline{4'C}$)为 h_c,由图 15.22 可知

$$h_c = h_n - \overline{CD} = h_n - \overline{AB}$$

$$\overline{AB} = \frac{\theta}{\varepsilon}K = \frac{KZ}{2\pi}\theta$$

故

$$h_c = h_n - \frac{KZ}{2\pi}\theta \tag{15.31}$$

式中　θ——点 5'到 $O4'$ 的转角;

ε——齿间角,$\varepsilon = \dfrac{2\pi}{Z}$ (rad)。

式(15.31)中的 θ 可由 $\triangle O4'5'$ 求出

$$\frac{R_0}{\sin[180 - (\theta + \gamma_{fa})]} = \frac{R_0 - h_n}{\sin \gamma_{fa}}$$

$$\sin(\theta + \gamma_{fa}) = \frac{R_0 \sin \gamma_{fa}}{R_0 - h_n} \tag{15.32}$$

由式(15.32)求出 θ,代入式(15.31),即可求出 h_c。同理可求得铣刀轴向廓形上其它点的高度。

在制造成形铣刀时,通常用样板检查前刀面上的切削刃廓形 1' – 2' – 3' – 4' – 5'。点 5' 的高度 $\overline{4'5'}$ 也可由 $\triangle O4'5'$ 求出。

$\gamma_{fa} > 0°$ 的铲齿成形铣刀重磨以后,半径 R_0 将减小,由式(15.31)和式(15.32)可知,刀齿廓形将发生变化,产生加工误差,这是其缺点。设计时可采用计算半径概念,让计算半径 R_c 小于铣刀半径 $R_0(R_c = R_0 - 0.25K)$,这样可以减小铣刀重磨后的误差的绝对值。

15.5　尖齿铣刀结构的改进

尖齿铣刀结构的改进有以下几种途径：

1. 加大刀齿螺旋角 β

对于圆柱铣刀，采用螺旋刀齿可实现斜角切削，减小铣削时的冲击。增大螺旋角（刃倾角），可增加刀具的工作前角、减小切削刃实际钝圆半径，从而减小切削变形和切削力，缩短切入过程，提高加工表面质量。但螺旋角的增大还受具体加工条件的制约，并非越大越好。实验表明，切钢用 $\beta = 60°$、切铸铁用 $\beta = 40°$ 时，刀具的综合效果较佳。

由于制造上的原因，目前圆柱铣刀和立铣刀的螺旋角一般不超过 45°。

2. 采用分屑措施

铣刀切削刃采取分屑措施可减小切屑变形，有利于切屑的卷曲、容纳和排出，因而是改善铣刀切削性能的有效途径之一。分屑方法有两种：

（1）开分屑槽。这种方法用于螺旋齿铣刀，如圆柱铣刀和立铣刀。这些刀具的特点是切削刃工作长度较长，刀齿切削刃上开分屑槽后，可以切断切屑的横向联系，减小切屑变形。

可将现有铣刀切削刃上磨出分屑槽，并且在前后刀齿上沿轴向错开 p/Z（图15.23中，p 为分屑槽槽距；Z 为铣刀齿数）。但用此法开槽，每次刃磨铣刀时都要重磨分屑槽，很不方便，故又出现了玉米铣刀和波形刃铣刀。

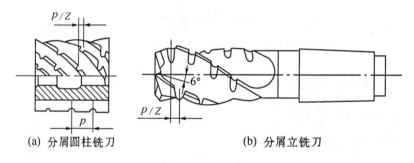

(a) 分屑圆柱铣刀　　　　　　　　(b) 分屑立铣刀

图 15.23　分屑铣刀

玉米铣刀用铲齿法加工齿背和分屑槽，重磨前刀面后可保持分屑槽深度和形状不变。

波形刃铣刀分为后刀面波形刃和前刀面波形刃铣刀。

后刀面波形刃也用铲齿法加工齿背。与玉米铣刀不同的是，分屑槽是按螺旋铲齿法而不是径向铲齿法铲出，使切削刃近似成正弦波形，切削刃是波峰，波谷就是分屑槽了。由于分屑槽到切削刃是圆滑过渡，从而避免了玉米铣刀分屑槽两侧形成尖角之弊端，提高了刀具的使用寿命。

前刀面波形刃铣刀的前刀面为波形面（图15.24），与后刀面相交自然形成波浪状切削刃。这种刃形不但可起到分屑作用，还使切削刃局部螺旋角加大，切削省力。这种铣刀需刃磨后刀面。

玉米铣刀和波形刃铣刀的共同缺点是加工残留面积较大，故只宜用于粗加工。

（2）交错切削分屑。三面刃铣刀和锯片铣刀等切槽铣刀均采用此法。由于这些铣刀切削刃较短，无法用开分屑槽法分屑，因而只能在前、后刀齿上交错磨去一部分切削刃，使每齿

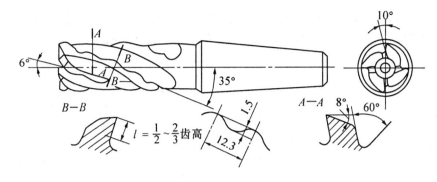

图 15.24 波形刃立铣刀

切削刃宽度减小一半，显著地改善容屑、排屑条件，从而大幅度提高 f_z，如图 15.25 所示。

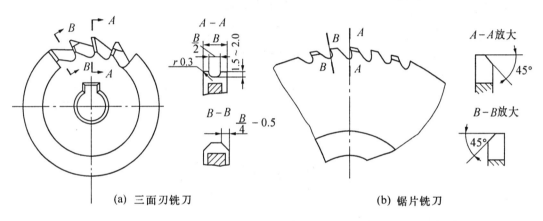

(a) 三面刃铣刀　　　　　　(b) 锯片铣刀

图 15.25 交错切削铣刀

3. 增大容屑空间与刀齿强度

提高高速钢铣刀生产效率的主要途径是增大 f_z，因此增大容屑空间和提高刀齿强度非常必要，为此，可适当减少齿数，改直线齿背为曲线齿背。如可将锯片铣刀齿数由 50 减为 18，直线齿背改为圆弧齿背（图15.26），生产效率提高数倍。国家标准中尖齿铣刀的齿数都比过去有所减少。

4. 用硬质合金代替高速钢

目前除面铣刀外，铣刀仍以高速钢为主要材料。如果采用硬质合金刀齿，切削效率可提高 2～5 倍。但在结构和几何参数上应适应硬质合金脆性大的特点。图 15.27 所示为几种典型硬质合金铣刀。

5. 立铣刀直柄化

立铣刀有直柄（圆柱柄）和锥柄两种结构，直柄仅用于 $d_0 < 20$ mm 的小规格立铣刀。由于锥柄浪费钢材、制造工艺

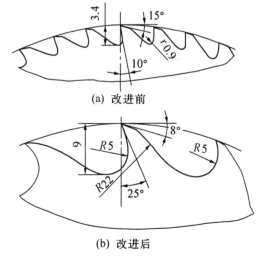

(a) 改进前

(b) 改进后

图 15.26 锯片铣刀的改进

复杂、装卸不便,在自动化机床上难于实现快速装夹、自动换刀和轴向尺寸调整等要求,故直柄取代锥柄已成为立铣刀结构改进的主要发展方向。目前,国外 $d_0 < \phi 63.5$ mm 的立铣刀均已直柄化。

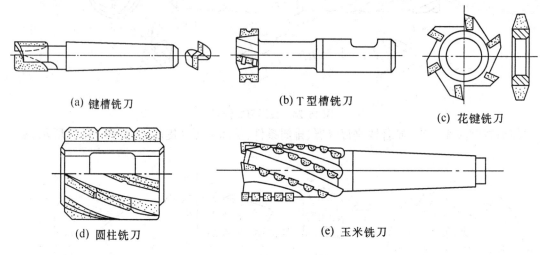

(a) 键槽铣刀　　　　　　　　　(b) T 型槽铣刀

(c) 花键铣刀

(d) 圆柱铣刀　　　　　　　　　(e) 玉米铣刀

图 15.27　硬质合金铣刀

复 习 思 考 题

15.1 铣刀有哪些主要种类? 用途如何?

15.2 绘图说明圆柱铣刀和面铣刀的标注角度。

15.3 何谓铣削用量四要素?

15.4 与车削相比,铣削切削层参数有何特点?

15.5 何谓顺铣与逆铣? 各有什么优缺点?

15.6 面铣法有几种铣削方式? 各应用于何种场合?

15.7 与其它加工方法相比,铣削有何特点?

15.8 成形铣刀有几种齿背结构? 各有何优缺点?

15.9 试述铲齿的目的和过程。

15.10 何谓铲齿铣刀的名义后角? 它与铲背量有何关系?

15.11 为什么铲齿铣刀会出现 $\alpha_o = 0°$ 的刃段? 有几种改进措施?

15.12 尖齿铣刀结构的改进有哪几种途径?

第16章 拉削与拉刀

16.1 概 述

16.1.1 拉削特点

拉削过程是用拉刀进行的(图16.1)。它是靠拉刀的后一个(或一组)刀齿高于前一个(或一组)刀齿,一层一层地切除余量,以获得所需要的加工表面。

与其它切削加工方法相比较,具有以下特点:

1. 生产效率高

拉削时刀具同时工作齿数多,切削刃总长度大,拉刀刀齿又分为粗切齿、精切齿和校准齿,一次行程便能够完成粗、精加工。尤其是加工形状特殊的内外表面时,更能显示拉削的优点。

2. 加工精度与表面质量高

由于拉削速度较低(一般为 0.04 ~ 0.13 m/

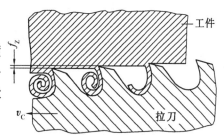

图16.1 拉削原理

s),避开了积屑瘤生成区,拉削过程平稳,切削层厚度很薄(一般精切齿的削层厚度为 0.005 ~ 0.015 mm),因此,拉削精度可达 IT7 级,表面粗糙度可达 $Ra1.6 ~ 0.8\ \mu m$,甚至可达 $Ra0.2\ \mu m$。

3. 拉刀使用寿命长

由于拉削速度慢,切削温度低,且每个刀齿在工作行程中只切削一次,刀具磨损慢,因此,拉刀的使用寿命较长。

4. 拉床结构简单

由于拉削一般只有主运动,无进给运动,因此,拉床结构简单,操作容易。

5. 封闭式容屑

拉刀切削过程中无法排出切屑,因此,在设计和使用时必须保证切削齿间有足够的容屑空间。

6. 加工范围广

拉刀可加工各种形状贯通的内、外表面(图16.2)。

7. 拉削力大

拉刀工作时,拉削力以几十至几百 kN 计,任何切削方法均无如此大的切削力,设计时必须考虑。

16.1.2 拉刀种类与用途

拉刀的种类很多,可按不同方法分类。按拉刀结构可分为整体拉刀和组合拉刀。前者

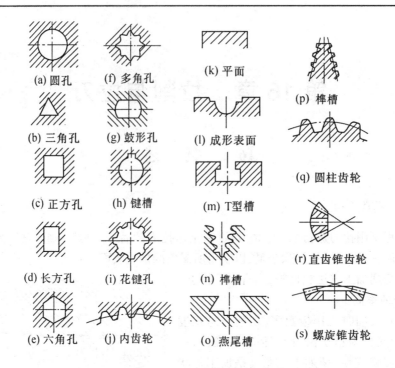

图 16.2　拉削各种内外表面举例

主要用于中小型高速钢拉刀,后者用于大尺寸和硬质合金拉刀,这样可节省贵重的刀具材料和便于更换不能继续工作的刀齿,也适应高速拉削。按加工表面可分为内拉刀和外拉刀。按受力方式又可分为拉刀和推刀。

1. 内拉刀

内拉刀用于加工内表面,如图 16.3 和图 16.4 所示。

内拉刀加工工件的预制孔通常呈圆形,经各齿拉削,逐渐加工出所需内表面形状。键槽

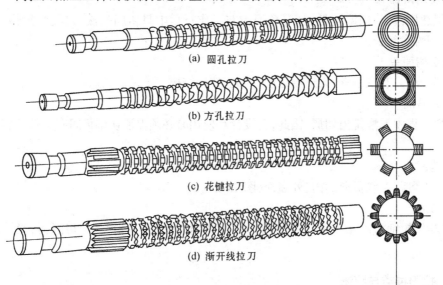

(a) 圆孔拉刀

(b) 方孔拉刀

(c) 花键拉刀

(d) 渐开线拉刀

图 16.3　各种内拉刀

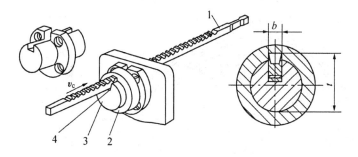

图 16.4　键槽拉削

1—键槽拉刀;2—工件;3—心轴;4—垫片

拉刀拉削时,为保证键槽在孔中位置的精度,将工件套在导向心轴上定位,拉刀与心轴槽配合并在槽中移动。槽底面上可放垫片,用于调节所拉键槽深度和补偿拉刀重磨后刀齿高度的变化量。

2. 外拉刀

外拉刀用于加工工件外表面,如图 16.5 ~ 16.7 所示。

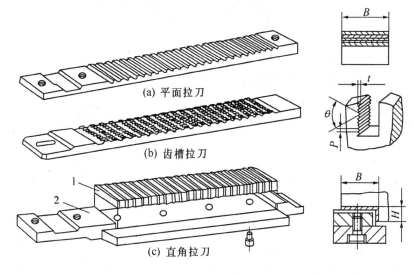

(a) 平面拉刀

(b) 齿槽拉刀

(c) 直角拉刀

图 16.5　外拉刀

1—刀齿;2—刀体

大部分外拉刀采用组合式结构。其刀体结构主要取决于拉床形式,为便于刀齿的制造,

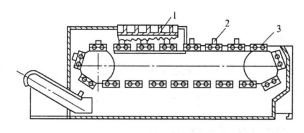

图 16.6　链式传送带连续拉削

1—拉刀;2—工件;3—链式传送带

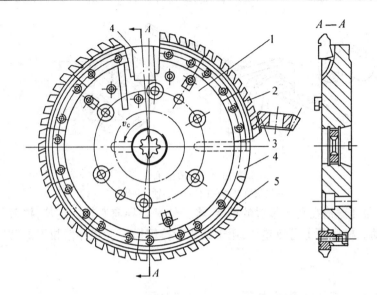

图 16.7　直齿锥齿轮拉刀盘

1—刀体;2—精切齿组;3—工件;4—装料、倒角位置;5—粗切齿组

一般做成长度不大的刀块。

　　为了提高生产效率,也可以采用拉刀固定不动,被加工工件装在链式传动带的随行夹具上作连续运动而进行拉削(图 16.6)。

　　生产中有时还采用回转拉刀,图 16.7 为加工直齿锥齿轮齿槽的圆拉刀盘。

　　3. 推刀

　　拉刀一般在拉应力状态下工作,如在压应力状态下工作则称为推刀(图 16.8)。为避免推刀在工作中弯曲,推刀齿数一般较少,长度较短(其长度与直径之比一般不超过 12 ~ 15)。主要用于加工余量较小,或者校正经热处理(硬度小于 45HRC)工件的变形和孔缩。

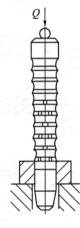

图 16.8　推刀

16.2　拉刀的结构组成

16.2.1　拉刀的组成部分

　　拉刀的种类虽多,刀齿形状各异,结构也各不相同,但它们的组成部分仍有共同之处。在此以圆孔拉刀(图 16.9)为例加以说明。

　　1. 柄部

　　柄部用于装夹拉刀、传递拉力、带动拉刀运动。

　　2. 颈部

　　柄部与过渡锥之间的连接部分,其长度与机床结构有关。也可供打拉刀标记。

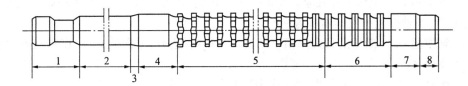

图 16.9　圆孔拉刀的组成部分

1—头部;2—颈部;3—过渡锥部;4—前导部;5—切削部;6—校准部;7—后导部;8—尾部

3. 过渡锥部

过渡锥部可使拉刀便于进入工件孔中。

4. 前导部

前导部用于导向,防止拉刀进入工件孔后发生歪斜,并可检查拉前预制孔尺寸是否符合要求。

5. 切削部

切削部担负切除工件上加工余量的工作,由粗切齿、过渡齿和精切齿组成。

6. 校准部

校准部由几个直径相同的刀齿组成,起校准和修光作用,以提高工件的加工精度和表面质量。也是精切齿的后备齿。

7. 后导部

后导部用于支承工件,保证拉刀工作即将结束时拉刀与工件的正确位置,以防止工件下垂而损坏已加工表面和刀齿。

8. 尾部

尾部用于长而重的拉刀,利用尾部与支架配合,防止拉刀自重下垂,并可减轻装卸拉刀的劳动强度。

16.2.2　拉刀切削部分要素

拉刀切削部分结构要素如图 16.10 所示。

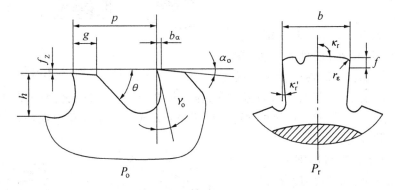

图 16.10　拉刀切削部分结构要素

1. 几何角度

(1) 前角 γ_o。前刀面与基面的夹角,在正交平面内测量。

(2) 后角 α_o。后刀面与切削平面的夹角,在正交平面内测量。

（3）主偏角 κ_r。主切削刃在基面中的投影与进给（齿升）方向的夹角在基面内测量。除成形拉刀外，各种拉刀的主偏角多为 $90°$。

（4）副偏角 κ_r'。副切削刃在基面中的投影与进给（齿升）方向的夹角，在基面内测量。

2. 结构参数

（1）齿升量 f_z。拉刀前后相邻两（或组）刀齿高度之差。

（2）齿距 p。相邻刀齿间的轴向距离。

（3）容屑槽深度 h。从顶刃到容屑槽槽底的距离。

（4）齿厚 g。从切削刃到齿背棱的轴向距离。

（5）齿背角 θ。齿背与切削平面的夹角。

（6）刃带宽度 b_{a1}。沿轴向测量刀齿 $\alpha_0 = 0°$ 部分的宽度。

16.3 拉 削 图 形

拉削图形是指拉刀从工件上切除拉削余量的顺序和方式，也就是每个刀齿切除的金属层截面的图形，也叫拉削方式。它直接决定刀齿负荷分配和加工表面的形成过程。拉削图形影响拉刀结构、拉刀长度、拉削力、拉刀磨损和拉刀使用寿命，也影响拉削表面质量、生产效率和制造成本。因此，设计拉刀时，应首先确定合理的拉削图形。

拉削图形可分为分层式、分块式和综合式三种。

16.3.1 分层式

分层式拉削是一层层地切去拉削余量。根据加工表面形成过程的不同，可分为成形式和渐成式两种。

1. 成形式

成形式（图 16.11）也称同廓式。此种拉刀刀齿的廓形与被加工表面的最终形状相似，最终尺寸则由拉刀最后一个切削齿决定。

采用成形式拉削，每个刀齿都切除一层金属，切削厚度小，切削宽度大，单位拉削力大，在拉削面积相同情况下拉

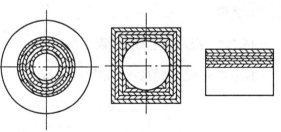

图 16.11 成形式拉削图形

削力大。当拉削余量一定时，所需刀齿数多，拉刀长度长。拉刀过长会给制造带来一定困难，使拉削效率降低。但刀齿负荷小，磨损小，使用寿命长。为了避免出现环状切屑并便于清除，需要在切削齿上磨出分屑槽（图16.12（a））。但分屑槽与切削刃交接尖角处切削条件差，加剧拉刀磨损，分屑槽也会使切屑出现加强筋（图16.12（b）），增加切屑卷曲的困难，需要的容屑空间更大。

采用成形式拉削圆孔、平面等形

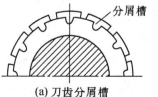

(a) 刀齿分屑槽　　　(b) 带加强筋的切屑

图 16.12 成形式刀齿的分屑槽与带加强筋的切屑

状简单表面时,由于刀齿廓形简单、制
造容易、加工表面粗糙度值小等优点而
得到了广泛应用。若工件形状复杂,采
用成形式拉削时拉刀制造困难,需采用
渐成式拉削。

2. 渐成式

渐成式(图 16.13)拉削的刀齿廓形
与工件最终形状不同,工件最终形状和
尺寸由各刀齿的副切削刃逐渐形成。

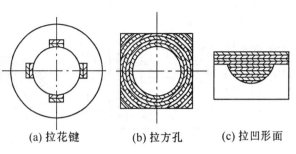

(a) 拉花键　　　(b) 拉方孔　　　(c) 拉凹形面

图 16.13　渐成式拉削图形

因此,刀齿可制成圆弧和直线等简单形状,拉刀制造容易。缺点是工件表面粗糙度值稍大。

16.3.2　分块式

分块式(图 16.14)拉削时,工件的每层金属都由一组刀齿切除,一组中的每个刀齿仅切
除该层金属的一部分。其特点是切削厚度较大,切削宽度较窄,因而单位拉削力小,在拉削
力相同时,可以加大拉削面积。在拉削余量一定情况下,拉刀齿数可减少,拉刀可缩短,便于
拉刀制造,拉削效率也得到提高。由于切削厚度大,工件表面粗糙度值较大。

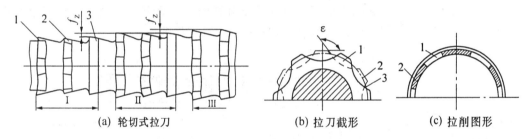

(a) 轮切式拉刀　　　(b) 拉刀截形　　　(c) 拉削图形

图 16.14　轮切式拉刀及其拉削图形

采用分块式拉削的拉刀称轮切式拉刀。图 16.14 所示为三个刀齿为一组的圆孔拉刀及
其拉削图形。其第一齿与第二齿直径相同,均磨出交错排列的圆弧形分屑槽,切削刃相互错
开,各切除同一层金属中的一部分,剩下的残留量由第三齿切除,但该齿不磨分屑槽。为避
免切削刃与前两齿切成的工件表面摩擦及切下圆环形的整圈切屑,其直径应较前刀齿小
0.02 ~ 0.05 mm。由于采用圆弧形分屑槽,切屑不存在加强筋,利于容屑。圆弧形分屑槽能
够较容易地磨出较大的槽底后角和侧刃后角,故有利于减轻刀具磨损,提高刀具使用寿命。
分块式拉削的主要缺点是,加工表面质量不如成形式好。

16.3.3　综合式

综合式(图 16.15)拉削集中了分块式拉削和成形式拉削各自的优点,粗切齿采用不分
组的分块式拉削,精切齿采用成形式拉削,既保持较高的生产效率,又能获得较好的表面质
量。我国的圆孔拉刀多采用这种拉削方式。图 16.5 所示为综合式圆孔拉刀及其拉削图形。

综合式圆孔拉刀的粗切齿齿升量较大,磨圆弧形分屑槽,槽宽略小于刃宽,前后刀齿分
屑槽交错排列。前一个刀齿分块切除圆周上金属层的一半,第二个刀齿比前一个刀齿高出
一个齿升量,该刀齿除了应切除第二层金属的一半外,还要切去前一个刀齿留下的金属层,

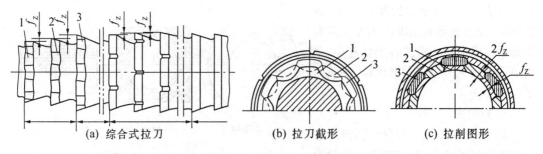

(a) 综合式拉刀　　　　　　(b) 拉刀截形　　　　　(c) 拉削图形

图 16.15　综合式拉刀及拉削图形

第二个刀齿留下的金属层由第三个刀齿切除,如此交错下去切除。粗切齿采用这种拉削方式,除第一个刀齿外,其余粗切齿实际切削厚度都是 $2f_z$,保持了分块式拉削的切削层厚而窄的特点。精切齿齿升量较小,采用成形式拉削,保证了加工表面粗糙度值小。在粗切齿与精切齿之间有过渡齿,齿形与粗切齿相同。综合式拉削时,加工余量的 80% 以上由粗切齿切除,剩余的由精切齿切除。

16.4　圆孔拉刀设计

拉刀设计的主要内容有:工作部分和非工作部分结构参数设计;拉刀强度和拉床拉力校验;绘制拉刀工作图等。图 16.16 为综合式圆孔拉刀设计工作图。

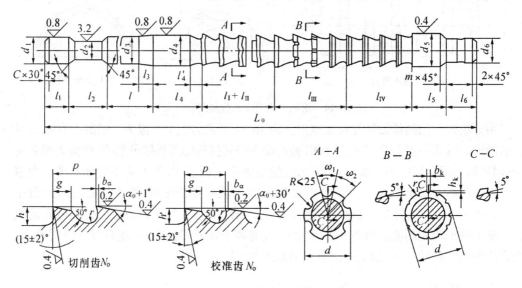

图 16.16　综合式圆孔拉刀工作图

16.4.1　工作部分设计

工作部分是拉刀的重要组成部分,它直接关系到拉削生产效率和表面质量,也影响拉刀的制造成本。

1. 确定拉削图形

目前我国圆孔拉刀多采用综合式拉削,并已列为专业工具厂的产品。

2. 确定拉削余量 A

拉削余量 A 是拉刀各刀齿应切除金属层厚度的总和。应在保证去除前道工序造成的加工误差和表面破坏层的前提下,尽量减小拉削余量,缩短拉刀长度。

拉削余量 A 可按下列任一种方法来确定

(1)按经验公式计算:

拉前孔为钻孔或扩孔时

$$A = 0.005 D_{\mathrm{m}} + (0.1 \sim 0.2)\sqrt{L} \ \mathrm{mm} \tag{16.1}$$

拉前孔为镗孔或粗铰孔时

$$A = 0.005 D_{\mathrm{m}} + (0.05 \sim 0.1)\sqrt{L} \ \mathrm{mm} \tag{16.2}$$

(2)已知拉前孔径 D_{w} 和拉后孔径 D_{m} 时,也可作如下计算

$$A = D_{\mathrm{m\,max}} - D_{\mathrm{w\,min}} \tag{16.3}$$

式中 L——拉削长度(mm);

$D_{\mathrm{m\,max}}$——拉后孔最大直径(mm);

$D_{\mathrm{w\,min}}$——拉前孔最小直径(mm)。

(3)拉削余量 A 还可以根据被拉孔直径、长度和预制孔加工精度查表确定。

3. 确定齿升量 f_{Z}

拉削余量确定后,齿升量越大,则切除全部余量所需刀齿数越少,拉刀长度越短,拉刀制造也较容易,生产效率也可提高。但齿升量过大,拉刀会因强度不够而拉断,而且拉削表面质量也不易保证。

粗切齿、精切齿和过渡齿的齿升量各不相同,粗切齿齿升量较大,以保证尽快切除余量的 80% 以上;精切齿齿升量较小,以保证加工精度和表面质量,但不得小于 0.005 mm,原因在于刀齿有切削刃钝圆半径 r_{n},当切削厚度 $h_{\mathrm{D}} < r_{\mathrm{n}}$ 时,刀齿不能切下切屑,造成严重挤压,恶化加工表面质量,加剧刀具磨损。过渡齿的齿升量是由粗切齿齿升量逐步过渡到精切齿齿升量,以保证拉削过程的平稳。

综上所述,齿升量确定的原则应该在保证加工表面质量、容屑空间和拉刀强度足够的条件下,尽量选取较大值。圆孔拉刀齿升量可参考表 16.1 选取。

表 16.1   圆孔拉刀齿升量 f_{Z} (mm)

拉 刀 种 类	工 件 材 料			
	钢	铸 铁	铝	铜
分层式圆孔拉刀	0.015 ~ 0.03	0.03 ~ 0.08	0.02 ~ 0.05	0.05 ~ 0.10
综合式圆孔拉刀	0.03 ~ 0.08	—	—	—

4. 确定齿距 p

齿距 p 过大,同时工作齿数 Z_{e} 减少,拉削平稳性降低,且增加了拉刀长度,降低了生产效率。反之,同时工作齿数 Z_{e} 增加,拉削平稳性增加,但拉削力增大,可能导致拉刀被拉断。为保证拉削平稳和拉刀强度,拉刀同时工作齿数应保证 $Z_{\mathrm{e}} = 3 \sim 8$。

一般齿距 p 可用经验公式(16.4)计算

$$p = (1.25 \sim 1.9)\sqrt{L} \ \mathrm{mm} \tag{16.4}$$

其中系数 1.25 ~ 1.5 用于分层式拉削的拉刀，1.45 ~ 1.9 用于分块式拉削及带空刀槽孔的拉刀（图 16.17）。L 值较大或加工韧性、高强度材料时，系数宜取大值。

计算出的齿距应取接近的标准值。

齿距 p 确定后，同时工作齿数 Z_e 可用式(16.5)计算

$$Z_e = \frac{L}{p} + 1 \ \text{（略去小数）} \qquad (16.5)$$

当工件孔内有空刀槽时

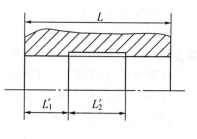

图 16.17　带空刀槽孔

$$Z_e = \left(\frac{L}{p} + 1 \right) - \frac{L_2{}'}{p} = \frac{L - L_2{}'}{p} + 1 \ \text{（略去小数）} \qquad (16.6)$$

式中　　$L_2{}'$——空刀槽宽度(mm)。

过渡齿齿距取与粗切齿相同，精切齿齿距小于粗切齿齿距，校准齿齿距一般与精切齿相同或为粗切齿齿距的 0.7 倍。当拉刀总长度允许时，为了制造方便，也可制成都相等的齿距。

齿距一般不规定公差。为提高拉削表面质量，避免拉削过程中的周期性振动，拉刀也可制成不等齿距。

5. 确定容屑槽形状和尺寸

拉刀属于封闭式切削，切下的切屑全部容纳在容屑槽中，因此，容屑槽的形状和尺寸应能较宽敞地容纳切屑，并能使切屑卷曲成较紧密的圆卷形状。为保证拉刀的强度，在相同的齿距下，可选用基本槽、深槽或浅槽，以适应不同的要求。常用的容屑槽形式如图 16.18 所示。

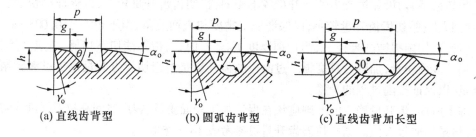

(a) 直线齿背型　　　　(b) 圆弧齿背型　　　　(c) 直线齿背加长型

图 16.18　容屑槽形状

（1）直线齿背型。这种槽形的齿背与前刀面均为直线，二者与槽底圆弧 r 圆滑连接，容屑空间较小。优点是形状简单，制造容易。

（2）曲线齿背型。这种槽形由两段圆弧 R、r 和前刀面组成，容屑空间较大，便于切屑卷曲。深槽或齿距较小或拉削韧性材料时采用。

（3）加长齿背型。这种槽形底部由两段圆弧 r 和一段直线组成。当齿距 $p > 16$ mm 时可选用。此槽形容屑空间大，适用于拉削长度大或带空刀槽的工件。

容屑槽尺寸应满足容屑条件。由于切屑在容屑槽内卷曲和填充不可能很紧密，为保证容屑，容屑槽的有效容积 V_p 必须大于切屑所占体积 V_D，即

$$V_p > V_D$$

或

$$K = \frac{V_p}{V_D} > 1$$

式中　V_p——容屑槽的有效容积；

　　　V_D——切屑体积；

　　　K——容屑系数。

由于切屑在宽度方向变形很小，故容屑系数可用容屑槽和切屑的纵向截面面积比来表示(图 16.19)。即

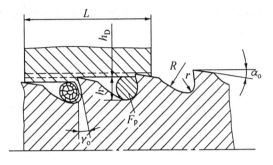

$$K = \frac{A_p}{A_D} = \frac{\dfrac{\pi h^2}{4}}{h_D L} = \frac{\pi h^2}{4 h_D L} \qquad (16.7)$$

式中　A_p——容屑槽纵向截面面积(mm^2)；

　　　A_D——切屑纵向截面面积(mm)；

　　　h_D——切削厚度(mm)。综合式拉削

　　　　　$h_D = 2f_Z$，其它 $h_D = f_Z$。

图 16.19　容屑槽容屑情形

设计拉刀时，许用容屑系数 $[K]$ 必须认真选择，其大小与工件材料性质、切削层截形和拉刀磨损有关。对于带状切屑，当卷曲疏松、空隙较大时，$[K]$ 值选大些；脆性材料形成崩碎切屑时，因为较容易充满容屑槽，$[K]$ 值可选小些。一般加工钢料时，$[K] = 2.5 \sim 5.5$；强度为 $R_m = 400 \sim 700$ MPa 的碳钢和合金钢，卷曲较紧密，$[K]$ 值较小；当钢材强度大时($R_m > 700$ MPa)不易卷屑，故 $[K]$ 值较大；而对低碳钢(10、15、10Cr、15Cr 等)，由于材料韧性大，拉削变形大，切屑变厚，卷屑不好，$[K]$ 值应更大。加工铸铁或青铜时，$[K] = 2 \sim 2.5$ 即可。

当许用容屑系数 $[K]$ 和切削厚度 h_D 已知时，容屑槽深度 h 用式(16.8)计算

$$h \geqslant 1.13 \sqrt{[K] h_D L} \quad mm \qquad (16.8)$$

式(16.8)中 $[K]$ 值可从拉刀设计资料中查表选取。根据计算结果，选用稍大的标准槽深 h 值。

6. 选择几何参数

(1)前角 γ_o。拉刀前角 γ_o 一般是根据加工材料的性能选取，材料的强度(硬度)低时，前角选大些；脆性材料前角小些(表 16.2)。单面齿拉刀(如键槽拉刀、平面拉刀、角度拉刀等)前角不超过 15°，否则刀齿容易"扎入"工件，使拉削表面质量下降，严重时会造成崩齿或使拉刀刀齿折断。小直径小齿距的拉刀，由于刃磨砂轮对前刀面的干涉，前角值要小于 15°；直径 $d_0 < 20$ mm 的拉刀，一般 $\gamma_o = 6° \sim 12°$。高速拉削时，为防止拉削冲击而崩刃，前角要比一般拉削时小 2° ~ 5°。

校准齿前角可取小些，为了制造方便，也可取与切削齿相同。

表 16.2　拉刀前角 γ_o

工件材料	钢			灰铸铁		一般黄铜 可锻铸铁	铜、铝和镁合金，巴氏合金	青　铜 铝黄铜
硬度 HBS	≤197	198 ~ 229	> 229	≤180	> 180	—	—	—
前角 γ_o	16° ~ 18°	15°	10° ~ 12°	8° ~ 10°	6°	10°	20°	5°

（2）后角 α_o。拉削时切削厚度很小，根据切削原理中后角的选择原则，应取较大后角。由于内拉刀重磨前刀面，如后角取得大，刀齿直径就会减小得很快，拉刀使用寿命会显著缩短。因此，内拉刀切削齿后角都选得很小，校准齿后角比切削齿的更小（表 16.3）。但当拉削弹性大的材料（如钛合金）时，为减小切削力，后角可取得稍大些。当外拉刀的后角可取大到 5°。

表 16.3　拉刀后角 α_o 和刃带 b_{a1} 　　　　　　　　　　　　　　mm

拉 刀 类 型		粗 切 齿		精 切 齿		校 准 齿	
		α_o	b_a	α_o	b_a	α_o	b_a
	圆孔拉刀	$2°30' + 1°$	≤0.1	$2° + 30'$	0.1~0.2	$1° + 30'$	0.2~0.3
	花键拉刀	$2°30' + 1°$	0.05~0.15	$2° + 30'$	0.1~0.2	$1° + 30'$	0.2~0.3
	键槽拉刀	$3° + 1°$	0.1~0.2	$2° + 30'$	0.2~0.3	$1° + 30'$	0.4
外拉刀	不可调式	$4° + 1°$		$2°30' + 30'$		$1°30' + 30'$	
	可调式	$5° + 1°$		$3° + 1°$		$1°30' + 30'$	

（3）刃带宽度 b_a。拉刀各刀齿均留有刃带，以便于制造拉刀时控制刀齿直径；校准齿的刃带还可以保证沿前刀面重磨时刀齿直径不变。刃带宽度见表 16.3。

7. 分屑槽

分屑槽的作用在于将切屑分割成较小宽度的窄切屑，便于切屑的卷曲、容纳和清除。拉刀的分屑槽，前后刀齿上应交错磨出。分层式拉刀采用角度形分屑槽（图 16.20）；分块式拉刀采用圆弧形分屑槽（图 16.21）；综合式圆拉刀粗切齿、过渡齿采用圆弧形分屑槽，精切齿采用角度形分屑槽。

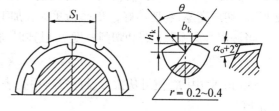

图 16.20　角度形分屑槽

设计分屑槽时应注意以下几点：

（1）分屑槽的深度 h_k 必须大于齿升量，否则不起分屑作用。角度形分屑槽 $\theta = 90°$，槽宽 $b_k ≤ 1.5$ mm，深度 $h_k ≤ \frac{1}{2} b_k$。圆弧形分屑槽的刃宽略大于槽宽。

（2）为使分屑槽两侧刃上也具有足够的后角，槽底后角一般不应小于 5°，常取为 $\alpha_o + 2°$。

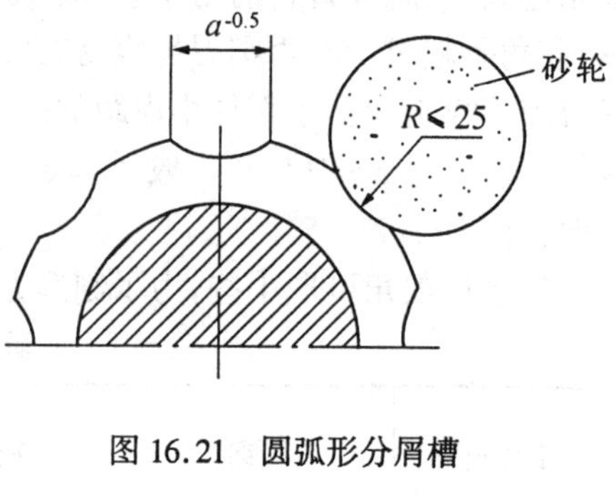

（3）分屑槽槽数 n_k 应保证切屑宽度（也就是刀刃宽度 S_1）不太大，使切屑平直易卷曲。为便于测量刀齿直径，槽数 n_k 应取偶数。

图 16.21　圆弧形分屑槽

（4）在拉刀最后一个精切齿上不做分屑槽。拉削铸铁等脆性材料时，切屑呈崩碎状，也不必做分屑槽。

分屑槽槽数和尺寸的具体数值可参考有关资料选取。

8. 确定拉刀齿数和直径

(1) 拉刀齿数。根据确定的拉削余量 A，选定的粗切齿齿升量 f_Z，可按式 (16.9) 估算切削齿齿数 Z（包括粗切齿、过渡齿和精切齿的齿数）

$$Z = \frac{A}{2 f_Z} + (3 \sim 5) \tag{16.9}$$

估算齿数的目的是为了估算拉刀长度。如拉刀长度超过要求，需要设计成两把或三把一套的成套拉刀。

拉刀切削齿的确切齿数要通过刀齿直径的排表来确定，该表一般排列于拉刀工作图的左下侧。过渡齿齿数、精切齿齿数和校准齿齿数可参考表 16.4 选取。

表 16.4　圆孔拉刀过渡齿、精切齿和校准齿齿数

加工孔精度	粗切齿齿升量 f_Z/mm	过渡齿齿数	精切齿齿数	校准齿齿数
IT7 ~ IT8	0.06 ~ 0.15	3 ~ 5	4 ~ 7	5 ~ 7
	> 0.15 ~ 0.3	5 ~ 7		
	> 0.3	6 ~ 8		
IT9 ~ IT10	~ 0.2	2 ~ 3	2 ~ 5	4 ~ 5
	> 0.2	3 ~ 5		

(2) 刀齿直径 d_0。圆孔拉刀第一个粗切齿主要用来修正预制孔的毛边，可不设齿升量，此时第一个粗切齿直径等于预制孔的最小直径。第一个粗切齿直径也可以稍大于预制孔的最小直径，但该齿实际切削厚度应小于齿升量。其余粗切齿直径为前一刀齿直径加上 2 倍齿升量，最后一个精切齿直径与校准齿直径相同。过渡齿齿升量逐步减少，直到接近精切齿齿升量，其直径等于前一刀齿直径加上 2 倍实际齿升量。

拉刀切削齿直径的排表方法是，先确定第一个粗切齿直径和最后一个精切齿直径，再分别按向后和向前的顺序逐齿确定其它切削齿直径，这种方法排表较好。

校准齿无齿升量，各齿直径均相同。为了使拉刀有较高的寿命，取校准齿直径等于工件拉后孔允许的最大直径 $D_{m\,max}$。考虑到拉削后孔径可能产生扩张或收缩，校准齿直径 d_{0g} 应取为

$$d_{0g} = D_{m\,max} \pm \Delta \quad \text{mm} \tag{16.10}$$

式中　Δ——拉削后孔径扩张量或收缩量 (mm)。收缩时取 "+"，扩张时取 "–"；一般取
$\Delta = 0.003 \sim 0.015$ mm，也可通过试验确定。

孔径收缩通常发生在拉削薄壁工件或韧性大的金属材料时；孔径扩张受拉刀的制造精度、拉刀长度、拉削条件等因素影响，一般取孔径扩张。具体可查有关表格。

16.4.2　拉刀其它部分设计

1. 柄部与颈部及过渡锥

拉刀柄部结构及尺寸都已标准化，选用时可取略小于预制孔直径值。颈部直径可与柄部相同或略小于柄部直径，颈部长度与拉床型号有关（图 16.22）。

颈部与过渡锥总长 l 可由式 (16.11) 计算

$$l = H_1 + H + l_c + (l'_3 - l_1 - l_2) \text{ mm} \quad (16.11)$$

常用拉床 L6110、L6120、L6140 有关尺寸如下：

H——拉床床壁厚度，分别为 60、80、100 mm；

H_1——花盘厚度，分别为 30、40、50mm；

l_c——卡盘与床壁间隙，分别为 5、10、15mm；

l'_3、l_1、l_2——分别取为 20、30、40 mm；

l——分别取 125、175、225 mm。

过渡锥 l_3 可根据拉刀直径取为 10 ~ 20 mm。

拉刀工作图上通常不标注 l 值，而标注柄部顶端到第一刀齿长度 L_1，由图 16.22 可得

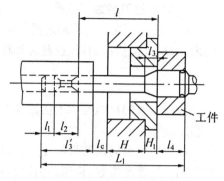

图 16.22 拉刀颈部长度

$$L_1 = l_1 + l_2 + l + l_4 \text{ mm} \quad (16.12)$$

式中　l_1、l_2——柄部尺寸(mm)；

　　　l_4——前导部长度(mm)。

2. 前导部与后导部及尾部

前导部长度 l_4 一般可取与拉削长度 L 相等，工件长径比 $\frac{L}{D} > 1.5$ 时，可取 $l_4 = 0.75\ L$。前导部的直径 $d_{04} = D_{w\ min}$，公差按 f_8 查得。

后导部长度 l_5 应大于工件加工表面长度的一半，但不小于 20 mm。当孔内有空刀槽(图16.17)时，$l_5 = L'_1 + L'_2 + (5 ~ 10)$mm。其直径 $d_{05} = D_{m\ min}$(拉后孔最小直径)，公差取 f_7。

尾部长度 l_6 一般取为拉后孔径的 0.5 ~ 0.7 倍，直径 d_{06} 等于护送托架衬套孔径。

3. 拉刀总长度 L_0

拉刀总长度受到拉床允许的最大行程、拉刀刚度、拉刀生产工艺水平、热处理设备等因素的限制，一般不超过表 16.5 所规定的数值。否则，需修改设计或改为两把以上的成套拉刀。

表 16.5　圆孔拉刀允许总长度　　　　　　　　　　　　　　　　mm

拉刀直径 d_0	12 ~ 15	> 15 ~ 20	> 20 ~ 25	> 25 ~ 30	> 30 ~ 50	> 50
拉刀总长度 L_0	600	800	1000	1200	1300	1600

16.4.3　拉刀强度及拉床拉力校验

1. 拉削力

拉削时，虽然拉刀每个刀齿的切削厚度很薄，但由于同时参加工作的切削刃总长度很长，因此拉削力很大。

综合式圆孔拉刀的最大拉削力 F_{max} 用式(16.13)计算

$$F_{max} = F_c' \pi \frac{d_0}{2} Z_e \text{ N} \quad (16.13)$$

式中　F_c'——切削刃单位长度拉削力(N/mm)，可由有关资料查得。对综合式圆孔拉刀应按 $h_D = 2f_Z$ 查出 F_c'。

2. 拉刀强度校验

拉刀工作时,主要承受拉应力,可按式(16.14)校验

$$\sigma = \frac{F_{max}}{A_{min}} \leqslant [\sigma] \tag{16.14}$$

式中　A_{min}——拉刀危险截面面积(mm^2);

　　　$[\sigma]$——拉刀材料的许用应力(MPa)。

拉刀危险截面可能是柄部或第一个切削齿的容屑槽底部截面处。高速钢许用应力 $[\sigma] = 343 \sim 392$ MPa,40Cr 的许用应力 $[\sigma] = 245$ MPa。

3. 拉床拉力校验

拉刀工作时的最大拉削力一定要小于拉床的实际拉力,即

$$F_{max} \leqslant K_m F_m \tag{16.15}$$

式中　F_m——拉床额定拉力(N);

　　　K_m——拉床状态系数,新拉床 $K_m = 0.9$,较好状态的旧拉床 $K_m = 0.8$,不良状态的旧拉床 $K_m = 0.5 \sim 0.7$。

16.4.4　圆孔拉刀的技术条件

圆孔拉刀技术条件的制定可参考有关资料。此处略。

16.5　拉刀的合理使用与刃磨

16.5.1　拉刀的合理使用

拉刀的结构复杂、精度高、制造成本高,只有正确地使用,才能保证加工质量、生产效率及拉刀的总寿命。

(1) 拉刀是定尺寸的专用刀具,不仅工件孔径和公差应符合要求,而且工件的拉削长度也应符合拉刀所能加工的范围,另外工件材料改变也影响拉削状况。因此,拉削长度、工件材料改变时,必须对拉刀的 K、Z_e、F_{max} 和强度进行校验。

(2) 每拉完一个工件,必须彻底清除工件支承面和容屑槽内的切屑。

(3) 拉刀使用过程中要经常抽检工件表面质量,发现刀齿有缺陷要及时处理,拉刀磨损后及时重磨。

16.5.2　拉刀的重磨

拉刀磨损主要发生在后刀面上,尤其是分屑槽转角处磨损更为严重,如图 16.23 所示。通常 $VB > 0.3$ mm 时需重磨。重磨要保证切削齿的前角不变,而且应使前刀面去除量保持一致,否则会引起切削齿负荷改变而损坏拉刀。

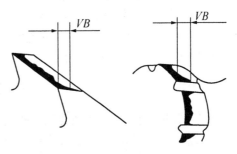

图 16.23　拉刀的磨损

1. 锥面刃磨法

图 16.24 为砂轮锥面刃磨圆孔拉刀的情

形。此时要使砂轮不过切刀齿前刀面,应使 N—N 截面内砂轮曲率半径 ρ_s 小于刀齿前刀面的曲率半径 ρ_o。根据这一条件,并设点 A 处拉刀直径 $d_{0A} = 0.85 d_{01}$(d_{01} 为第一个切削齿外径),砂轮直径 D_s 应满足式(16.16)

$$D_s \leqslant \frac{0.85 d_{01} \sin(\beta + \gamma_o)}{\sin \gamma_o} \qquad (16.16)$$

式中 β——砂轮轴线与拉刀轴线的夹角,一般取 $\beta = 35° \sim 55°$。

此时砂轮锥面的修整角 $\theta = \beta - \gamma_o$。

锥面刃磨法的优点是能保证前刀面获得正确的圆锥面,刃磨质量好,刀具使用寿命长。但刃磨小直径或前角大的拉刀时,允许的砂轮直径很小,刃磨困难。

2. 圆周刃磨法

图 16.25 所示为砂轮圆周法刃磨圆孔拉刀情形。此时砂轮锥面修整角 θ 可减小,砂轮外缘修整出适当的圆弧。刃磨时不是用锥面磨削,而是让砂轮与拉刀前刀面仅沿砂轮外缘接触,这样实际磨出的前刀面不是锥面而是球面的一部分。采用圆周刃磨法时允许的砂轮直径较大,可按式(16.17)计算

$$D_s = \frac{d_{01} \sin[(\beta - \arcsin(0.85 \sin \gamma_o))]}{\sin \gamma_o} \qquad (16.17)$$

砂轮修整角 $\theta = \beta - \gamma_o - (5° \sim 15°)$。

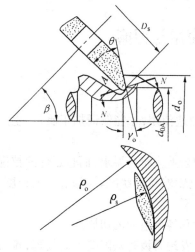
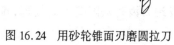
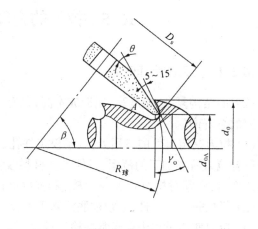

图 16.24 用砂轮锥面刃磨圆拉刀　　　　图 16.25 用砂轮外圆刃磨圆拉刀

采用砂轮圆周刃磨法优点是允许的砂轮直径较大,磨削效率较高;砂轮与前刀面接触面积较锥面刃磨法大为减少,可使磨削温度降低,砂轮的修整和对刀也较容易。缺点是前刀面上磨出的"刀花"是互相交叉的小沟纹,刃口呈微观锯齿形,因而会影响拉削表面质量。

复习思考题

16.1 试述拉削的特点和圆孔拉刀的结构组成?

16.2 什么是拉削图形? 比较成形式、渐成式、分块式与综合式拉削的特点。

16.3 拉刀齿升量与每齿进给量有何区别? 齿升量的选择原则是什么? 对拉削过程有何影响?

16.4 为什么在设计拉刀时要考虑容屑系数？容屑系数受哪些因素影响？

16.5 拉刀齿距应如何确定？拉刀同时工作齿数对拉削过程有什么影响？

16.6 圆孔拉刀前角如何确定？为什么后角值取得很小？

16.7 试述拉刀分屑槽的类型和作用？为什么分屑槽槽底后角取得比拉刀后角大？

16.8 圆孔拉刀校准齿直径和公差应如何确定？

16.9 如果拉刀强度不够应采用什么措施？

16.10 怎样重磨圆孔拉刀？重磨时应注意什么问题？

16.11 试述综合式圆孔拉刀粗切齿、过渡齿、精切齿和校准齿的用途？

第17章 螺纹刀具

螺纹种类很多,采用的加工方法和刀具也很多。正确地选择和使用螺纹刀具,对保证螺纹的加工质量和生产效率是十分重要的。

17.1 螺纹刀具的种类与用途

按螺纹加工方法,可将螺纹刀具分为切削螺纹刀具与滚压螺纹工具两类。

17.1.1 切削螺纹刀具

1. 螺纹车刀

螺纹车刀是一种具有螺纹廓形的成形车刀。结构简单,通用性好,可用来加工各种形状、尺寸和精度的内、外螺纹,多在普通车床上使用,生产效率较低,加工质量主要取决于操作者的技术水平及机床、刀具本身的精度。

2. 螺纹梳刀

螺纹梳刀相当于一排多齿螺纹车刀,刀齿由切削部分和校准部分组成(图17.1)。切削部分做成切削锥,刀齿高度依次增大,以使切削负荷分配在几个刀齿上。校准部分齿形完整,起校准修光作用。

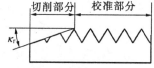

图17.1 螺纹梳刀刀齿

螺纹梳刀加工螺纹时,梳刀沿螺纹轴向进给,一次走刀就能切出全部螺纹,生产效率比螺纹车刀高。

螺纹梳刀的结构形式与成形车刀相同,也有平体、棱体与圆体三种,如图17.2所示。

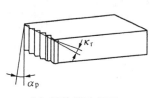

(a) 平体螺纹梳刀

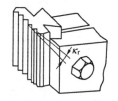

(b) 棱体螺纹梳刀

(c) 圆体螺纹梳刀

图17.2 螺纹梳刀的结构形式

3. 丝锥

丝锥是加工中小尺寸内螺纹的标准刀具。在结构上可把它看做是轴向开槽的螺杆。其结构简单,使用方便,既可手用,又可在机床上使用。丝锥种类很多,结构和使用详见本章17.2节。

4. 板牙

板牙是加工中小尺寸外螺纹的标准刀具。可看成是沿轴向等分开有排屑孔的螺母,但需在螺母的两端做有切削锥,以便于切入,板牙结构见图17.3。

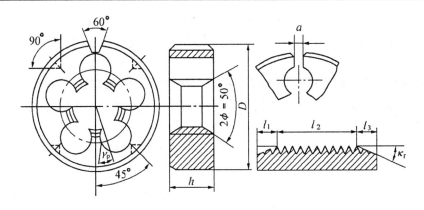

图 17.3　板牙结构

板牙的切削锥部担负主要切削工作,中间校准部有完整螺纹用于校准和导向。其前角 γ_p 由排屑孔的位置和形状决定,切削锥部后角 α_p 由铲磨得到,校准部齿形是完整的,但不磨后角。外圆处的 60° 缺口槽是在板牙磨损后将其磨穿,以借助两侧的两个 90° 沉头锥孔来调整板牙尺寸。另两个 90° 沉头锥孔是用来夹持板牙的。因热处理后板牙螺纹表面不再研磨,故其加工螺纹精度较低。

板牙可手用,也可在机床上使用,应用广泛。

5. 螺纹切头

螺纹切头分自动板牙切头或外螺纹切头(图 17.4(a))和自动丝锥切头或径向开合丝锥(图 17.4(b))两种。

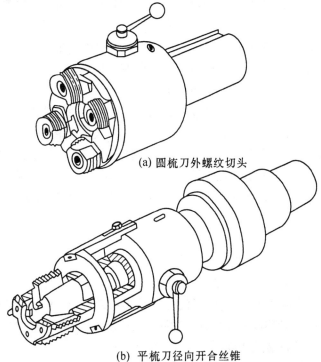

(a) 圆梳刀外螺纹切头

(b) 平梳刀径向开合丝锥

图 17.4　螺纹切头

　　螺纹切头通常用于六角车床、自动和半自动车床。工作时,梳刀合拢,几把梳刀同时切削;切削完毕,梳刀自动张开,这时切头快速退回,梳刀又自动合拢,准备下一个工作循环,生产效率很高。

　　螺纹切头中梳刀的螺纹廓形经过磨削,并且能够精确地调整被切螺纹的径向尺寸,故加工螺纹精度高。但螺纹切头结构复杂,成本较高,只用于大批量生产中加工较高精度的螺纹。

　　6. 螺纹铣刀

　　螺纹铣刀是用铣削方法加工螺纹的刀具。它有盘形螺纹铣刀和梳形螺纹铣刀两种,如图 17.5 所示。

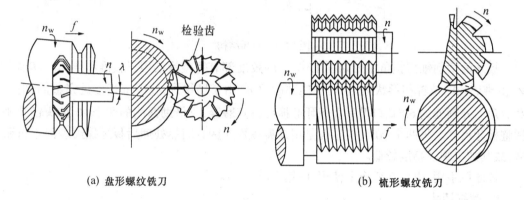

(a) 盘形螺纹铣刀　　　　　　　　　　　(b) 梳形螺纹铣刀

图 17.5　螺纹铣刀

　　(1) 盘形螺纹铣刀(图 17.5(a))。盘形螺纹铣刀用在螺纹铣床上加工大螺距梯形螺纹和蜗杆。加工时,铣刀轴线相对工件轴线倾斜一个工件螺纹升角 λ。铣刀回转的同时沿工件轴向移动,工件则慢速转动,二者配合形成螺旋运动。盘形螺纹铣刀是成形螺旋槽表面加工用的成形铣刀,按螺旋槽表面加工原理工作,铣刀廓形应是曲线。但由于曲线刃制造困难,生产中通常将铣刀的廓形做成直线,因而加工的螺纹廓形将产生误差。因此,主要用于加工精度不高的螺纹或作为精密螺纹的粗加工。

　　(2) 梳形螺纹铣刀(图 17.5(b))。梳形螺纹铣刀刀齿呈环状,铣刀工作部分长度比工件螺纹长度稍长。加工时,铣刀轴线与工件轴线平行,铣刀快速回转作切削运动,工件缓慢转动的同时还沿轴向移动。铣刀切入工件后,工件回转一周,铣刀相对工件轴向移动一个导程。因为铣刀有径向切入与退出行程,所以工件要转一周多一些,就可铣出全部螺纹。梳形螺纹铣刀生产效率较高,用于专用螺纹铣床上加工一般精度、螺纹短而螺距不大的三角形内、外圆柱和圆锥螺纹。

　　7. 高速铣削(螺纹)刀盘

　　高速铣削刀盘加工螺纹的方法又称旋风铣,如图 17.6 所示。硬质合金刀齿装在回转刀盘上,各刀齿分布在同一回转面上。加工时,铣刀盘回转轴线与工件轴线倾斜一工件螺纹升角 λ,铣刀盘高速回转形成切削运动,同时沿工件轴向移动,配合工件的慢速转动形成螺旋运动。工件回转一周,刀盘移动一个导程。这样,刀齿切削刃回转时形成的表面在各个不同连续位置时的包络面,就是螺纹表面。

　　旋风铣螺纹是在改装的车床或专用机床上进行的,多用于成批生产中大螺距螺杆和丝杠加工。其特点是切削平稳、生产效率高、刀具使用寿命长,但加工精度不高,故只用作螺纹

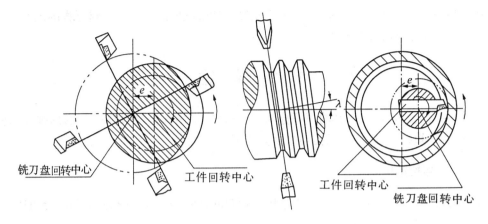

图 17.6　高速铣削螺纹

的粗加工或半精加工。

17.1.2　滚压螺纹工具

滚压螺纹是在滚压工具作用下,利用金属材料的塑性变形加工螺纹的。滚压法加工螺纹的工具主要有滚丝轮和搓丝板。

1. 滚丝轮

滚丝轮成对在滚丝机上使用。两滚丝轮螺纹方向相同,与被加工螺纹方向相反;滚丝轮中径螺纹升角 τ 等于工件中径螺纹升角 λ。安装时两滚丝轮轴线平行,而齿纹错开半个螺距。

滚丝轮滚压螺纹工作情况如图 17.7 所示。工作时,两滚丝轮同向等速旋转,工件放在两滚丝轮之间的支承板上,当一滚丝轮(动轮)向另一轮(定轮)径向进给时,工件逐渐被压出螺纹。

滚丝轮制造容易,加工的螺纹精度高达 4~5 级,表面粗糙度 $Ra0.2~\mu m$,生产效率也比切削加工高,故适用于批量加工较高精度的螺纹标准件。

2. 搓丝板

搓丝板也是成对使用的。两搓丝板螺纹方向相同,与被加工螺纹方向相反,斜角等于工件中径螺纹升角。两板必须严格平行,齿纹应错开半个螺距。

搓丝板搓丝工作情况如图 17.8 所示。静板固定在机床工作台上,动板则与机床滑块一起沿工件切向运动。当工件进入两块搓丝板之间,立即被夹住,使之滚动,搓丝板上凸起的螺纹逐渐压入工件而形成螺纹。

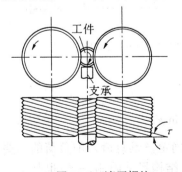

图 17.7　滚压螺纹

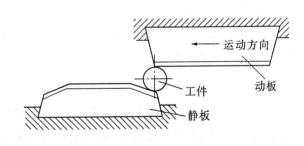

图 17.8　搓丝

搓丝板生产效率比滚丝轮还高,但加工精度不如滚丝轮高。由于搓丝行程的限制,故只用于加工直径小于 24 mm 的螺纹。

17.2　丝　锥

丝锥用于加工内螺纹,按其功用可分为手用丝锥、机用丝锥、螺母丝锥、梯形螺纹丝锥、圆锥螺纹丝锥、短槽丝锥、挤压丝锥与拉削丝锥等。

17.2.1　丝锥结构

丝锥的种类虽多,但各种丝锥主体结构是相同的,都由工作部分和柄部两部分组成。图 17.9 所示为常用丝锥结构。

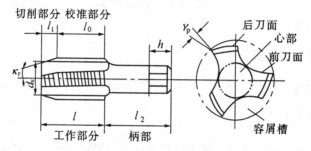

图 17.9　丝锥结构

工作部分由切削部分 l_1 和校准部分 l_0 组成。切削部分担负着螺纹的切削工作;校准部分用以校准螺纹廓形并在丝锥前进时起导向作用;柄部用来夹持丝锥并传递攻丝扭矩。

1. 切削部分

丝锥切削部分是切削锥,切削锥上的刀齿齿形不完整,后一刀齿比前一刀齿高,逐齿排列,使切削负荷分配在几个刀齿上。图 17.10 表示丝锥切削时的情况。

当螺纹高度 H 确定后,切削锥角 κ_r 与切削锥长度 l_1 的关系式为

$$\tan \kappa_r = \frac{H}{l_1} \qquad (17.1)$$

当丝锥转一转,切削部分前进了一个螺距后,每个刀齿从工件上切下一层金属,若丝锥有 Z 个容屑槽,丝锥每齿切削厚度 h_D 为

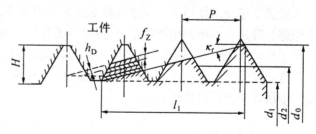

图 17.10　丝锥切削部分及切削情况

$$h_D = \frac{f_Z}{Z} \cos \kappa_r = \frac{p}{Z} \tan \kappa_r \cos \kappa_r = \frac{p}{Z} \sin \kappa_r \qquad (17.2)$$

由式(17.2)可知,切削锥角 κ_r、容屑槽数 Z 和螺距 p 是确定丝锥每齿切削负荷的三要素。对于同一规格丝锥,螺距 p 是常数,容屑槽数 Z 受丝锥结构尺寸限制,一般也是确定值。因此,丝锥每个刀齿的切削厚度 h_D 主要取决于切削锥角 κ_r 的大小。锥角 κ_r 小,切削

锥长度 l_1 增加,每齿切削厚度 h_D 减小,即刀齿切削负荷减小;锥角 κ_r 大,切削锥长度 l_1 减小,每齿切削厚度 h_D 增加,螺纹加工表面粗糙度值增加,但单位切削力可减小。

一般应使每齿切削厚度 h_D 不小于丝锥切削刃钝圆半径 r_n。加工钢件时取 $h_D = 0.02 \sim 0.05$ mm,加工铸铁时取 $h_D = 0.04 \sim 0.07$ mm。

2. 校准部分

校准部分刀齿有完整齿形。为了减少切削时的摩擦,校准部分外径和中径应做出倒锥(直径向柄部缩小)。铲磨丝锥的倒锥量在 100 mm 长度上为 $0.05 \sim 0.12$ mm,不铲磨丝锥为 $0.12 \sim 0.20$ mm。

3. 前角 γ_p 与后角 α_p

丝锥的前角和后角都在端平面标注和测量。切削部分与校准部分的前角相同。前角大小根据被加工材料的性能选择:韧性大的材料,前角取大些;脆性材料,前角取小些。标准丝锥前角 $\gamma_p = 8° \sim 10°$。

后角 α_p 是铲磨出来的,常取 $\alpha_p = 4° \sim 6°$。不铲磨丝锥,仅在切削部分铲磨出齿顶后角;磨齿丝锥除在切削部分齿顶铲磨后角外,还要铲磨螺纹两侧面;对直径 $d_0 > 10$ mm、$p > 1.5$ mm 的丝锥,校准齿侧面也铲磨。刀齿侧面铲磨时,沿切削刃保留一定宽度的螺纹棱面;螺纹两侧面铲磨量很小,一般不大于 0.04 mm。

4. 容屑槽

丝锥容屑槽槽形应保证获得合适的前角,容屑空间大且使切屑卷曲排出顺利。还应在丝锥倒旋时,刃背不会刮伤已加工表面。图 17.11 所示为常用丝锥容屑槽形。

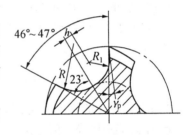

容屑槽槽数 Z 根据丝锥直径大小选取,生产中常用三槽或四槽,大直径丝锥用六槽。

一般丝锥容屑槽均做成直槽。为了改善排屑,避免

图 17.11　常用丝锥容屑槽形

切屑堵塞造成崩刃和划伤加工表面,也可做成螺旋槽。加工通孔右旋螺纹时,采用左旋槽,以使切屑向下排出;加工盲孔时,采用右旋槽,使切屑向上排出,如图 17.12(a)、(b)所示。加

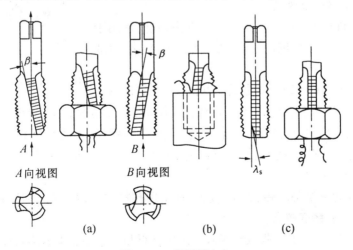

A 向视图　　　　　　B 向视图

(a)　　　　　　　　(b)　　　　　　(c)

图 17.12　容屑槽方向

工通孔时,为了改善排屑条件,还可将直槽丝锥的切削部分磨出刃倾角 λ_s,如图 17.12(c)所示。

17.2.2　攻丝扭矩及其减小措施

丝锥工作时主要承受扭矩,正常情况下,攻丝扭矩由刀齿的切削扭矩和刀齿与已加工表面间的摩擦扭矩组成。攻丝扭矩超过丝锥强度时,丝锥就会折断。

如前述,增大切削锥角 κ_r,切削厚度 h_D 增加,可使单位切削力减小,在丝锥切削总面积不变的条件下,从而减小了切削扭矩。当工件厚度较小时,可采用 κ_r 值小的丝锥,工件厚度小于切削锥长度,则减少了切削总面积,从而减小了切削扭矩,如螺母丝锥、拉削丝锥。

加工不锈钢等韧性材料时,摩擦扭矩比例增大,可采用跳齿丝锥(图 17.13)。跳齿丝锥就是沿螺纹螺旋线有规律地去掉一部分刀齿,使切削刀齿数减少,每个切削刀齿所切的切削厚度增大,从而减小切削扭矩。图17.13 所示是容屑槽数 $Z = 3$ 的跳齿丝锥刀齿展开图。

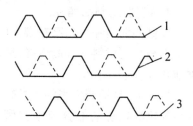

图 17.13　跳齿丝锥刀齿展开图
1—刃瓣 1；2—刃瓣 2；3—刃瓣 3

加工钛合金、高温合金等难加工材料时,其摩擦扭矩所占比重比不锈钢还大。采用齿形角修正的丝锥,即修正齿丝锥,效果十分明显。其特点是丝锥齿形角 α_0 要比加工螺纹的齿形角 α_1 要小,为能加工出正确的螺纹齿形,修正齿丝锥的倒锥角 δ 与切削锥角 κ_r、齿形角 α_0 及工件螺纹齿形角 α_1 必须有式(7.3)关系

$$\tan \delta = \tan \kappa_r (\tan \frac{\alpha_1}{2} \cot \frac{\alpha_0}{2} - 1) \qquad (7.3)$$

从而使每个切削齿的切削轨迹都能落在所要求螺纹廓形的侧面上,在齿侧则形成了侧隙角 κ_r',从而大大减小了摩擦扭矩和切削扭矩。其切削图形如图 17.14 所示。

17.2.3　典型丝锥简介

1. 手用丝锥与机用丝锥

(1) 手用丝锥(图 17.15)。其柄部为方头圆柄,常用于单件小批量生产中。切削锥部较长,切削锥角 κ_r 较小,以减小轴向抗力。

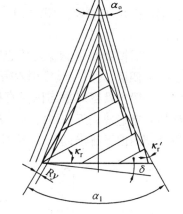

图 17.14　修正齿丝锥切削图形

手用丝锥一般由两支或三支组成一组。一般材料的通孔攻丝可用单锥,但工件材料强度较高或螺纹直径较大或螺纹精度要求较高时,常用成组丝锥。

由于手用丝锥切削速度很低,故常用优质碳素工具钢 T12A 或合金工具钢 9SiCr 制造。

(2) 机用丝锥。机用丝锥是指用于机床上加工螺纹的丝锥。柄部有一环形槽,以防止从夹头中脱落(图 17.16)。

机用丝锥的切削锥部较短,即 κ_r 较大;加工通孔螺纹时,$l_1 = 6p$;加工盲孔时,$l_1 = 2p$。其齿形均经铲磨,故精度较高。

机用丝锥常单支使用,当螺纹直径较大或工件材料加工性较差或为盲孔时,也采用成组丝锥。由于切削速度较高,故多用高速钢制造。

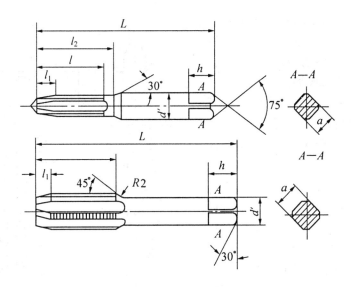

图 17.15　手用丝锥

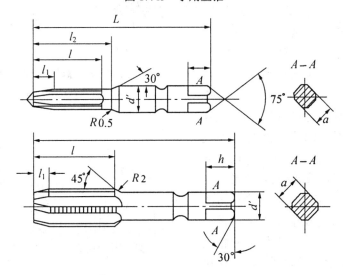

图 17.16　机用丝锥

2. 螺母丝锥

螺母丝锥是指专门用于机床上加工螺母的丝锥。它有直柄和弯柄之分,其加工情况见图 17.17。

长柄螺母丝锥加工完的螺母可套在柄上,待螺母穿满后,停机将螺母取下。弯柄螺母丝锥用于专用攻丝机上。工作时,由自动上料机构将螺母毛坯送到旋转的丝锥切削锥端部,加工好的螺母依次沿丝锥弯柄移动,最后从柄部落下。

螺母丝锥均为单锥,切削部分 l_1 较长,常取 $l_1 = (10 \sim 16)p$。

3. 短槽丝锥与挤压丝锥

短槽丝锥结构如图 17.18 所示。前端开有与轴线倾斜 8° ～ 10°的斜槽 β(与螺旋方向相反),以形成切削刃。因槽不开通,故丝锥强度高。其切削部分用来切削,校准部分用来挤压。适用于加工铜、铝、不锈钢等韧性材料。

挤压丝锥结构如图 17.19 所示。它靠材料的塑性变形加工螺纹。挤压丝锥锥部是具有完整齿形的锥形螺纹,工作部分横截面为曲边三棱形。

挤压丝锥的导向性好,攻丝时没有扩张量,加工精度高。可高速攻丝,生产效率高。适用于加工铜、铝、不锈钢等韧性材料。

4. 拉削丝锥

拉削丝锥用来加工余量较大的方形和梯形单头或多头内螺纹。与拉刀相似,其结构也有前导部、颈部、切削部、校准部和后导部。拉削丝锥的工作部分就是一支丝锥,切削锥角 κ_r 很小,切削部分 l_1 很长。轴向开螺旋槽以形成切削刃,要磨出前角,铲磨出后角。每个刀齿都有 $0.01 \sim 0.02$ mm 的齿升量。

图 17.20 所示为拉削丝锥结构与工作原理。一般在普通车床上使用。先将工件套入丝锥前导部,然后将工件夹紧在三爪卡盘中,再用插销把丝锥与刀架连接。拉削右旋螺纹时,工件反转,丝锥向尾架方向移动。工件每转一转,丝锥移动一个螺距(或导程),直到丝锥完全通过工件,螺纹即加工完成。拉削丝锥生产效率比车螺纹提高 10 倍左右,工件尺寸精度稳定,螺纹表面粗糙度值较小,刀具使用寿命较长。

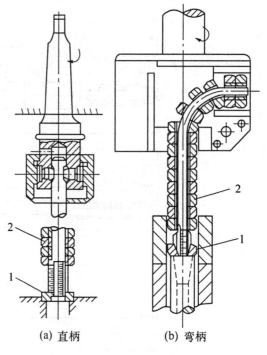

(a) 直柄　　　　　(b) 弯柄

图 17.17　螺母丝锥加工情况
1—螺母毛坯;2—已加工螺母

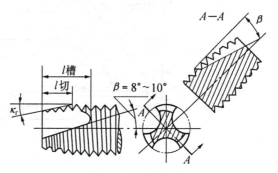

图 17.18　短槽丝锥

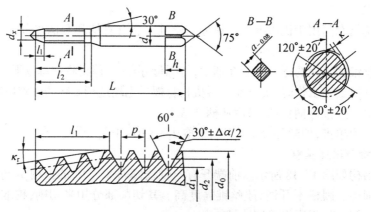

图 17.19　挤压丝锥

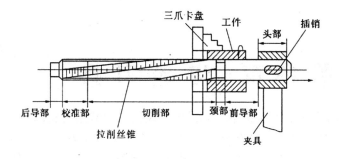

图 17.20　拉削丝锥结构与工作原理

复 习 思 考 题

17.1 试述螺纹刀具的种类和结构特点？

17.2 试述如何正确选择和使用螺纹刀具？

17.3 试述丝锥切削部分、校准部分的功用和结构特点？

17.4 试述丝锥攻丝扭矩的组成和减小攻丝扭矩的方法？

17.5 试述螺纹铣刀的种类、加工原理和特点？

第 18 章 齿轮刀具

齿轮刀具是专门用来加工齿轮齿形的刀具。由于现代工业需用齿轮的种类很多,加工方法和生产批量又不同,要求的齿轮精度也不尽相同,故所用齿轮刀具的种类很多。本章仅介绍几种主要齿轮刀具,以求对齿轮刀具有初步了解,如需深入了解,可参阅有关齿轮刀具的专门书籍。

18.1 齿轮刀具的分类

齿轮刀具种类繁多,为便于掌握,可按下述方法分类。

18.1.1 按齿形形成原理分

1. 成形齿轮刀具

成形齿轮刀具的齿形或齿形的投影与被加工直齿齿轮端面槽形相同。常用的有:盘状齿轮铣刀和指状齿轮铣刀,此外还有大量生产中使用的齿轮拉刀和插齿刀盘等。用盘状或指状齿轮铣刀加工斜齿轮时,被加工齿槽任何剖面中的形状并不和刀具齿形相同,被加工齿轮齿面任何一处的形状都不是由刀具的一个刀齿切成的,而是由刀具若干刀齿齿形运动轨迹包络而成,这种加工方法称为无瞬心包络法。由于其刀具结构与成形铣刀相同,故将此类齿轮加工刀具归于成形齿轮刀具中。

2. 展成齿轮刀具

展成齿轮刀具齿形或齿形的投影,均不同于被切齿轮齿槽任何剖面的形状。切齿时,除刀具作切削运动外,还与工件齿坯作相应的啮合(展成)运动,被切齿轮齿形是由刀具齿形运动轨迹包络而成(图 18.1)。这类刀具加工齿轮精度和生产效率均较高,通用性好,是生产中常用的齿轮刀具。插齿刀、齿轮滚刀、剃齿刀、花键滚刀、锥齿轮刨刀、弧齿锥齿轮铣刀盘等均属展成齿轮刀具。

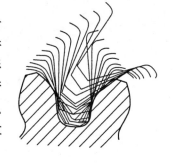

图 18.1 展成法加工齿轮齿形

但展成法加工齿轮需专门的齿轮加工机床(如:滚齿机、插齿机等),且机床调整也较复杂,故只宜在成批生产中使用。

18.1.2 按被加工齿轮齿形分

1. 渐开线齿轮刀具

(1) 加工圆柱齿轮的刀具,如齿轮铣刀、齿轮拉刀、齿轮滚刀、插齿刀、梳齿刀(齿条刀)、剃齿刀等。

(2) 加工蜗轮的刀具,如蜗轮滚刀、蜗轮飞刀和蜗轮剃齿刀等。

(3) 加工锥齿轮的刀具。

① 加工直齿锥齿轮的刀具,如成形铣刀、成对刨刀和成对盘铣刀。

② 加工弧齿锥齿轮的刀具,如铣刀盘(格里申刀盘)。

③ 加工摆线齿锥齿轮的刀具,如端铣刀盘(奥利康刀盘)。

2. 非渐开线齿形刀具

如:花键滚刀、圆弧齿轮铣刀、棘轮滚刀、链轮滚刀、摆线齿轮滚刀、花键插齿刀及展成车刀等。

18.2　成形齿轮铣刀

18.2.1　成形齿轮铣刀的种类与应用

成形铣刀是用成形法加工渐开线齿轮齿形的,主要有盘状齿轮铣刀和指状齿轮铣刀(图 18.2)。

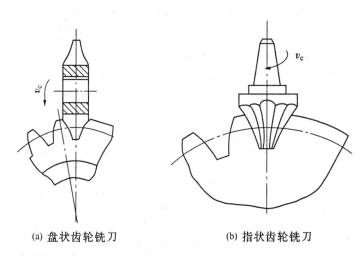

(a) 盘状齿轮铣刀　　　　　　(b) 指状齿轮铣刀

图 18.2　成形齿轮铣刀

1. 盘状齿轮铣刀

盘状齿轮铣刀是具有渐开线齿形的铲齿成形铣刀,它用于加工模数 $m = 0.3 \sim 16$ mm 的直齿或斜齿圆柱齿轮。这种铣刀已经标准化(JB 2498 - 78)。

用盘状齿轮铣刀加工齿轮时,只需在万能铣床上加分度装置(万能分度头)即可。刀具回转为主运动,工件(工作台)作轴向进给运动,一个齿槽加工完毕由分度头分齿,进行第二个齿槽的加工,如此下去直至所有齿槽加工完为止。

此法生产效率低,齿轮精度也不高(一般低于 9 级)。但不需专用机床,铣刀成本也较低。

2. 指状齿轮铣刀

指状齿轮铣刀是具有渐开线齿形的立铣刀,可以制成铲齿或尖齿结构。适于加工较大模数($m > 10$ mm)的直齿或斜齿圆柱齿轮、人字齿轮,特别是对多于两列齿的人字齿轮加工,它是惟一的刀具。

18.2.2　盘状齿轮铣刀的分类与刀号

理论上讲,加工不同模数、不同齿数的齿轮,均应使用不同齿形的铣刀。因为齿数不同,齿形不同,如图 18.3 所示。齿数越少,基圆半径越小,渐开线曲率半径 r_b 越小,即渐开线齿形弯曲得越厉害;当齿数 Z 多到无穷大($Z \to \infty$)时,渐开线则变成直线。

实际生产中,为减少齿轮铣刀的规格与数量,降低刀具成本,每种模数的齿轮铣刀分别由 8 把和 15 把组成一套。每套中齿形相近的用一把铣刀来代替,编成一个刀号,每个刀号的铣刀用来加工齿数在一定范围的齿轮齿形,详见表 18.1。

表 18.1 中,每号铣刀的齿形均按该号刀所能加工的齿数范围最少齿数来设计。因此,用该号刀加工该号其它齿数的齿轮时,齿形均有误差,即加工出的齿轮齿形顶部和根部被多切除一些金属,这并不会影响齿轮轮齿间的啮合。而齿形高度按每刀号中齿数最多者设计,以保证齿槽深度。

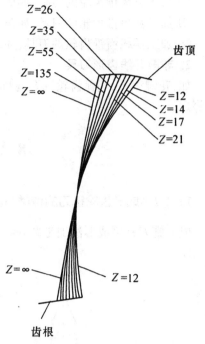

图 18.3　模数相同齿数不同的齿形

表 18.1　齿轮铣刀刀号

铣刀号码		1	$1\frac{1}{2}$	2	$2\frac{1}{2}$	3	$3\frac{1}{2}$	4	$4\frac{1}{2}$	5	$5\frac{1}{2}$	6	$6\frac{1}{2}$	7	$7\frac{1}{2}$	8
加工齿数	8 把一套	12~13	—	14~16	—	17~20	—	21~25	—	26~34	—	35~54	—	55~134	—	135~∞
	15 把一套	12	13	14	15~16	17~18	19~20	21~22	23~25	26~29	30~34	35~41	42~54	55~79	80~134	135~∞

18.2.3　加工斜齿轮时铣刀刀号的选择

在修配工作中,齿轮铣刀也可以用来加工斜齿轮。此时铣刀的模数、齿形角应与被切齿轮的法向模数、法向齿形角相同,即 $m = m_n$,$\alpha_0 = \alpha_n$。铣刀刀号应根据斜齿轮在法剖面中的当量齿数 Z_v 选择(图 18.4),即

$$Z_v = \frac{Z_1}{\cos^3 \beta_1} \qquad (18.1)$$

式中　Z_1——被切斜齿轮齿数;

　　　β_1——被切斜齿轮分圆螺旋角。

用齿轮铣刀加工出的斜齿轮误差较大,因为此时得到的斜齿轮端面齿形已不是渐开线,加上分度

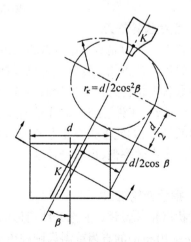

图 18.4　斜齿轮的当量齿数

误差、安装误差等,故加工齿轮精度一般均低于9级。

18.3 插 齿 刀

18.3.1 插齿刀的工作原理与种类及应用

1. 插齿刀的工作原理

插齿刀是用展成原理加工齿轮的,是齿轮制造中应用很广泛的齿轮刀具之一。

插齿刀的形状像齿轮,它与工件齿坯的展成运动相当于平行轴间两齿轮的啮合关系。图18.5给出了插齿刀的工作原理。

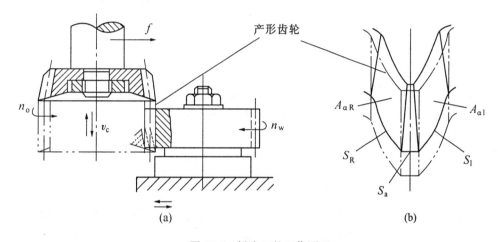

图 18.5 插齿刀的工作原理

插齿刀工作时是以内孔与端面为定位基准的(对盘形、碗形插齿刀),锥柄插齿刀是以圆锥表面为定位基准的。

插工刀工作时,刀具作上下往复切削运动,称主运动。其中向下为工作行程,向上为空行程,同时伴有插齿刀与被切齿坯间的啮合运动,称为分齿运动(或圆周进给运动)。分齿运动包络出渐开线齿形和圆周上的所有轮齿。要切至全部齿深,还必须有径向进给运动(或称切入运动),以每双行程进给多少毫米表示,记 mm/d str;为避免空行程时插齿刀后刀面与被切齿面间的摩擦,还必须有让刀运动,可由插齿刀或被切齿坯来完成。

加工斜齿轮时,需用斜齿插齿刀,工作原理如图18.6所示。加工时除有加工直齿轮时的各运动外,还要有附加的螺旋运动,此螺旋运动是由机床上的螺旋导轨实现的。

2. 插齿刀的类型与精度等级及应用

(1)类型。插齿刀可分为标准插齿刀与专用插齿刀两类。

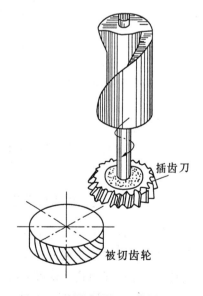

图 18.6 斜齿插齿刀工作原理

标准(直齿)插齿刀(JB 2496 - 78)可分为三种,见表 18.2。

专用插齿刀是根据生产需要设计的,有粗加工插齿刀,用于粗切齿轮,可使切削角度尽量合理,故能提高切削用量和生产效率。还有修缘插齿刀和剃前插齿刀等。

表 18.2　插齿刀主要类型与规格、用途

序号	类型	简图	应用范围	规 格		d_1 或莫氏锥 /mm
				d_0/mm	m/mm	
1	盘状直齿插齿刀		加工普通直齿外齿轮和大直径内齿轮	ϕ63 ϕ75 ϕ100 ϕ125 ϕ160 ϕ200	0.3 ~ 1 1 ~ 4 1 ~ 6 4 ~ 8 6 ~ 10 8 ~ 12	31.743 33.90 101.60
2	碗状直齿插齿刀		加工塔形、双联直齿轮	ϕ50 ϕ75 ϕ100 ϕ125	1 ~ 3.5 1 ~ 4 1 ~ 6 4 ~ 8	31.743
3	锥柄直齿插齿刀		加工直齿内齿轮	ϕ25 ϕ25 ϕ38	0.3 ~ 1 1 ~ 2.75 1 ~ 3.75	莫氏 2* 莫氏 3*

(2) 精度等级。插齿刀一般分为 AA、A、B 三个精度等级,分别用来加工 6、7、8 级精度的齿轮。

(3) 应用。插齿刀除加工直齿、斜齿外齿轮外,还可加工内齿轮;既可加工标准齿轮,也可加工变位齿轮;还可加工空刀槽很小的多联直齿、斜齿齿轮、扇形齿轮及无空刀的人字齿轮。

18.3.2　插齿刀的本质是变位齿轮

插齿刀的刀齿都有三个切削刃(图 18.5(b)):一个顶刃 S_a 和两个侧刃(S_L、S_R)。插齿刀切削刃在其端面上的投影应当是渐开线,当插齿刀作上下往复运动时,切削刃运动的轨迹就像是一个假想直齿圆柱渐开线齿轮的齿面,该假想齿轮称为"产形"齿轮,如果插齿刀前角 $\gamma_p = 0^\circ$,则其前刀面将是一个垂直于刀具轴线的平面,插齿刀顶刃将是"产形"齿轮的顶圆柱面与前刀面的交线——圆弧,两侧刃将是"产形"齿轮的侧齿面(渐开圆柱面)与前刀面的交线——渐开线。

为使顶刃有后角 α_{pa}（一般 $\alpha_{pa} = 6°$），将顶后刀面做成圆锥面，两侧刃有后角 α_{pa}，两侧后刀面做成螺旋角大小相等、旋向相反的渐开螺旋面：左侧后刀面为右旋渐开螺旋面，右侧后刀面为左旋渐开螺旋面（图 18.7）。重磨前刀面后，两侧刃齿形仍为渐开线，只是齿顶高和分圆齿厚相应减小，为保证齿顶高度不改变，根圆也应相应减小。

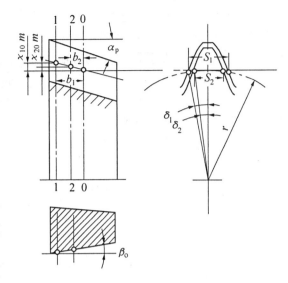

图 18.7　插齿刀齿侧表面

不难看出，插齿刀各端面内的齿轮相当于一个基圆半径 r_b 相同而变位系数 χ 不同的齿轮（图 18.8）。变位系数 $\chi = 0$ 的端剖面称原始剖面，原始剖面内齿顶高和分圆齿厚均为标准值（或称标准齿形）。在原始剖面之前的端剖面内，变位系数 $\chi > 0$，齿顶高和分圆齿厚均增大；在原始剖面之后的端剖面内，变位系数 $\chi < 0$，齿顶高和分圆齿厚均减小。这两种情况分别对应于新插齿刀和重磨后的旧插齿刀，它们均能加工出所要求的渐开线齿形来，即插齿刀不同剖面内的齿形都是同一基圆所发生的渐开线。

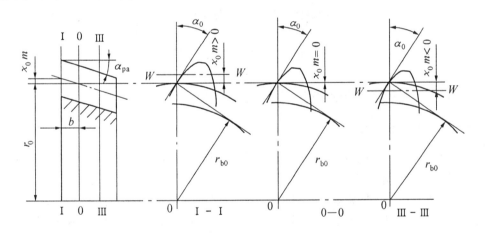

图 18.8　插齿刀不同端面的齿形

既然插齿刀是个变位系数不同的齿轮，就必须限制最大变位系数，以保证刀具齿顶不变尖、不产生过渡曲线干涉；也要对最小变位系数加以限制，以使加工的齿轮不发生根切和顶切。

不言而喻，同一把插齿刀既可加工同模数、同齿形角的标准齿轮，也可加工不同变位系数的变位齿轮。

18.3.3　正前角（$\gamma_p > 0°$）插齿刀的齿形误差

当 $\gamma_p > 0°$ 时，插齿刀前刀面制成圆锥面，圆锥前刀面与齿侧表面的交线在端面中的投影就不再是渐开线了，故使"产形"齿轮的齿形有了误差 Δ，齿形变小了（由 α_0 变小为 α，见图

18.9(a)),即齿顶变厚而齿根变薄。当然,用这种齿形角变小的插齿刀加工出的齿轮齿形必然变小,即齿顶变厚而齿根被过切,而且缺陷随着顶刃前角 γ_{pa} 和后角 α_{pa} 的增加而加大,所以齿形误差必须修正。修正方法是预先加大插齿刀的齿形角(图 18.9(b)),可按式(18.2)进行

$$\tan \alpha_0 = \frac{\tan \alpha}{1 - \tan \alpha_{pa} \tan \gamma_{pa}} \tag{18.2}$$

式中　α——被加工齿轮齿形角;

　　　α_0——修正后插齿刀齿形角;

　　　γ_{pa}、α_{pa}——插齿刀的顶刃前角、后角。

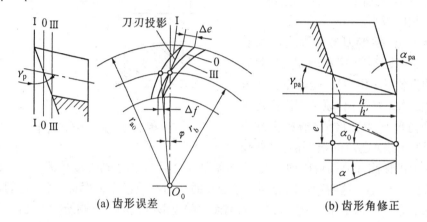

(a) 齿形误差　　　　　　　　　　(b) 齿形角修正

图 18.9　插齿刀的齿形误差及修正

18.4　齿轮滚刀

齿轮滚刀也是齿轮制造中常用的展成刀具之一。

18.4.1　齿轮滚刀工作原理

齿轮滚刀工作时,以滚刀内孔和端面定位。加工过程中,滚刀相当于一个螺旋角很大的斜齿轮,同被加工齿轮成空间交轴螺旋齿轮啮合。图 18.10 给出了滚刀滚切齿轮的情况,滚刀轴线安装成与被加工齿轮端面倾斜一个角度。切削时,滚刀回转以形成主运动,同时沿工件轴线方向移动以切出全齿长。为形成展成运动,工件应与滚刀保持一定速比回转。加工直齿轮时,滚刀转一转,工件相应转过一个齿(单头滚刀时)或数个齿(多头滚刀时),以包络出渐开线齿形;加工斜齿轮时,还应给工件一个附加转动。

18.4.2　齿轮滚刀基本蜗杆概念及造形误差

齿轮滚刀很像一个螺旋升角很小的蜗杆。为使蜗杆能起切削作用,必须在这蜗杆长度方向上开出好多容屑槽,从而把蜗杆螺纹分割成许多短刀齿,且形成前刀面 2 和切削刃 5、6,每个刀齿均有一个顶刃和两个侧刃。为使刀齿有后角,还要用铲齿方法铲磨出顶刃后刀面 3 和侧刃后刀面 4。很显然,经过开槽和铲磨后的滚刀切削刃必须保证在原工作蜗杆的螺纹表面上,称原工作蜗杆为齿轮滚刀的基本蜗杆(图 18.11(a))。图 18.11(b)、(c)分别给出了分圆柱截面展开图和重磨前后的齿形位置。

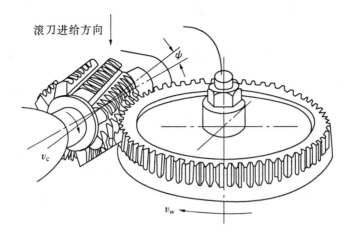

图 18.10　齿轮滚刀的滚齿情况

基本蜗杆的螺纹表面若为渐开螺旋面(端面为渐开线),则称为渐开线基本蜗杆(图 18.12(a)),相应的滚刀称为渐开线滚刀。用渐开线齿轮滚刀可以切出理论上完全正确的渐开线齿形。但是,由于制造困难,生产中用得很少。生产中大量采用的是近似造形的滚刀,它的基本蜗杆是端面为阿基米德螺旋线的阿基米德蜗杆(图18.12(b))。用阿基米德齿轮滚刀虽然切不出正确的渐开线齿形,但实践证明误差可控制在一定范围内,还是可用的,且制造较方便。

齿轮滚刀的造形误差是在理论渐

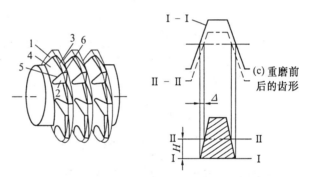

(a) 齿轮滚刀的基本蜗杆　　(b) 分圆柱截面展开图

图 18.11　齿轮滚刀的基本蜗杆
1—蜗杆表面;2—滚刀前刀面;3—齿顶后刀面;
4—齿侧后刀面;5—侧切削刃;6—齿顶刃

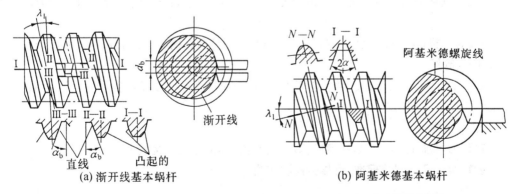

(a) 渐开线基本蜗杆　　　　(b) 阿基米德基本蜗杆

图 18.12　两种基本蜗杆

开线基本蜗杆基圆柱的切平面内度量的,当滚刀前角 $\gamma_p = 0°$ 时,齿形误差大小随螺旋升角 λ_0 的增大而增大(图 18.13)。因此,高精度滚刀一般采用很小的螺旋升角和零度前角。一般精度的滚刀可采用正前角与适当的螺旋升角。

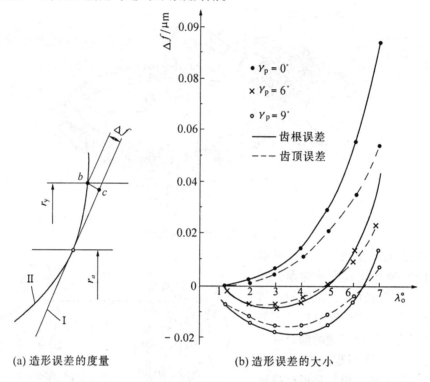

(a) 造形误差的度量　　　　　(b) 造形误差的大小

图 18.13　阿基米德齿轮滚刀的造形误差

18.4.3　齿轮滚刀种类与精度等级及应用

1. 齿轮滚刀的种类

(1)按结构可分为整体(图 18.14(a))与镶齿(图 18.14(b))两类。

(2)按模数可分为小模数($m = 0.1 \sim 1.5$ mm)、中模数($m = 1.5 \sim 10$ mm)和大模数($m = 10 \sim 100$ mm)滚刀三类。

(3)按切削部分材料可分为高速钢滚刀(图 18.14(a))和硬质合金滚刀(图 18.14(c))两类。

(4)按容屑槽(沟)可分为螺旋槽(沟)(图 18.14(d))和直槽(沟)(图 18.14(e))滚刀两类。

2. 精度等级

滚刀一般分为 AA、A、B、C 四个精度等级,分别加工 7、8、9、10 级精度的齿轮,要加工更高精度的齿轮需用超高精度的 AAA 级滚刀。

3. 加工范围

齿轮滚刀可加工各种外圆柱齿轮(直齿与斜齿、标准与变位齿轮)。

4. 齿轮滚刀已有国家标准,可根据需要选用。

18.4.4　齿轮滚刀的合理使用

1. 齿轮滚刀的选择与安装

选择标准齿轮滚刀时,滚刀的模数和齿形角应与被加工齿轮的法向模数、法向齿形角相

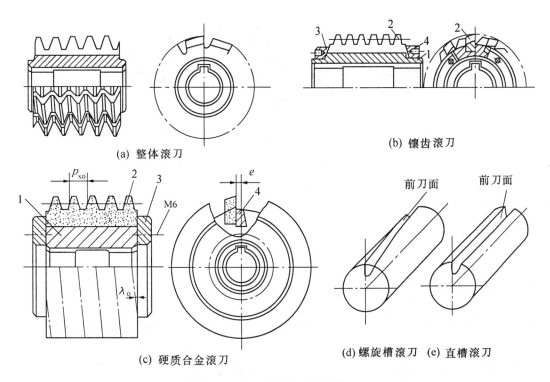

(a) 整体滚刀　　　　　　　　　　　　(b) 镶齿滚刀

(c) 硬质合金滚刀　　　　　　　(d) 螺旋槽滚刀　(e) 直槽滚刀

图 18.14　齿轮滚刀的种类

同;滚刀精度等级的选择也要与被加工的齿轮所要求的精度等级相适应,凡使用较低精度的滚刀能满足使用要求时,尽量不用高精度的滚刀,以免造成浪费。滚刀的精度等级一般标记在滚刀端面上。

　　滚刀安装到机床上以后,先要用千分表检查滚刀两端轴台的径向跳动量(图 18.15),使其不超过允许值,且两轴台的跳动方向和数值应尽可能一致,以免滚刀轴线在安装中产生偏斜。

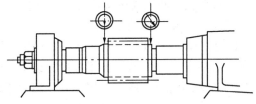

2. 滚刀的重磨

　　滚齿时,如发现齿面粗糙度 Ra 值大于

图 18.15　滚刀安装后径向跳动量的检查

3.2 μm、有光斑或出现许多毛刺、声音不正常或滚刀后面磨损超过允许值(精切 0.2～0.5 mm,粗切 0.8～1.0 mm),就需要重磨前刀面。对滚刀的刃磨必须予以重视,因为滚刀重磨得不正确,将会使滚刀丧失原有精度。

　　滚刀重磨应在专用滚刀刃磨机床上进行。如无专用滚刀刃磨机床,可在万能工具磨床上安装专用夹具来进行。专用夹具使滚刀作螺旋运动并精密分度。图 18.16 所示为重磨螺旋槽滚刀的夹具原理图(正弦尺原理)。对直槽滚刀,可用机床工作台使滚刀作直线运动,专用夹具只起分度作用。

　　砂轮和滚刀的相对位置应保证得到需要的滚刀前角。图 18.17 所示为重磨零前角滚刀时砂轮的位置。重磨时需利用对刀样板,使砂轮锥面母线通过滚刀轴线。

　　重磨直槽滚刀时,砂轮工作面(锥面)母线应是直线,才能磨出平直的前刀面。但重磨螺

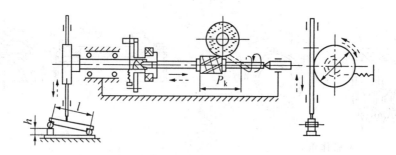

图 18.16　重磨螺旋槽滚刀的夹具原理(正弦尺原理)

旋槽滚刀时,直母线的锥面砂轮会磨出凸状的前刀面,如图 18.18(a)所示。前刀面中凸的程度随着滚刀容屑槽螺旋角 β_k 的增大而加剧,因此当 $\beta_k > 8° \sim 10°$ 时,必须按某种曲线修整砂轮,以磨出直线性好的前刀面(图 18.18(b))。砂轮截形曲线可用计算法求得,滚刀刃磨机床上的砂轮修整装置,应保证修整出的砂轮截形接近计算结果。

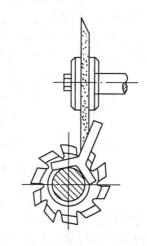

图 18.17　滚刀重磨时对刀样板的位置

滚刀重磨后,一定要严格检验前刀面的径向性、容屑槽的圆周齿距和导程以及前刀面的粗糙度,重磨后的前刀面不允许有烧伤现象,切削刃应平直无锯齿形波纹,以保证滚刀原有的使用寿命。滚刀重磨后各项误差的检验方法见图 18.19。下面以 $m = 2 \sim 6$ mm 的 AA 级齿轮滚刀重磨后的误差为例加以介绍。

(1)容屑槽的圆周齿距误差。此项误差通常是以圆周齿距的最大累积误差表示的,测量方法与齿轮周节累积误差测量方法相同,在图 18.19(b)中,用固定量爪及带杠杆的千分表测量出相对齿距误差,然后通过计算可求圆周齿距的最大累积误差。滚刀重磨后,圆周齿距的最大累积误差一般应小于 $35 \sim 50$ μm。若不具备这种测量条件,也可用平测头千分表 A 检查刀齿的径向跳动来代替。若圆周齿距不均匀,刀齿顶刃

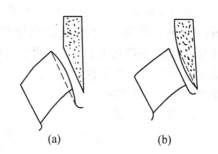

(a)　　　　　　(b)

图 18.18　滚刀刃磨后的前刀面端截形

的径向位置也有相应的变化,如图中的第 3 齿超前,它的顶刃半径就大一个 e 值。一般要求滚刀刃磨后,外圆的径向跳动量小于 $20 \sim 30$ μm。

(2)前刀面的径向性误差。通常滚刀重磨后,只允许零前角或有微小的正前角。测量时先调整心轴,使千分表测头调至水平位置(图 18.19 (c)),让读数对零,然后测量出滚刀刀齿 b 点对 a 点的差值,即为径向性误差(图 18.19 (b))。通常只允许 b 点低于 a 点,其值不大于 $30 \sim 50$ μm。

(3)容屑槽导程误差。测量滚刀容屑槽导程误差,需用精密仪器,如滚刀检查仪、万能工具显微镜等。在生产现场,可用检查滚刀外径圆锥度误差来代替。图 18.19 中千分表 C 测量 a_1 和 b_1 两点的差值,因刀齿有顶刃后角,如容屑槽导程有误差,会使滚刀两端的外径

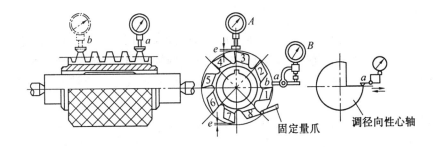

图 18.19　滚刀重磨后的检验

不同。滚刀重磨后的外径圆锥度误差一般应小于 30 μm。

对于直槽滚刀，要求前刀面对中心线的不平行度误差小于 50 μm。

18.4.5　齿轮滚刀与插齿刀加工齿轮的比较

用齿轮滚刀与插齿刀加工齿轮的比较见表 18.3。

表 18.3　用齿轮滚刀与插齿刀加工齿轮比较

刀具种类　　　项　　目	齿　轮　滚　刀	插　齿　刀
加工精度	齿距精度较高 　因为齿轮上每个齿都是滚刀同一圆周上的所有刀齿包络而成，所以滚刀的齿距精度一般不会影响被切齿轮的齿距精度(多头滚刀会有影响)	齿距精度不如滚齿 　因为插齿刀本身的齿距累积误差和机床传动链累积误差均会反映给被切齿轮
加工精度	齿形精度较低 　因为用阿基米德滚刀滚切齿轮，在理论上就有造形误差	齿形精度较高 　因插齿刀虽因前角 $\gamma_p > 0^\circ$ 会造成齿形误差，但可用修正齿形角的方法减小该误差，且齿轮上的每个齿都是插齿刀上与之对应的刀齿切出来的
加工生产效率	一般认为比插齿为高，因为无空行程	一般认为不如滚齿高，因有空行程。但认为加工薄齿轮、扇形齿轮时要比滚齿高，因无切入行程
所用机床	滚齿机所需运动比插齿机少，机床结构简单	插齿机所需运动多，结构较复杂

18.5　蜗轮滚刀

蜗轮滚刀是加工蜗轮最常用的刀具，它加工蜗轮的过程就是模拟蜗杆与蜗轮的啮合过程，属垂直轴平面啮合。

18.5.1 蜗轮滚刀的工作原理与进给方式

蜗轮滚刀滚切蜗轮所需的运动(图 18.20)与齿轮滚刀滚切齿轮基本相同。但也有自己的特点:滚刀与被加工蜗轮的轴交角等于蜗杆与蜗轮的轴交角(一般为 90°);滚刀与蜗轮的中心距(切出所有齿时)应等于蜗杆与蜗轮的中心距;滚刀轴线应位于被加工蜗轮的中心平面内。

蜗轮滚刀滚切蜗轮时,可采用两种进给方式:径向进给(图 18.21(a))和切向进给(图 18.21(b))。径向进给时,滚刀每转一转,被加工蜗轮转过的齿数应等于滚刀头数,以形成展成运动;同时,滚刀沿被加工蜗轮半径方向进给,逐渐切至全齿深,即切至规定的中心距 a_{02},滚刀再把被切蜗轮切几圈就包络出蜗轮的完整齿形。径向进给切蜗轮时,滚刀每个刀齿是在相对于被切蜗轮轴线的一定位置切出齿形上某一定部位的。

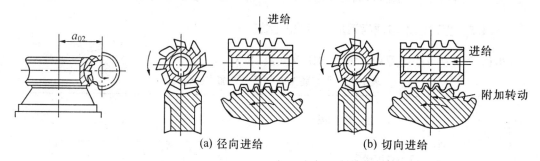

图 18.20　蜗轮滚刀滚切蜗轮　　　　图 18.21　蜗轮滚刀的进给方式

如滚刀为切向进给时(图 18.21(b)),事先调好滚刀与蜗轮的中心距 a_{02},在滚刀与被切蜗轮作展成运动的同时,还沿滚刀本身轴线方向进给切入蜗轮。因此,滚刀每转一转,被切蜗轮还需有附加转动。为改善切削条件,减少第一个刀齿的负荷,可将切向蜗轮滚刀前端作出切削锥。

18.5.2 蜗轮滚刀与齿轮滚刀的区别

蜗轮滚刀无论在外形上,还是在设计理论和设计方法上,均与齿轮滚刀有很多相似之处,但也有较明显的区别。

1. 外形结构

蜗轮滚刀外形结构如图 18.22 所示。

不难看出:

(1) 蜗轮滚刀与齿轮滚刀的外形都像蜗杆。

(2) 结构均有带孔(套装)式(图 18.14 和图 18.22),但齿轮滚刀没有连轴(柄)式;

(3) 由于加工齿轮齿形误差的限制,齿轮滚刀直径应尽量取大些,以减小螺旋升角 λ_0,一般应使 $\lambda_0 < 5°$。而蜗轮滚刀则不然,直径不能任意取,螺旋升角 λ_0 必须与工作蜗杆螺旋升角 λ_1 相等,即 $\lambda_0 = \lambda_1$(λ_1 与蜗杆头数 Z_1 及直径系数 q 有关,$\lambda_1 = \arctan \dfrac{Z_1}{q}$)。

直径较小(模数 m 较小)的蜗轮滚刀,一般受孔壁厚度限制,必须做成连轴式(图 18.22(c));带孔式的蜗轮滚刀,一般螺旋升角 λ_0 较大。该特点更有助于蜗轮滚刀与齿轮滚刀的鉴别。

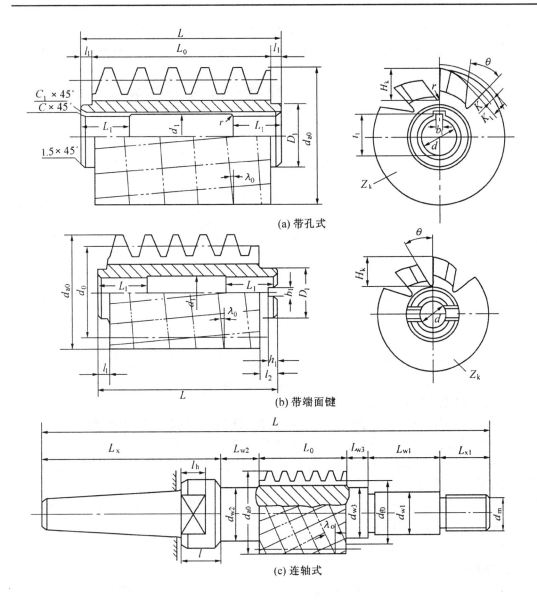

(a) 带孔式

(b) 带端面键

(c) 连轴式

图 18.22　蜗轮滚刀外形结构

2. 设计原理

蜗轮滚刀设计原理与齿轮滚刀有相似之处，但也有差别。

（1）啮合原理虽不同，但均以（或近似）齿轮齿条平面啮合原理为依据。

蜗轮滚刀工作时属垂直轴平面啮合，啮合时两齿面为线接触，在蜗轮中心平面内可看成是齿轮与齿条在啮合；而齿轮滚刀工作时相当于一对螺旋齿轮作空间交轴啮合，两齿面为点接触，只能近似看成齿轮与齿条在啮合。

（2）两种滚刀设计均运用基本蜗杆概念。但蜗轮滚刀的基本蜗杆，必须严格限制与原工作蜗杆的类型及主要参数相同，因为用蜗轮滚刀加工蜗轮，实质上是让滚刀代替原来与该蜗轮啮合的工作蜗杆，只是在其上开出容屑槽，以形成切削刃和前刀面、容纳切屑。重磨后滚刀切削刃仍在基本蜗杆螺纹表面上，只不过刀齿有些变窄变矮，加工出的蜗轮根圆直径加大,分圆齿厚变厚,一直用到加工出来的蜗轮径向和齿侧间隙不符合技术要求为止。

这样新、旧滚刀加工出来的蜗轮都能与原蜗杆很好地啮合,只是齿侧和径向间隙有改变。

不难看出,蜗轮滚刀是一种专用刀具。而齿轮滚刀则不然,基本蜗杆无严格限制,只要模数 m 相同、压力角 α 相同、齿数 Z 不同的齿轮均可用同一把滚刀加工,故齿轮滚刀是通用刀具。

18.5.3 蜗轮滚刀设计的原始数据

蜗轮滚刀是根据蜗轮蜗杆工作图纸设计的,必须已知下列原始数据:

(1)工作蜗杆。蜗杆类型、螺纹旋向(左或右旋)、螺纹头数 Z_1、轴向模数 m_{x1}、蜗杆外圆直径 d_{a1}、蜗杆分圆直径 d_1、根圆直径 d_{f1}、轴向齿距 p_{x1}、分圆处螺旋升角 λ_1、螺纹导程 P_{x1}、轴向齿形角 α_{x1}、螺纹工作部分长度 L_1。

(2)蜗轮。蜗轮齿数 Z_2、与蜗杆啮合时的中心距 a_{12}、蜗轮精度等级及保证侧隙类别。

(3)使用的滚齿机型号,有无切向进给刀架等。

18.5.4 蜗轮滚刀的设计要点

国内生产中大量采用阿基米德蜗滚刀,并用径向进给法加工蜗轮,故在此仅以径向进给蜗轮滚刀设计为主加以介绍(计算公式中所有符号图 18.22)。

1. 确定蜗轮滚刀外径 d_{ao}

在确定外径时,一方面要考虑切出的蜗轮与蜗杆啮合时应有一定的径向间隙,另一方面还要考虑滚刀要有一定的重磨量。因为精加工蜗轮时,滚刀与被切蜗轮的中心距 a_{02} 等于原工作蜗杆与蜗轮啮合时的中心距 a_{12}。为了不使啮合时的径向间隙变小,设计时就应预先考虑比工作蜗杆外径加大 $0.2\ m$,即

$$d_{a0} = d_{a1} + 2(C^* + 0.1)\ m \qquad \text{mm} \quad (\text{精确度 } 0.01\ \text{mm}) \tag{18.3}$$

式中 d_{a1}——工作蜗杆外径;

C^*——蜗轮的径向间隙系数,一般取 $C^* = 0.2$。

2. 确定根圆直径 d_{f0}

一般可做成与工作蜗杆根圆直径 d_{f1} 相等,即 $d_{f0} = d_{f1}$;当刀齿强度不足时,也可取

$$d_{f0} = d_{f1} + 0.2\ m \qquad \text{mm} \quad (\text{精确度 } 0.1\ \text{mm}) \tag{18.4}$$

3. 选取圆周齿数(或刃沟数)Z_k

如前述,蜗轮滚刀的外径不像齿轮滚刀那样可以尽量取大,而要受到工作蜗杆的限制。工作蜗杆直径有时较小,滚刀的圆周齿数 Z_k 就不能取多,包络齿面的滚刀刀刃数目就要减少,从而增加了蜗轮齿面粗糙度,且滚刀头数 Z_0 越多,影响越大。为此,Z_k 的选择原则应是:在保证刀齿强度(抗弯强度)足够的前提下,圆周齿数 Z_k 尽量取多。这样做虽然减小了圆周方向刀齿宽度和可重磨次数,但蜗轮滚刀的重磨次数是有限的(重磨次数过多,滚刀齿厚会减薄,切出的蜗轮齿厚会变厚,啮合时就不能保证侧隙,此时滚刀应予报废),使用寿命不会降低。

一般 Z_k 可作如下选取:加工 6 级精度蜗轮时,$Z_k \geqslant 12$;加工 7 级精度蜗轮时,$Z_k \geqslant 10$;加工 8 级精度蜗轮时,$Z_k \geqslant 8$;加工 9 级精度蜗轮时,$Z_k \geqslant 6$。

此外,还要考虑 Z_k 与被切蜗轮齿数 Z_2 间有无公因数。

对径向进给滚刀,当 $\dfrac{Z_2}{Z_1} \neq$ 整数时,Z_k 与 Z_0 应无公因数;当 $\dfrac{Z_2}{Z_1} =$ 整数时,Z_k 无论取多少,刀刃切蜗轮齿面的位置都是重复的,必须用切向进给法加工,或将此滚刀作为粗滚刀使用。

对切向进给滚刀,Z_k 的选取可不受限制。

综上所述,一般可先初选 Z_k,当铲背量 K、容屑槽参数确定后,再进行铲磨砂轮干涉和刀齿强度校验,最后再确定 Z_k。

4. 确定滚刀铲背量与后角

为了使滚刀得到必要的顶刃后角和侧刃后角,必须对滚刀齿顶面和齿侧面进行铲背(齿),铲背量可按式(18.5)计算,圆整成 0.5 的倍数后,再取标准凸轮之 K 值。

$$K = \frac{\pi d_{a0}}{Z_k} \tan \alpha_f \text{ mm} \tag{18.5}$$

式中　α_p——滚刀端面投影图中测得的顶刃后角。

当 $\lambda_0 \geqslant 15°$ 时,顶刃后角应在滚刀顶刃螺纹方向测量,此时

$$\tan \alpha_p = \tan \alpha_p{}' \cos \lambda_0$$

式中　$\alpha_p{}'$——滚刀螺纹方向测得的顶刃后角。

一般取 $\alpha_p{}' = 10° \sim 20°$($\lambda_0 < 15°$ 时,$\alpha_p \approx \alpha_p{}'$)。

初选的 α_p 值,需经侧刃后角 α_c 校验合格,可按式(18.6)进行

$$\tan \alpha_c = \frac{K Z_k}{\pi d_{a0}} \sin \alpha_n \tag{18.6}$$

式中　α_n——滚刀基本蜗杆的法向齿形角。

因为　　　　　　　　　$\tan \alpha_n = \tan \alpha_{x1} \cos \lambda_1$

所以

$$\alpha_c = \arctan \left\{ \frac{K Z_k}{\pi d_{a0}} \sin [\arctan(\tan \alpha_{x1} \cos \lambda_1)] \right\} \tag{18.7}$$

一般应使 $\alpha_c \geqslant 3°$。

为便于铲磨砂轮的退刀,滚刀需进行双重铲背。根据所用凸轮形式的不同,双重铲背滚刀刀齿齿背有两种形式:

Ⅰ型如图 18.23(a)所示,二次铲背量 $K_1 > K$,$K_1 = (1.2 \sim 1.5)K$;

Ⅱ型如图 18.23(b)所示,滚刀齿背后部低下量为 ΔK,$\Delta K = (0.6 \sim 0.9)K$。

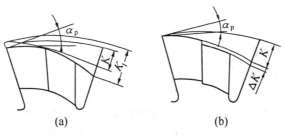

$$(a) \qquad\qquad\qquad (b)$$

图 18.23　两种双重铲背形式

两种铲背形式均能使滚刀齿背后部低下去,便于砂轮将刀齿前部齿背磨光。

5. 确定滚刀端面齿形参数(图 18.24)

(1) 容屑槽(沟)深度 H_k,即

$$H_k = \frac{d_{a0} - d_{fo}}{2} + \frac{K + K_1}{2} + (0.5 \sim 1.5) = h_0 + \frac{K + K_1}{2} + (0.5 \sim 1.5) \text{ mm} \qquad (18.8)$$

(对 II 型齿背,$H_k = h_0 + K + \Delta K + (0.5 \sim 1.5)$ mm)

(2) 容屑槽(沟)底圆弧半径 r,可按经验公式(18.9)计算

$$r = \frac{\pi(d_{a0} - 2H_k)}{10Z_k} \text{ mm} \qquad (18.9)$$

(3) 容屑槽(沟)槽形角 θ,一般取 $\theta = 22°$、$25°$、$30°$,以便于选用标准角度铣刀。

6. 校验

上述各参数初步确定后应按比例作蜗轮滚刀端面投影图,按图校验铲磨砂轮干涉和滚刀刀齿强度(图 18.25)。

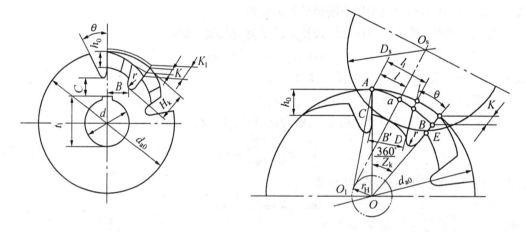

图 18.24　蜗轮滚刀端面齿形参数　　　　图 18.25　滚刀砂轮铲磨校验

(1) 用作图法校验用平砂轮铲磨刀齿齿背时是否对下个刀齿产生干涉,作法如下:

① 按初定的滚刀参数 d_{a0}、Z_k、h_0、K、θ、r 画出端面图。

② 以 $d_{a0}/2$ 为半径,分别以 A、B 两点为圆心画弧交于点 O_1,再以点 O_1 为圆心过点 A、B 作圆弧,即得近似的齿顶铲背曲线;再以点 O_1 为圆心,以 $O_1 C$ 为半径画弧,即得近似齿底铲背曲线。

③ 选取砂轮直径

$$D_s \geq 2h_{a0} + 25 + 5(=60) \text{ mm}$$

式中　　25——砂轮法兰盘直径;

　　　　h_0——滚刀刀齿全齿高。

④ 以 $OO_1(=r_H)$ 为半径,以 O 为圆心画辅助圆,过点 a(点 a 位置决定于齿背磨光部分宽度 l,当 $m \leq 4$ mm 时,$l = l_1/2$;当 $m > 4$ mm 时,$l = l_1/3$,l_1 为齿背宽度)作切于该辅助圆的切线,使砂轮中心 O_s 位于该切线上并使砂轮外圆切于齿底铲背曲线 CD,如此时砂轮外圆在下个刀齿齿底点 E 上方,砂轮在铲磨时不会发生干涉;如在点 E 下方,铲磨时将产生干涉,这就需要改变 d_{a0}、Z_k 或 K,直到不产生干涉为止。

（2）用直尺量出滚刀刀齿根部宽度 B'，按式(18.10)校验其强度是否足够，即

$$B' \geq (0.35 \sim 0.45)H_k \ \text{mm} \tag{18.10}$$

如不满足式(18.10)，可适当改变有关参数，重新作图计算，直至满足为止。

7. 计算容屑槽（沟）导程 P_k

当 $\lambda_0 \leq 5°$ 时，滚刀做成直槽，$P_k = \infty$；

当 $\lambda_0 > 5°$ 时，滚刀做成螺旋槽

$$P_k = \pi d_0 \cot \lambda_0 \ \text{mm} \quad （精确度 0.5 \ \text{mm}） \tag{18.11}$$

计算得到的 P_k 作为铣、磨削容屑槽时选择机床挂轮的依据。右旋滚刀容屑槽应取左旋，左旋滚刀容屑槽取右旋。

8. 计算滚刀齿形参数

在蜗轮滚刀工作图中，必须标出必要的齿形参数，以作为检验依据。

零前角（$\gamma_p = 0°$）直槽（$\lambda_0 \leq 5°$）阿基米德滚刀，前刀面就在轴向剖面内，滚刀轴向齿形是直线，工作图中只需标注轴向齿形参数（图 18.26）。

零前角螺旋槽（$\lambda_0 > 5°$）阿基米德滚刀，前刀面在法向剖面内，故工作图中应标注法向剖面齿形参数以及轴向齿形角 α_{x0} 和齿顶倾斜角 φ_x。

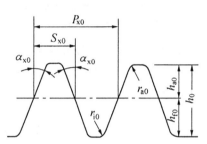

图 18.26　零前角直槽阿基米德
蜗轮滚刀轴向齿形参数

计算如下：

（1）齿顶倾斜角 φ_x 和轴向齿形角 α_{x0}。对于零前角螺旋槽阿基米德蜗轮滚刀，顶刃不在一个轴向剖面内。由于径向铲齿的原因（图 18.27），齿顶和齿形在轴向剖面内产生了倾斜（图 18.28），倾斜的角度称为齿顶倾斜角，可按式(18.12)计算

$$\varphi_x = \arctan \frac{KZ_k}{P_k} \tag{18.12}$$

此时齿形角已不再是左右对称的。对右旋滚刀来说，由于顶刃在轴向剖面内是右高左低，右侧齿形角 α_{0R} 加大，左侧齿形角 α_{0L} 减小，可按式(18.13)计算

$$\cot \alpha_{0r} = \cot \alpha_{x1} - \frac{KZ_k}{P_k} \tag{18.13}$$

$$\cot \alpha_{0L} = \cot \alpha_{x1} + \frac{KZ_k}{P_k} \tag{18.14}$$

对左旋滚刀则相反。

对于直槽阿基米德蜗轮滚刀来说，因为 $P_k = \infty$，所以 $\alpha_{0L} = \alpha_{0R} = \alpha_{x1}$。

（2）轴向齿距 $p_{x0} = p_{x1} = \pi m_x \ \text{mm}$　（精确度 0.001 mm）。

（3）法向齿距

$$p_{n0} = p_{x0} \cos \lambda_0 \quad （精确度 0.001 \ \text{mm}） \tag{18.15}$$

（4）法向齿厚

$$S_{n0} = \frac{p_{n0}}{2} + \Delta S_n \ \text{mm} \quad （精确度 0.001 \ \text{mm}） \tag{18.16}$$

式中　ΔS_n——滚刀法向齿厚的加厚（补偿）量，可取

$$\Delta S_n = \frac{1}{2} \Delta_m S \ \text{mm}$$

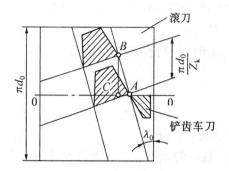

图 18.27　零前角螺旋槽阿基米
德蜗轮滚刀的铲背

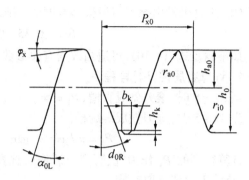

图 18.28　零前角螺旋槽阿基米德蜗
轮滚刀轴向剖面齿形

$\triangle_m S$——保证标准侧隙所采用的蜗杆螺纹厚度的最小减薄量,数值可在"机械零件设计手册"中查到。生产中有时取 $\triangle S_n = 0$,即不考虑滚刀重磨后所切蜗轮齿厚加厚问题。

(5) 齿顶高

$$h_{a0} = \frac{d_{a0} - d_0}{2} \text{ mm(精确度 0.01 mm)} \tag{18.17}$$

(6) 全齿高

$$h_0 = \frac{d_{a0} - d_{f0}}{2} \text{ mm(精确度 0.01 mm)} \tag{18.18}$$

(7) 齿顶圆弧半径 r_{a0} 和齿根圆弧半径 r_{i0}

$$r_{a0} = 0.2 \, m_{x0} \text{ mm} \quad \text{(精确度 0.1 mm)}$$

$$r_{i0} = 0.3 \, m_{x0} \text{ mm} \quad \text{(精确度 0.1 mm)}$$

(8) 齿底退刀槽尺寸。当 $m_{x0} \geqslant 4$ 时,在滚刀齿底应作出砂轮的退刀槽,尺寸分别为:

退刀槽宽 b_k 稍小于齿根宽度, $b_k = 1.7 \sim 4.1$ mm;

槽深 $h_k = 0.5 \sim 1.5$ mm;

槽底圆弧 $r_k = 0.5 \sim 1.0$ mm。

9. 计算滚刀切削部分长度

(1) 径向进给滚刀切削部分长度 L_w 可稍大于工作蜗杆螺纹部分长度 L_1,取

$$L_w = L_1 + \pi m \text{ mm} \tag{18.19}$$

(2) 切向进给滚刀的 L_w 应包括切削锥部和圆柱部分长度,切削锥长 $L_c = (2.5 \sim 3)\pi m$,圆柱部分长为 $(2 \sim 2.5)\pi m$,锥角 $\kappa_r = 11° \sim 13°$,即

$$L_w = (4.5 \sim 5)\pi m \text{ mm} \tag{18.20}$$

10. 确定滚刀结构形式和相应尺寸,并校验滚刀有关部分长度是否适合所用技术要求

可按式(18.21)确定滚刀结构形式

$$\frac{d_{a0}}{2} - H_k - \left(t_1 - \frac{d}{2}\right) \geqslant C \tag{18.21}$$

取　　　　　　　　　　　　　$C = (0.2 \sim 0.3)d$ mm

校验合格则可做成带孔结构,否则需做连轴结构。

11. 画蜗轮滚刀工作图,编写设计计算说明书

18.6 非渐开线齿形刀具

现代生产中有许多非渐开线齿形的工件,如:花键轴、链轮、圆弧齿轮、摆线齿轮、棘轮、成形内孔、多边形轴、凸轮和手柄等(图 18.29)。这些工件可以用成形法、展成法或成形滚切法加工。除成形法所用的刀具外,均称为非渐开线齿形刀具,包括非渐开线滚刀、非渐开线插齿刀和展成车刀。其中前两种用得较多。

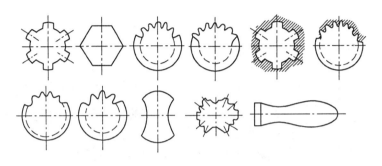

图 18.29 非渐开线齿形刀具可加工的工件举例

18.6.1 非渐开线齿形刀具的种类与工作原理

1. 非渐开线滚刀

用非渐开线滚刀加工的优点是:连续切削,生产效率较高,刀具的齿距误差不影响工件的齿距误差,可加工长轴件等。故滚刀常用来加工花键轴和其它长工件。

按其工作原理又可把非渐开线滚刀分为展成滚刀和成形滚刀。

(1) 展成滚刀。它是按展成原理加工工件的,与齿轮滚刀加工非渐开线齿轮类似。花键滚刀是常用的一种展成滚刀(图 18.30)。

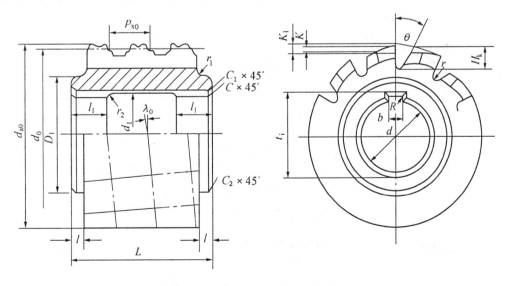

图 18.30 花键滚刀

（2）成形滚刀。它是按成形滚切原理加工工件的,用它加工时工件上不会产生过渡曲线,因此,齿底不允许有过渡曲线的工件常用此滚刀加工,棘轮滚刀就是典型一例,图 18.31 所示就是棘轮滚刀的工作原理。加工棘轮时,滚刀每转一转,工件转过一个齿。滚刀上只有一个精切齿,使工件成形,其余皆为粗切齿。切削过程中,滚刀齿形和工件齿形无啮合关系,各刀齿依次切入齿槽。粗切齿的作用是顺次切去齿槽中的金属,为精切创造条件,当精切齿转到切削位置时,工件也转到成形位置,由精切齿最后切成齿槽。可见,这种滚刀要求精确对准精切齿与工件的相对位置,因此也称定装滚刀。此外,滚刀还有沿工件轴线方向的进给运动。

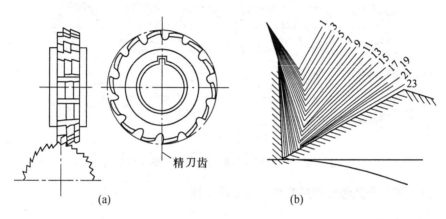

(a)　　　　　　　　　　　　　　(b)

图 18.31　棘轮滚刀工作原理

2. 非渐开线插齿刀

非渐开线插齿刀也是按展成原理工作的。加工时,刀具和工件好像是一对啮合的非渐开线齿轮,在插齿机上和一般插齿刀一样加工工件。图 18.32(a)、(b)给出了花键插齿刀加工带凸肩花键轴和花键插齿刀加工内孔花键的原理图。图 18.32(c)所示为插齿刀加工凸轮的情况。非渐开线插齿刀齿形的制造问题近年来得到解决,故应用渐多。

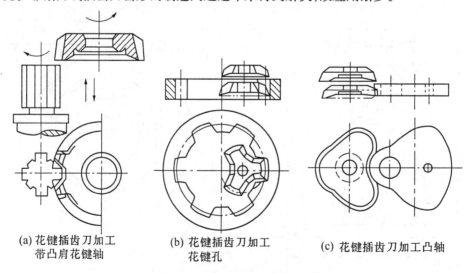

(a) 花键插齿刀加工　　　　(b) 花键插齿刀加工　　　　(c) 花键插齿刀加工凸轴
　　带凸肩花键轴　　　　　　　 花键孔

图 18.32　非渐开线插齿刀工作原理

3. 展成车刀

展成车刀是另一类展成刀具。由于切削刃形较复杂,制造较困难,且需专用机床,故生产中较少应用。

18.6.2 展成滚刀齿形的设计原理

很多非渐开线齿形的工件都可用展成滚刀来加工,例如,圆弧齿轮用圆弧齿轮滚刀、摆线齿轮用摆线齿轮滚刀、链轮用链轮滚刀、花键轴用花键滚刀。这些滚刀通常是在滚齿机上或花键铣床上按展成原理加工工件,滚刀和工件相当于一对空间交轴啮合的齿轮副,滚刀的基本蜗杆应该是能与所切工件正确啮合的蜗杆。只要求出基本蜗杆的形状,即可确定滚刀的齿形。但是由于计算复杂和制造困难,故实际生产中,通常是以能与工件啮合的齿条齿形作为滚刀基本蜗杆的法向齿形,即把滚刀与工件的关系近似看成是齿轮与齿条的平面啮合。当滚刀螺旋升角较小时,设计出的齿形精度是足够的。

求齿条齿形的方法很多,有作图法和计算法等。作图法直观,但精度较低,当齿形复杂而精度要求不高时,可用此法。而计算法自从应用了电子计算机,也变得十分简便省时了。

作图法求齿形,主要应用齿形法线原理。齿形法线法是根据共啮齿形在任意啮合位置,其接触点的公法线都通过啮合节点的规律来求刀具齿形。此法原理如图 18.33 所示。设

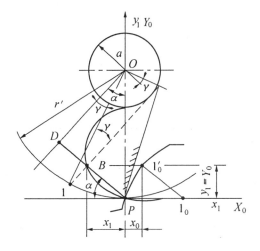

图 18.33 齿形法线法求滚刀齿形原理

PX_0 为齿条节线,与节圆 r' 相切。虚线所示为任意位置时的工件齿形。齿形上必有一点 B 的法线通过啮合节点 P,与之共轭的滚刀齿形应与工件相切在该点,该点一定在啮合线上。令上述齿形转回到原始位置(即工件齿形通过点 P 的位置),根据瞬心线(节圆与节线)纯滚动原理,当节圆转过 $\overset{\frown}{1P}$ 弧长时,齿条上的点 B 一定平移到 $1_0'$ 位置,即 $B1_0' = P1_0 = \overset{\frown}{P1}$,则曲线 $\overset{\frown}{P1_0'}$ 就是切 $B1$ 段齿形的刀具齿条的齿形。

无论用哪种方法求齿条齿形,工件上节圆半径的选择都是个很重要的问题,节圆半径取得太小,会使工件齿顶处切不出完整齿形;节圆半径取得太大,又会在工件齿根处留下较高的过渡曲线。

复习思考题

18.1 齿轮刀具如何分类?

18.2 试述成形齿轮铣刀为什么要分号? 加工斜齿轮时刀号如何选择?

18.3 插齿时需要哪些运动?

18.4 滚齿时需要哪些运动?

18.5 什么是滚刀的基本蜗杆? 齿轮滚刀常用的基本蜗杆是什么? 为什么?

18.6 什么是产形齿轮？当插齿刀有了前角($\gamma_p > 0^\circ$)后,插齿刀端剖面齿形是否是产形齿轮的齿形？

18.7 为什么说插齿刀的本质是变位齿轮？

18.8 当 $\gamma_p > 0^\circ$ 时,插齿刀的前刀面是何种表面？是顶后刀面还是齿侧表面？

18.9 当 $\gamma_p > 0^\circ$ 时,插齿刀齿形为什么有误差？如何修正？

18.10 试比较插齿刀和齿轮滚刀加工齿轮的精度和生产效率。

18.11 试述蜗轮滚刀与齿轮滚刀的区别(外形、设计原理)。

18.12 蜗轮滚刀设计特点是什么(与齿轮滚刀相比)？

18.13 螺旋槽阿基米德蜗轮滚刀轴向齿形设计要点是什么？

18.14 非渐开线齿形刀具有哪几类？试述各自的工作原理。

第 19 章 自动化加工用刀具

19.1 自动化加工对刀具的要求

近 20 年来,数控机床(Computer Numerical Control,简称 CNC)、加工中心(Machining Control,简称 MC)、柔性制造单元(Flexible Manufacturing cell,简称 FMC)和柔性制造系统(Flexible Manufacturing system,简称 FMS)得到日益广泛地应用,使机械制造面貌发生了很大变化。作为加工系统的一个重要组成部分,自动化加工用刀具的正确设计与合理使用,对机床及自动线的正常工作、提高生产效率及加工质量均具有重要意义。

自动化加工对刀具提出了下列新要求:

1. 高生产效率

由于所使用的机床设备价格昂贵,且主轴转速高(如中等规格加工中心主轴转速高达 5 000 ~ 10 000 r/min)、辅助工时大大减少,故应尽量使用优质高效刀具,以充分发挥机床性能,提高生产效率,降低加工成本。

2. 高可靠性与长尺寸使用寿命

为避免在无人看管的情况下,因刀具早期磨损和破损造成加工工件的大量报废,甚至损坏机床,刀具必须有很高的可靠性和尺寸使用寿命。

3. 可靠地断屑与排屑

可靠地断屑与排屑对自动化加工用刀具具有特别重要的意义。任何紊乱的带状切屑都会给自动化生产带来极大的危害。

4. 快速(自动)更换与尺寸预调

当刀具的尺寸使用寿命达到规定值时,应进行快速换刀,这就需在线外预先调整好刀具尺寸,装机后无需调整即可加工出合格零件。现在的加工中心,加工精度可高达 3 ~ 5 μm,因此刀具的精度、刚度和重复定位精度需与如此高的加工精度相适应。

5. 刀具要标准化、系列化和通用化

在多品种生产条件下,力求减少刀具的品种与规格,这样便于管理,也能降低成本。如国外已开发了适用于车削和镗铣加工中心的模块化组合结构的工具系统,大大减少了刀具的品种和规格。

6. 发展刀具管理系统

MC 和 FMS 上刀具数量多,管理较复杂,既要对全部刀具进行自动识别、记忆其规格尺寸、存放位置、已切削时间和剩余时间等,又要对刀具的更换、运送、刀具的刃磨和尺寸预调等进行管理。

7. 有刀具磨损与破损在线监测系统

为了避免加工时的意外事故损坏刀具,造成大批零件报废,除预防措施外,还应设置刀具破损监测装置,以实现刀具损坏的及时判别。

19.2　自动化加工中刀具尺寸的补偿方法

为提高加工精度和刀具的尺寸使用寿命,在精加工时,常在加工过程中进行尺寸补偿。常用的方法有:

19.2.1　调整切削用量法

目前在数控机床和加工中心中,常配备测头或其它尺寸的测量装置,以定期检测加工尺寸。如加工尺寸有变化,信息系统会自动发出控制指令,直接改变背吃刀量或进给量,保证加工尺寸不变。采用该法时,刀具或刀架不必增加尺寸补偿机构,使用简单易行,是经常采用的方法。

19.2.2　自动尺寸微调装置法

对加工内孔刀具,如镗孔刀等,刀具的径向磨损将使加工孔径变化。镗孔直径不能由机床调整补偿,只能用有自动尺寸微调的镗刀来解决。现在生产中使用的自动微调镗刀有机械式和压电陶瓷式,前者应用较多。

图 19.1 所示是一种自动微调镗刀结构。该镗刀用于加工中心,为锥柄结构。调整时推动调整杆 2(行程 3～5 mm),使丝杠 5 转一小角度。丝杠上下有差动螺纹,丝杠转动使螺母 4 作微小位移,推动件 8 使下弹性板 9 作微小位移。镗刀夹固在刀座 10 上,刀座 10 和上弹性板 6 与下弹性板 9 相连,下弹性板 9 的微小位移带动镗刀作微小径向尺寸调整。这种镗刀径向微调的分辨率为 2.5 μm,最大调整量为 0.125 mm。

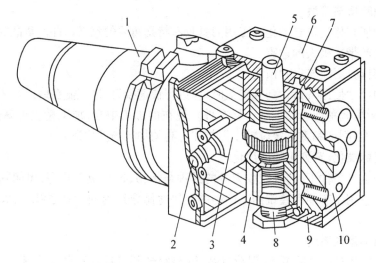

图 19.1　自动微调镗刀
1—锥形刀柄;2—调整杆;3—齿条;4—螺母;5—丝杠;
6—上弹性板;7—螺母;8—推动件;9—下弹性板;10—刀座

19.2.3　负刚度刀架法

在自动机床和自动线中,常设计负刚度的刀架,在刀具磨损导致切削力增加时,刀尖反而前进,补偿刀具的径向磨损使加工尺寸的变化减小。但这种方法不易控制补偿量,在柔性自动化多品种生产时不能使用。

19.3　自动化加工中的快速换刀装置与工具系统

19.3.1　快速换刀装置

为减少辅助时间,提高机床利用率,在自动化加工中需要快速换刀。更换刀具的基本方式有:换刀片、换刀具、换装好刀的刀夹或刀柄,或换装有刀具的主轴箱。

1. 自动线中自动换刀装置

自动线中各机床、工序使用的刀具固定,需要按预定的时间强制换刀,可以更换刀片,也可更换刀具。

图 19.2 所示为车刀刀片自动更换装置。该装置由油缸、刀片挤出机构和车刀刀体三部分组成。在刀库中的刀片借助于与油缸连接的推杆 3 将刀片向前推进,使排列在最前面的刀片处于工作位置,与此同时,已磨损的刀片被挤出刀体,从而完成了自动更换刀片。这种方法对刀片精度的要求较高,且刀片各面均需磨制,刀片制造成本较高。

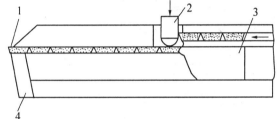

图 19.2　车刀刀片自动更换装置
1—刀片;2—挡块;3—推杆;4—刀体

图 19.3 所示为自动线中自动换刀装置。刃磨好的车刀 1 放在刀库 2 中,到一定时间气缸将新刀推到工作位置代替已磨钝的车刀。这种换刀方式不适宜在柔性自动化生产中使用。

2. 转塔头自动换刀装置

转塔头自动换刀装置主要用在数控车床和车削加工中心。图 19.4 所示为车削加工中心用的卧轴转塔头自动换刀装置。根据数控指令指定刀具转到工作位置,并进给到要求尺寸进行切削。这种方法的缺点是转塔上装刀数量有限,有时不能满足加工需要。

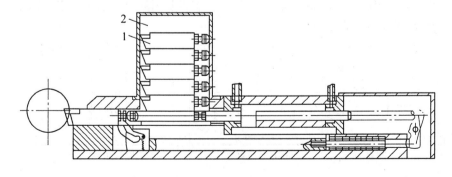

图 19.3　自动线中自动换刀装置
1—车刀;2—刀库

3. 刀库与机械手自动换刀法

镗削加工中心都配备机床刀库,刀库中储存着需要的各种刀具(从 10 多把刀到 100 多把不等),利用机床与刀库的运动实现自动换刀,如图 19.5 所示。其过程如下:当前一把刀 2 加工完毕离开工件 5,工作台快速右移,刀库 1 同时移到主轴下面;主轴箱 4 下降,将用过的刀具 2 插入刀库的空刀座中;主轴箱上升,刀库同时转位,将下一工步需要的刀具对准主轴;主轴箱下降,将所需刀具插入主轴;主轴箱上升,工作台快速左移,刀库随着复位;主轴箱下降,刀具进行切削加工。

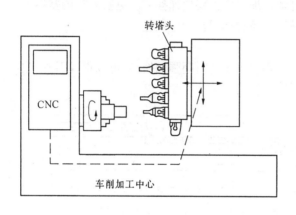 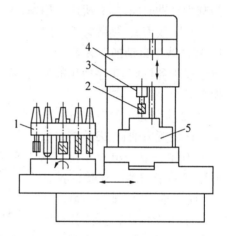

图 19.4　转塔式自动换刀装置

图 19.5　刀库自动换刀装置
1—刀库;2—刀具;3—主轴;4—主轴箱;5—工件

现在常采用刀库与机械手联合动作,由机械手将刀库中指定刀具换到机床主轴上,以提高换刀效率。图 19.6 所示为加工中心上常用的几种刀库形式及换刀机械手示意图。圆盘刀库一般装刀数量不大,否则直径将很大,影响机床的总体布局。链式刀库是在环形链条上装有刀座、刀座的孔中装夹各种刀具,其装刀数量较多。链式刀库有单排链式、多排链式、加长链式等多种结构,可根据要求的装刀数量来选择。

机床上的换刀机械手可有多种不同结构,现在用得较多的是双头结构,一端从机床刀库中取出准备要用的刀具,另一端从机床主轴上取下已用过的刀具,机械手一旋转使两把刀互换位置,然后一端将用过的刀具装入机床刀库,另一端将要用的刀具装入机床主轴孔内。图 19.7 所示为机械手夹持刀具情况。

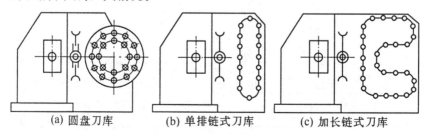

(a) 圆盘刀库　　　　(b) 单排链式刀库　　　　(c) 加长链式刀库

图 19.6　机床刀库及换刀机械手

4. 更换机床主轴头换刀

在生产批量很大的 FMS 中,为提高生产效率,采用更换机床主轴头的办法。主轴头更换,使用的刀具当然也一同更换。这类机床都有容量较大的刀库,由换刀机械手更换各主轴头上的刀具。

5. 用机器人换刀

机床刀库的刀具数量是有限的,不能应付工件多变的加工需要。因此在 FMS 中有时采用可移动的机器人或自动运输小车来实现机床刀库和中央刀库间的换刀,这时可采用装刀数量较少的机床刀库。也有的 FMS 中是用人给机床刀库换刀。

19.3.2　自动化加工中刀具尺寸的预调

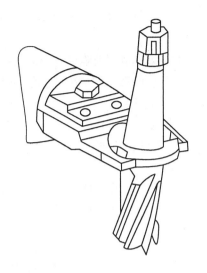

图 19.7　机械手夹持刀具情况

自动化加工中,为提高机床的利用率,减少停机时间,应在线外预调好刀具尺寸,装机后即可使用。

刀具尺寸需要预调的有:车刀的径向尺寸(车外圆)或轴向尺寸(车端面和阶梯轴);镗孔刀的径向尺寸;钻头和铣刀的轴向尺寸等。这些刀具的部分尺寸是靠制造精度保证的,如车刀的刀尖高度,钻头、铰刀和立铣刀的直径等。刀具的这些尺寸也应检查是否合格。自动化加工中使用的刀具,其结构必须允许进行尺寸预调。

前面图 19.3 中所使用的车刀,刀柄后端有可调径向尺寸的螺钉,在尺寸调好后用锁紧螺母锁住,以防尺寸变化。

钻头和立铣刀过去大多是锥柄结构,不能调整轴向尺寸。在自动化加工中这类刀具改成直柄,使轴向尺寸可调整,如图 19.8(a)所示;也可在锥柄外加一圆柱套,使轴向尺寸可调,如图 19.8(b)所示。

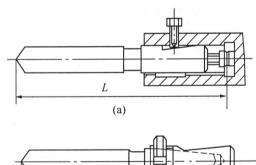

(a)

镗刀、孔加工刀具和铣刀的尺寸检测和预调一般都使用专用的调刀仪。调刀仪有光学式和电测式。最新的调刀仪与计算机相连,可将所测数据存入计算机,供 FMS 调用刀具时使用。

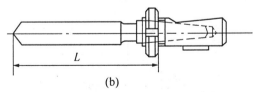

(b)

图 19.8　轴向尺寸可调的刀柄结构

19.3.3　快速自动换刀用刀具结构

1. 自动化加工中的刀具结构特点

自动化加工用刀具的切削部分与普通机床上使用的刀具基本相似,但刀具结构具有如下特点:

(1) 刀具结构允许快速自动换刀,便于用机械手、机器人或其他换刀机构抓取刀具。

（2）刀具的径向尺寸或轴向尺寸允许预调,装上机床后不需要调整即可切出精确合格的加工尺寸。

（3）刀柄或刀座有通用性,可换装多种不同的刀具。

（4）有些刀具做成模块化组合式,要求组装后有很高的精度和刚度,能满足精密加工中心的加工精度(通常为 5 μm)的要求。

（5）复合程度高,减少刀具品种、数量,减轻刀具管理难度。

2. 几种典型快换刀具结构

（1）图 19.9 所示为自动线使用的能快速换刀的车刀结构。车刀 1 后端有螺钉 2 可调尺寸,车刀底部有槽,用斜块 4 向下向后压紧车刀。这种结构换刀方便、压紧可靠、定位准确,但这种车刀是专用的,使用范围受到一定限制。

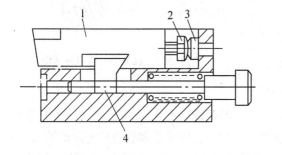

图 19.9　能快速换刀的车刀结构
1—车刀;2—螺钉;3—限位块;4—斜块

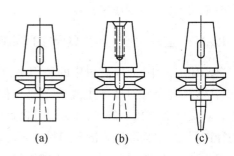

图 19.10　镗铣加工中心用刀具锥柄

（2）图 19.10 所示为镗铣加工中心用刀具锥柄。我国规定的这种标准锥柄代号为 JT,锥度为 7:24,带有机械手夹持槽和定位缺口,锥柄后端有螺孔可装自动夹固用的拉杆夹紧刀具。锥柄的前端可有不同形式,可装不同刀具。这种锥柄结构的定位精度和刚度均很高,自动换刀方便,通用性好,已在 MC 和 FMS 中大量使用。

（3）图 19.11 为两种镗铣加工中心用刀具组合模块的连接结构。为减少刀具品种、规格,发展了模块化组合刀具。这里给出的是两种有代表性的模块组合结构。图 19.11(a)所示为短圆锥定位,中心用螺钉拉紧刀具。图 19.11(b)为长圆锥定位,用螺钉钢球锁紧刀具。

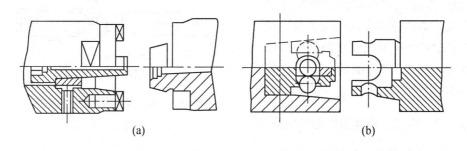

图 19.11　镗铣加工中心用刀具组合模块的连接结构

（4）图 19.12 为车削加工中心用模块化快换刀具结构,它由刀具头部、连接部分和刀体组成。刀体内装有拉紧机构,通过拉杆来拉紧刀具头部(图 19.12(a))。在拉紧过程中可使拉紧孔产生微小弹性变形,从而获得很高的精度和刚度,径向精度 ±2 μm,轴向精度 ±5 μm。在背吃刀量达 10 mm 时,刀具径向和轴向变形均小于 5 μm;自动换刀时间仅为 2 s。这种刀体可装车、钻、镗、丝锥、检测头等多种工具,如图 19.12(b)所示。

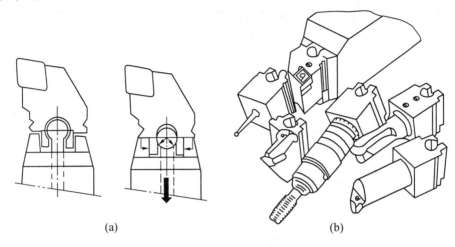

(a)　　　　　　　　　　(b)

图 19.12　车削加工中心用模块化快换刀具结构

(5) 图 19.13 所示为另一种加工中心用端齿定位的快速换刀结构。切削头与刀体靠一对端齿块来定位并传递扭矩。夹固时,拉杆后移带动夹头,夹头可牢固地夹持住装在切削头尾部的拉杆而使切削头可靠地固定在刀体上。这种结构靠端齿定位,定位精度在 ±2 μm 以内。

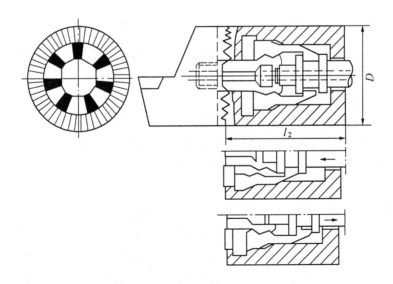

图 19.13　端齿定位快速换刀结构

19.3.4　自动化加工中的工具系统

1. 工具系统的发展背景

在柔性自动化加工中每台加工中心要加工多种工件,并完成工件上多道工序的加工,因此需要使用的刀具品种规格甚多。例如图 19.14 为车削加工中心加工某工件用刀具之情况,可看到不仅需要很多种车刀并且还要用铣刀。要加工不同工件所需刀具更多,如使用标准刀具,将因品种繁多而造成很大困难。

　　为减少刀具的品种规格,近年发展了 FMS 和 MC 使用的工具系统。工具系统一般为模块化组合结构,在一个通用的刀柄上可以装多种不同的切削头,使自动化加工中的刀具品种规格大大减少。

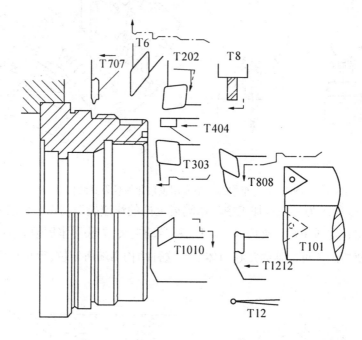

图 19.14　车削加工中心加工某工件用刀具

2. 车削加工中心用工具系统

　　车削加工中心使用的工具系统有不同的结构,图 19.12 所示即为一例,可看到在通用刀柄上可以快速、可靠、精确地更换不同刀头,还可以换上测量工件加工尺寸的测量头。图 19.13 所示为另一种车削加工中心使用的工具系统的结构。

3. 镗铣加工中心用工具系统

　　镗铣加工中心在生产中应用广泛,现在已经发展了不同结构的镗铣加工中心使用的工具系统。图 19.15 所示为其中用得较多的一种工具系统结构。从图中可以看到同样结构的刀柄,可以装很多种不同的刀具,可以装接长杆和过渡刀柄,使不同柄部结构的刀具也能装到该种刀柄上去。这种工具系统的刀柄和配套刀具头已逐渐标准化,发展迅速,已是加工中心使用的基本工具。

　　工具系统的刀柄都能自动快速夹固,刀柄、接杆、过渡刀柄和配套的刀具头要求有很高的制造精度,要求刀具组装后有很高的刚度和精度。

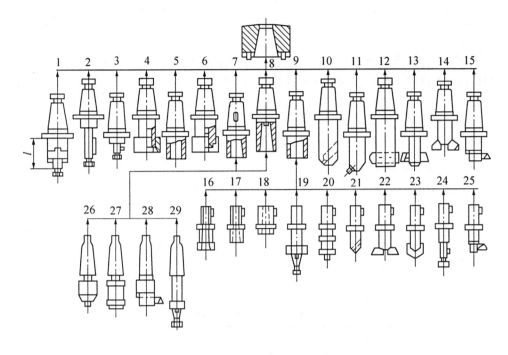

图 19.15　镗铣加工中心用工具系统

19.4　自动化加工中的刀具管理系统

19.4.1　自动化加工中刀具管理的重要性

　　柔性自动化加工系统中,需要加工多种工件,因此刀具品种、规格繁多,仅靠加工中心或其它加工设备本身的刀库(机床刀库),刀具容量远远不够,因此通常需要配备一个总刀库——中央刀库。据统计,一套5~8台加工中心组成的 FMS,需配备的刀具数量在 1 000 把以上。如此巨大的刀具量,有着大量的刀具信息。每把刀具有两种信息:一是刀具描述信息,如刀具的尺寸规格、几何参数和刀具识别编码等;另一种是刀具状态信息(动态信息),如刀具所在位置、刀具累计使用时间和剩余寿命、刀具刃磨次数等。在加工过程中大量刀具频繁地在系统中交换和流动,加工中刀具磨损破损的监测和更换,刀具信息不断变化而形成一个动态过程。由于刀具信息量甚大,调动、管理复杂,因此需要一个现代化的自动刀具管理系统。在柔性制造系统中,刀具管理系统是一很重要并且技术难度很大的部分。

19.4.2　刀具管理系统的基本功能

1.刀具管理系统的基本任务

刀具管理的目标主要是:

(1) 减少与刀具有关的调整与停机时间。

(2) 系统能识别刀具传输与有关刀具的数据。

(3) 刀具拥有量最小,通过刀具寿命管理,充分利用刀具,使刀具费用最低。

柔性自动化生产系统中的刀具管理系统以 FMS 的自动刀具管理系统较为典型,它应完成如下任务:

(1) 保证每台机床有合适的、优质高效的刀具使用,保证不因缺刀而停机。

(2) 监控刀具的工作状态,必要时进行换刀处理。

(3) 安全、可靠并及时地运送刀具,尽量消灭因等刀而停机。

(4) 追踪系统内的刀具情况,包括各刀具的静动态信息。

(5) 检查刀具的库存量,及时补充或购买刀具。

2. 刀具管理系统的基本功能

根据刀具管理系统应完成的任务,刀具管理系统应具有如下功能:收集生产计划和刀具资源的原始资料数据;制定出刀具管理、调配计划;配备刀具管理系统所需要的硬件装备;开发刀具管理系统的各种软件和信息交换系统,实现刀具系统的自动化管理。

图 19.16 所示为 FMS 刀具自动管理系统的基本功能,包括下述四方面内容:

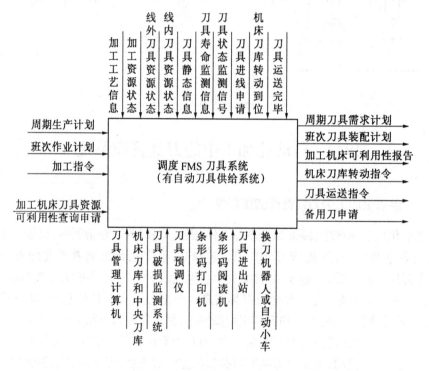

图 19.16　刀具自动管理系统的基本功能

(1) 原始资料数据,包括生产计划、班次作业计划与机床刀具资源数据等。

(2) 刀具管理系统的计划,包括:周期刀具需求计划、班次刀具需求计划、中央刀库和机床刀库的调配计划、刀具运送计划等。

(3) 刀具管理系统的硬件配置,包括:中央刀库和机床刀库、刀具管理计算机、刀具预调仪、条形码打印机和阅读机、换刀机器人或自动小车与刀具监测系统等。

(4) 刀具管理的软件系统,包括:加工和刀具信息、刀具运送指令和运送信息的反馈、刀具加工状态的监控信息、调度指令和信息传输、监控信息的反馈等。

19.4.3 刀具管理系统的硬件构成

图 19.17 所示为一个典型的 FMS 刀具自动管理系统的硬件配置示意图。对该系统的硬件配置简单说明如下：

(1) 系统内的全部刀具(包括刀具室内的)是被管理的对象。现在加工中心都使用模块化组合结构的工具系统,工具管理对象应包括刀具模块元件和组装好的工具。

(2) 机床刀库。其容量从 10 多把刀到 100 多把刀,应根据加工任务将用得最多的刀具放在机床刀库内,其余刀具和中央刀库交换使用。

(3) 中央刀库。它是一组二维的工具搁架,用于储存 FMS 加工不同工件时所需的刀具和备用刀具。通过换刀机器人或自动小车和机床刀库交换刀具,形成刀具流系统。配备中央刀库可缩小机床刀库容量,周转和协调各机床使用的刀具,提高刀具的使用效率。

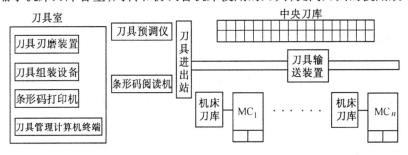

图 19.17 FMS 刀具自动管理系统的硬件配置示意图

(4) 刀具进出站。它是人和 FMS 自动刀具输送系统之间的界面,新刀由此进入系统,磨损破损的刀具由此送出。

(5) 刀具交换输送装置。机床主轴上刀具和机床刀库间刀具的交换是由机床上的换刀机械手完成,机床刀库和中央刀库间刀具的交换是由换刀机器人或自动小车来完成。

(6) 刀具预调仪。在刀具预调仪上进行刀具尺寸的检测和预调,最新的刀具预调仪能将刀具检测的尺寸自动输入计算机,并传入刀具管理系统。

(7) 条形码阅读机和打印机。现在刀具都采用一定的编码系统,用条形码来标志它的品种规格和尺寸,打印出条形码,粘贴在刀柄上。新刀进入系统时,通过条形码阅读机将刀具信息输入刀具管理计算机,在系统中对该刀具进行跟踪管理。过去刀具的识别曾在刀柄上装识别环,因使用不便,现在应用较少。

(8) 刀具管理计算机。它是自动刀具管理系统的核心,可根据具体情况或在 FMS 中设置专用的刀具管理计算机工作站,或利用 FMS 的主控计算机兼管刀具管理系统。

(9) 刀具磨损破损的在线监控系统。为避免因刀具的早期损坏而造成废品甚至损坏机床,一部分 FMS 开始配备有刀具磨损破损的在线监控系统。

19.4.4 刀具管理系统的软件构成

图 19.18 所示为 FMS 刀具自动管理系统的软件构成示意图。由图可看到,刀具管理软件由刀具数据库、刀具离线管理模块与刀具在线实时管理模块构成。

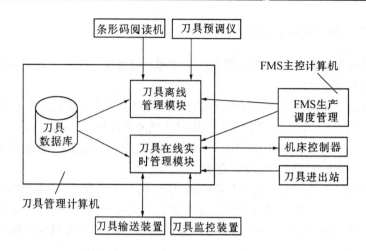

图 19.18　FMS 刀具自动管理系统软件构成示意图

1. 刀具数据库

刀具数据库存储着系统内的全部刀具信息。

(1) 刀具品种信息,包括:刀具名称、生产厂、刀具编码、刀具组成信息(刀柄、刀杆、刀片等)、刀具几何参数、刀具名义尺寸、刀具尺寸公差、刀具使用寿命、刀具允许的最大切削力和切削功率等。

(2) 刀具实体信息,包括:刀具编码、刀具实际尺寸(直径、长度)、刀具尺寸补偿值等。

(3) 刀具状态信息(动态信息),包括:刀具状态(完好、磨损、破损等)、刀具剩余寿命、刀具累计使用次数、刀具位置等。

2. 刀具离线管理模块

刀具离线管理是指在线外进行的刀具管理,包括:

(1) 生成刀具供应计划和刀具组装计划。

(2) 新刀的预调,预调仪和刀具数据库之间的数据通讯管理。

(3) 刀具的进线管理,包括:刀具条形码的识别、刀具预调数据是否符合原规定数值等。

3. 刀具在线实时管理模块

其主要功能为:

(1) 刀具的实时调度管理,在机床开始加工前,检查机床刀库是否有该工序所需刀具,如没有,则调用中央刀库内的刀具;在实时调度过程中通过一定的逻辑规则,处理机床刀库运转、装刀、卸刀、运刀一系列刀具流动的控制和协调。

(2) 刀具磨损破损的监测和处理,部分 FMS 有此功能。

复习思考题

19.1 自动化加工对刀具提出什么新要求?

19.2 自动化加工中常用的尺寸自动补偿方法有哪几种?

19.3 自动化加工用刀具结构有何特点?

19.4 为何自动化加工用刀具需在线外进行尺寸预调? 举例说明如何预调?

19.5 试述自动化加工中采用工具系统的必要性?

19.6 刀具管理系统应具备哪些基本功能? 其硬件、软件分别由哪几部分构成?

参 考 文 献

[1] 中国国家标准化管理委员会 . 中华人民共和国国家标准 GB/T 12204—2010.金属切削基本术语[M]. 北京:中国标准出版社,2011.

[2] 中国国家标准化管理委员会 . 中华人民共和国国家标准 GB/T 18376.1—2008 代替 GB/T 18376.1—2001 硬质合金牌号　第 1 部分:切削工具用硬质合金牌号[M]. 北京:中国标准出版社,2007.

[3] 中国国家标准化管理委员会 . 中华人民共和国国家标准 GB/T 10623—2008 代替 GB/T 10623—1989.金属材料　力学性能试验术语.北京:中国标准出版社,2008.

[4] 中国国家标准化管理委员会 . 中华人民共和国国家标准 GB/T 2481.1,2—2006.固结磨具用磨料　粒度组成的检测和标记　第一部分:粗磨粒 F4 ~ F220,第二部分:微粉 F230 ~ F1200[M].北京:中国标准出版社,2006.

[5] 周泽华.金属切削原理[M].上海:上海科学技术出版社,1993.

[6] 陈日曜.金属切削原理[M].北京:机械工业出版社,1993.

[7] 杨荣福,董申.金属切削原理[M].北京:机械工业出版社,1988.

[8] 北京市金属切削理论与实践编委会 . 金属切削理论与实践:下册[M].北京:北京出版社,1985.

[9] 丁振明.金属切削原理与刀具[M].北京:国防工业出版社,1985.

[10] 范敬宗.金属切削原理与刀具[M].2 版 . 北京:北京科学技术出版社,1988.

[11] 华南工学院,甘肃工业大学.金属切削原理及刀具设计:上册[M].上海:上海科学技术出版社,1980.

[12] 袁哲俊.金属切削刀具[M].上海:上海科学技术出版社,1993.

[13] 袁哲俊.金属切削刀具[M].上海:上海科学技术出版社,1984.

[14] 喻怀仁.自动线刀具[M].北京:机械工业出版社,1988.

[15] 东芝机械加工中心研究会.加工中心实用技术[M].阎太忱,刘昌祺,译 . 北京:机械工业出版社,1990.

[16] 陆剑中,孙家宁.金属切削原理与刀具[M]. 北京:机械工业出版社,1985.

[17] 星光一,星铁太郎.金属切削技术[M].杨渝生,等译.北京:中国农业机械出版社,1983.

[18] 山东工学院,上海交通大学.金属切削刀具[M].福州:福建科学技术出版社,1984.

[19] 袁哲俊.齿轮刀具设计[M].北京:新时代出版社,1983.

[20] 吴岳昆.金属切削原理与刀具[M].北京:机械工业出版社,1986.

[21]《工具展望》编辑部.工具展望专辑[J],1986.

[22] 中山一雄.金属切削加工理论[M].李云芳,译.北京:机械工业出版社,1985.

[23] 臼井英治.切削磨削加工学[M].高希正,译.北京:机械工业出版社,1982.

[24] 小野浩二.理論切削工学[M].東京:現代工学社,昭和 54 年.

[25] 韩荣第.钛合金 TC4 小孔攻丝用渐成法丝锥[J]. 工具技术,1985(2).